本书由国家重点研发计划'长江黄河等重点流域水资源与水环境综合治理
江流域城市水环境治理提质增效关键技术研究与示范”（项目编号：2021YFC3200700）和中国长江三峡集团有限公司科研项目“基于低碳理念的城市水环境治理关键技术研究及综合示范”（项目编号：NBWL202300013）“厂网河湖岸一体化治理反问题研究”（项目编号：WWKY2020031）资助出版

基于自然的污水处理技术

凯瑟琳·克罗斯（Katharine Cross）
［英］卡萨丽娜·通德拉（Katharina Tondera）　等　编
阿纳克莱托·里佐（Anacleto Rizzo）

李翀　李玮　杨沛　等　译

中国三峡出版社

Nature-Based Solutions for Wastewater Treatment: A Series of Factsheets and Case Studies

版权贸易合同登记号　图字：01-2023-5859

图书在版编目（CIP）数据

基于自然的污水处理技术 /（英）凯瑟琳·克罗斯（Katharine Cross）等编；李翀等译 . — 北京：中国三峡出版社，2024.11

书名原文：Nature-Based Solutions for Wastewater Treatment: A Series of Factsheets and Case Studies

ISBN 978-7-5206-0316-4

Ⅰ . ①基…　Ⅱ . ①凯…　②李…　Ⅲ . ①污水处理—研究　Ⅳ . ① X703

中国国家版本馆 CIP 数据核字（2024）第 046135 号

责任编辑：于军琴

原著编者：

凯瑟琳·克罗斯（Katharine Cross）
卡萨丽娜·通德拉（Katharina Tondera）
阿纳克莱托·里佐（Anacleto Rizzo）
丽莎·安德鲁斯（Lisa Andrews）
伯恩哈德·普彻（Bernhard Pucher）
达尔亚·伊斯坦尼克（Darja Istenič）
内森·卡利斯（Nathan Karres）
罗伯特·麦克唐纳（Robert McDonald）

中国三峡出版社出版发行
（北京市通州区粮市街 2 号院 5 号楼　101199）
电话：（010）59401531　59401529
http://media. ctg. com. cn

北京中科印刷有限公司印刷　新华书店经销
2024 年 11 月第 1 版　2024 年 11 月第 1 次印刷
开本：787 毫米 ×1092 毫米　1/16　印张：23.75
字数：504 千字
ISBN 978-7-5206-0316-4　定价：198.00 元

翻译工作组

李　翀　李　玮

杨　沛　贾　宁

常曼琪　吴一帆

唐洋博　陈宇枫

谢向向　管梦林

贾泽宇　柳蒙蒙

译者序

污水处理是我国生态环境治理的重点领域，对改善人们的居住环境、建设美丽中国具有重要意义。我国城镇环境基础设施建设快速发展。截至2022年，全国城市污水日处理能力达2.26亿m^3，城市排水管道长度达91.4万km。在取得显著成绩的同时，部分地区污水直接排放较为普遍、环境基础设施投资效率不高、碳减排压力大等问题依然突出，是我国生态环境持续改善道路上的挑战。

目前，我国为推进生态文明建设，站在人与自然和谐共生的高度谋划发展，综合运用自然恢复和人工修复两种手段，努力找到生态保护修复的最佳解决方案。基于自然的污水处理技术是将污水处理厂等传统基础设施与湿地等自然资源结合的工程技术，包括人工湿地、土壤渗滤系统、芦苇床、生态墙等。这些方法不仅能够解决污水处理问题，还能实现降低碳排放、节约资源、缓解气候风险、提升景观价值等协同效益。本书汇集了全球温带和热带地区30多个基于自然的污水解决方案，详细梳理了各个方案的适用条件、技术参数、运维要求、成本效益等。这为我国在污水处理领域树立系统观念，因地制宜采用最佳解决方案提供了有益参考。希望本书能够帮助读者对基于自然的污水处理技术有更深入的了解，进而推动我国污水治理取得更大成效。

本书由长江经济带生态环境国家工程研究中心组织翻译，李翀、李玮、杨沛为主译，贾宁、常曼琪为副主译，翻译人员有吴一帆、唐洋博、陈宇枫、谢向向、管梦林、贾泽宇、柳蒙蒙。本书的翻译得到了国家重点研发计划“长江黄河等重点流域水资源与水环境综合治理”专项“长江流域城市水环境治理提质增效关键技术研究与示范”（项目编号：2021YFC3200700），以及中国长江三峡集团有限公司科研项目“基于低碳理念的城市水环境治理关键技术研究及综合示范”（项目编号：NBWL202300013）和“厂网河湖岸一体化治理反问题研究”（项目编号：WWKY20200031）的资助。在此，向对本书做出贡献的原著编者及中国三峡出版社的编辑人员表示衷心感谢。

在翻译过程中，我们力求准确传递原著的信息，同时对原著中存在的部分问题进行了修正和注释。然而，由于译者水平有限，且难以全面掌握每个案例的具体情况，因此难免出现疏漏和不足之处，恳请读者批评指正。

序　一

卡拉尼斯·瓦拉瓦莫西（Kalanithy Vairavamoorthy）
国际水协会（International Water Association，IWA）执行主任

可持续发展目标（Sustainable Development Goal，SDG）第6项内容包括提供足够的卫生设施，改善水质，以及保护和修复相关的水生态系统。然而，据估计，全球80%的污水未经处理就直接排入自然界，对公共卫生和环境造成严重影响。在欧盟，由于栖息地减少和环境污染，仅有40%的河流、湖泊达到最低生态标准。气候变化、人口增长、城市化等外部因素正在对卫生服务产生更大压力。

因此，要实现可持续发展目标，就需要制定可持续发展的卫生服务方案，在进行污水处理的同时维持生态系统平衡。这需要运用先进的技术，尤其是基于自然的解决方案（Nature-based Solutions，NBS）。长期以来，NBS一直被用于污水处理，其历史可以追溯到古代文明利用湿地处理污水，如古代埃及和古代中国。NBS也包括池塘和土壤渗滤系统，以及柳树系统、生态墙、屋顶人工湿地、鱼菜共生系统和水培系统等创新方法。

近年来，NBS作为传统污水处理方式的替代或补充方案，其功能性与重要性得到了广泛认可。例如，经常用于分散式污水处理系统的人工湿地和稳定塘已成为农村和缺乏集中污水处理系统的城市郊区的选择。

本书满足使用NBS改善卫生设施的各方实际需求，并强调这些技术可以为人类与生态系统带来协同效益。这些效益包括温度调节、碳汇、生物质产出、为动植物提供栖息地和为居民提供休闲地，从而帮助城市管理者和污水处理运营商全面了解NBS在污水处理之外的其他价值。

本书由国际水协会和大自然保护协会（The Nature Conservancy，TNC）共同组织的自然卫生工作组编写，并得到自然与人类科学合作伙伴关系组织（Science for Nature and People Partnership，SNAPP）的支持。编写本书的过程展示了国际水协会及其相关组织如何推动产业的可持续解决方案。国际水协会下属的基于自然解决方案的水与卫生设施工作组撰写了本书的概况和案例研究，也提供了各方案的同行评价。同时，国际水协会污染控制湿地和稳定塘污水处理技术的专家组也为本书的出版做出了贡献。

与对抗自然不同，人类现在不仅有机会与自然合作，还能够利用它的力量来实现协同效益。如果我们想在保护自然环境的同时，改善数百万人的生活，就必须紧紧把握当前机遇。

序 二

法比奥·马西（Fabio Masi）
国际水协会基于自然解决方案的水与卫生设施工作组主席

当前，基于自然的解决方案（NBS）在水领域的应用备受关注。为提升可持续性，克服土地承载力相关问题，提高资源循环利用率，降低气候变化带来的影响，水领域的相关人员投入很多精力研究NBS。基金机构、公共部门、市政当局和相关受益人也考虑将NBS作为其项目的替代方案，希望了解NBS用于污水处理的可行性，以及在各种特定情况下可采用的不同技术方法（包括新方法）。现有知识已经能为基于自然的技术方法提供强有力的科学和技术信息支撑，但在何种情境下利用何种技术仍难以把握，而且识别不同地域和气候的应用案例也较为困难。

根据目前掌握的大量信息，可得出结论：NBS已经在全球的污水处理中广泛应用。其中一些案例得到良好监测，它们的表现和效益也得到合理评估，可以作为其他应用场景借鉴和参考的可靠依据。过去几年，NBS的应用需求不断地增加，其主要原因是NBS比传统污水处理技术的成本更低，而且可适用于不同气候，易与传统的污水处理技术协同，并能产生除水质改善外的附加社会效益。

2018年，国际水协会成立了一个基于自然解决方案的水与卫生设施工作组（Task Group，TG），其具体目标是希望专家组能够贡献他们的力量，更好地定义最先进的NBS技术，并影响卫生设施供应商、城市规划者和监管者，使污水处理设施的设计与生态系统相结合，从而有利于生态环境和人类健康。随着水与卫生设施中NBS的支撑作用得到更多公众认可，工作组为改善环境和人类健康状况提供了一定支持。

本书由自然卫生（Nature San）工作组合作完成，介绍了NBS在多种场景下的应用案例和依据，科学地说明了将NBS作为环境卫生基础设施的一部分是如何有益于生态环境和人类健康的。

请尽情享受阅读本书的乐趣吧！

目　录

第1章 简 介

全世界有24亿人没有用到改进的卫生设施（指可隔离人类排泄物的卫生设施），有21亿人的卫生设施不足（指将污水直接排入地表水）。近几十年来，尽管这种情况有所改善，但粪便和污水的不安全管理仍然持续对公众健康和环境造成重大威胁（United Nations，2016）。联合国世界水资源评估计划估计，80%的污水未经处理直接排放（WWAP，2018）。人们逐渐意识到利用自然资源进行低成本处理的解决方案日益重要。然而，污水回用的管理者并不知道如何将污水处理厂等传统基础设施与湿地等自然资源很好地结合起来。

本书重点关注NBS在污水处理领域的应用及其对社会产生的协同效益。NBS被国际自然保护联盟定义为“能够有效应对社会挑战，同时造福人类并维护生物多样性的保护、可持续管理、修复或改善自然生态系统的方式”。（Cohen-Shacham et al.，2016）。

意大利戈尔拉马焦雷水上公园中用于合流制管道溢流污水处理的人工湿地见图1-1。

图1-1　意大利戈尔拉马焦雷（Gorla Maggiore）水上公园中用于合流制管道溢流污水处理的人工湿地©IRIDRA

1.1 污水处理 NBS 应用

NBS可在建成的灰色基础设施[①]污水处理系统中应用，或用于处理包括城市、农业、工业、渗滤液、雨水在内的不同形式的污水。在处理污水时应用NBS的目的是开发一套模拟和利用生态系统功能优势的工程系统，以减少对机械工程的依赖。NBS利用植物、土壤、多孔介质、细菌和其他自然元素及流程去除污水中的污染物，包括悬浮物、有机物、氮、磷和病原体（Kadlec and Wallace，2009）。NBS也能去除新兴污染物，例如，类固醇激素、杀菌剂（Chen et al.，2019）、个人护理产品（Ilyas et al.，2020）或杀虫剂（Vymazal and Březinová，2015）。不同种类的NBS可以组合使用，以达到预期的处理效果。

NBS用于处理污水时，可以通过改善水质、自然环境和周边栖息地而营造更为健康的环境，净化空气和水源，进而促进人们身体和心理健康。

不仅如此，NBS还可以提供景观价值，修复生态功能，聚集居民以加强社区联系。其具有的经济效益包括降低污水处理成本，减少洪水破坏的损失，提供更健康的渔业、更好的娱乐机会，以及促进旅游业和经济社会发展。选择NBS种类时，为了衡量其优势，需要进行整体的成本效益分析（Elzein et al.，2016；WWAP，2018）。

投资NBS可以帮助污水处理运营商降低运行成本，获得新的利润流，增强客户参与度，为其提供公共环境产品和服务（European Investment Bank，2020）。运行和维护成本、初始投资取决于土地成本、技术利用和资源获取的便利程度，通常会低于传统活性污泥（Conventional Activated Sludge，CAS）系统（Vymazal，2010；Elzein et al.，2016）。使用NBS的优点和缺点见表1-1。

表 1-1　使用 NBS 的优点和缺点

优点	缺点
流程可靠	需要多个步骤和组合方案满足去除营养物质的严格要求
出水的水质高	与传统技术相比，其面积需求较高

① 灰色基础设施指具有建筑结构和使用机械设备建造的基础设施，例如，水库、路堤、管道、泵、污水处理厂和运河。这些工程的污水解决方案嵌入流域或沿海生态系统中，生态系统的水文和环境属性影响灰色基础设施的性能（Browder et al.，2019）。

（续表）

优点	缺点
可适应多种气候和地区	一级处理需要正确地运行和维护（定期清除沉淀污泥）
结构简单，可利用当地材料和植物	有的 NBS 缺少监测和设计标准
运行、劳动力、化学药剂和能源需求较低	需要根据当地情况精准设计
处理系统操作简单，成本低	NBS 土壤中的磷和金属容易富集
可用于分散式处理	
具有可持续性，对环境友好	
具有多用途功能	
缺水对其影响较小	
具有微生物多样性	

1.2

NBS 用于污水处理的历史

历史上早有国家将NBS用于污水处理，例如，古代埃及和古代中国曾经利用湿地进行污水处理（Brix，1995）。将污水直接排入地表水会使污泥产量和养分累积，促进植被生长，形成自然湿地。虽然有一定的排放负荷问题，但污水会被大自然处理，从而较好地维护生态系统（Brix，1995）。

人口增长导致生态系统污染，包括水体生态系统污染。随着时间的推移，一些既不损害水体又可处理高污染负荷的技术得到发展，传统污水处理技术随之出现，其中包括物理、化学和生物技术相结合的过程和操作，以去除污水中的固体废弃物、生物质和营养物质。然而，自1950年以来，NBS已经发展为一种能够将高负荷的污水处理为达标出水，同时使周围的生态系统保持稳定的污水处理技术（Vymazal，2010），例如，人工湿地（Treatment Wetlands，TWs）。这是通过改变人工湿地的多种组合方式来实现的，如在湿地中种植大型植物、改变（表流湿地）土壤成分、（在潜流湿地）选择适当的填充介质（如沙子和砾石）。这种形式也被广泛应用于稳定塘（Mara，2003）。人工湿地和稳定塘被视为提供污水处理和去除有害病原体所合适的NBS（Brix，1995），是传统污水处理技术的有效替代技术。

用于污水处理的NBS技术不断创新。例如，将经过生态墙和绿色屋顶处理的灰水回收利用（如用于冲厕和景观灌溉），对降温、过滤空气、改善城市环境产生协同效益（Pradhan et al.，2019；Boano et al.，2020）；利用污水进行灌溉和生产木质生物质（柳树系统）。木质生物质有多种用途，包括用作当地供暖的柴火、用作土壤改良剂、用于景观美化及用于稳定河岸等。由于所有污水都被蒸发或回用于植物生长，因此，这种系统被称为零排放系统。这些案例表明，用于污水处理的NBS可以成为循环经济系统的一部分，持续利用资源，避免浪费（Masi et al.，2018；Nika et al.，2020）。

1.3 与联合国可持续发展目标的联系

NBS被视为管理污水相关风险的创新方案，可为人类健康和生活、食物和能源安全、可持续经济增长和生态系统恢复做贡献，进而为2030可持续发展议程提供支持（Gomez Martin et al.，2020），支持的可持续发展目标（Sustainable Development Goal，SDG）有减少温室气体和环境毒素排放，维持地下水位稳定，甚至为地球降温（Seifollahi-Aghmiuni et al.，2019）。

用于污水处理的NBS与可持续发展目标第6项——清洁饮水和卫生设施有直接关系。同时，NBS的效益横跨多个时空范围及社会群体。这意味着NBS对多个可持续发展目标有很具体的贡献（Gomez Martin et al.，2020）。例如，湿地影响生态系统的过程与某些可持续发展目标相关，包括目标第1项（无贫困）、目标第2项（零饥饿）、目标第6项（清洁饮水和卫生设施）、目标第12项（负责任消费和生产）、目标第13项（气候行动），以及特殊目标（Seifollahi-Aghmiuni et al.，2019）。根据NBS的位置和应用，NBS对某些可持续发展目标也有一定作用，如目标第3项（良好的健康和福祉）、目标第7项（经济适用的清洁能源）、目标第14项（水下生物）和目标第15项（陆地生物）（Seifollahi-Aghmiuni et al.，2019）。

Nature-Based Solutions for Wastewater Treatment

处理效率 建造方法 案例研究

第 2 章 关于本书

本书由自然与人类科学合作伙伴关系组织成立的自然卫生工作组编写。在自然与人类科学合作伙伴关系和桥梁协作组织（Bridge Collaborative）的支持下，自然卫生工作组与国际水协会的水与卫生设施工作组共同组成一个专业的小组来探究卫生设施与生态系统健康和人类健康之间的相互作用关系。

自然卫生工作组开发了一个网络决策支持工具，包括编写一系列概况和案例研究的过程。本书的出版，旨在激励和影响卫生设施供应商和监管机构，以有利于生态和人类健康的方式设计和整合污水处理设施与生态系统。本书可指导污水处理运营商使用更先进的技术和专业知识来选择最佳的NBS种类或NBS的组合类型，并根据其具体情况进行设计。本书也可作为实施NBS的咨询公司和专家的参考书。

2.1 范围

本书是寻找将NBS用于生活和市政污水处理方案的起点，建立在现有知识库的基础上（von Sperling，2007；Kadlec and Wallace，2009；Resh，2013；Thorarinsdottir，2015；Dotro et al.，2017；Verbyla，2017；Junge et al.，2020；Langergraber et al.，2020）。该知识库汇集了各种用于污水处理的NBS，形成了可以比较各项技术和协同效益的框架。一系列概况和案例研究为使用各类NBS提供选择，而NBS是生活污水处理过程的一部分，强调生态和社会协同效益。大多数NBS有详细的案例研究，用来说明其在实践中如何应用。

本书NBS的污水类型和定义见表2-1。污水按照来源可分为生活污水和市政污水，包括合流制管道溢流污水（Combined Sewer Overflow，CSO）和灰水。污水按照收集系统可分为集中式和分散式NBS系统的污水，以及合流排水系统处理的污水和分流排水系统处理的污水，但不包括工业污水、地下水和雨水。

表2-1　本书NBS的污水类型和定义　（改编自von Sperling，2007）

污水类型	定　义
生活污水原水	未经任何预处理的生活污水和经过预处理后去除大颗粒悬浮固体（较大的物质和沙子）的生活污水。预处理设施通常由格栅或沉沙池组成
一级处理污水	经过一级处理，去除可沉降的悬浮固体和漂浮固体的生活污水。一级处理设施通常由化粪池和沉淀池组成
二级处理污水	经过二级处理，去除不可沉淀的颗粒有机物、可溶性有机物和氨氮的生活污水。这个生物处理阶段可以通过不同的处理工艺来完成，包括活性污泥系统、好氧生物膜反应器、厌氧反应器和许多NBS
三级处理污水	经过三级处理，去除硝酸盐氮、总磷、病原体、无机溶解固体和剩余悬浮固体的生活污水。三级处理还可以去除金属和不可生物降解的化合物。最终的处理过程可以通过一种或不同技术的组合来完成（例如，植物或藻类吸收，活性污泥，高级氧化工艺，超滤，紫外线消毒等），使用哪种技术主要取决于排放标准
合流制管道溢流污水	经过雨水稀释的未处理的生活污水，由合流制管道溢流排放
灰水	由淋浴、浴缸、水疗、洗手盆、洗衣盆、洗衣机及某些地方的厨房水槽和洗碗机产生的污水。灰水不包括马桶或小便池产生的污水
河流稀释污水	经过河水稀释的二级处理污水

NBS具有多功能性，对环境和社会有益（Droste et al.，2017），本书主要呈现NBS用于污水处理的协同效益（见表2-2）。这些信息不仅有助于分析NBS的成本效益，而且表明其具有处理污水之外的其他效益，并且可以成为实现高效投资和跨多部门支持的关键步骤（WWAP，2018）。

表2-2　NBS用于污水处理的协同效益

协同效益	定　义	来　源
生物多样性（动物）	所有生物体之间的差异，包括陆地、海洋和其他水生生态系统及其所属的生态综合体，还包括物种内部、物种之间和生态系统的多样性。所有动物（动物界）、真菌和各种细菌群中的任何一种	United Nations Convention on Biological Diversitity（1992）

（续表）

协同效益	定　义	来　源
生物多样性（植物）	所有生物体之间的差异，包括陆地、海洋和其他水生生态系统及其所属的生态综合体，还包括物种内部、物种之间和生态系统的多样性。所有植物（植物界）中的任何有机体	United Nations Convention on Biological Diversitity（1992）
授粉	动物授粉是一种生态系统活动，一般由昆虫完成授粉，但有的鸟类和蝙蝠也会授粉。授粉对于水果和蔬菜的生长发育至关重要	TEEB（2010）
碳汇	通过物理或生物过程，如光合作用，从大气中去除碳并将其储存在碳库或碳汇中（如海洋、森林或土壤）的过程	United Nations Framework Convention on Climate Chang（2021）
温度调节	通过空气流通和蒸腾作用，在天气炎热的条件下调节湿度和局部温度	Haines-Young and Potschin（2018）；Baker et al.（2021）
防洪	利用生态系统的化学和物理特性或特征调节水流量，帮助人们管理和利用水文系统，并减少或防止洪水对人类生活、健康或安全造成潜在危害（例如，降低洪水或风暴事件的幅度和频率，从而减少危害）	Haines-Young and Potschin（2018）
生物质产出	定期收割和清除地上植物。在某些情况下，生物质收割可以增加氮和磷的去除能力。收割的生物质材料可用于其他经济生产活动	Kim and Geary（2001）
缓解暴雨峰值影响	在暴风雨期间，雨量有时可能会超过排水系统承载能力，导致溢流。大多数 NBS 的特点是通过渗透、储存和滞留防止这种情况发生。例如，安装了 NBS 的地面的渗透性和孔隙有利于暴雨在高峰期间流入，植被会增加雨水径流路径的摩擦力，从而延长径流过程并减少峰值流量	Brears（2018）；Huang et al.（2020）
基质来源	来源于野生动植物的食物，包括可以收割并用于生产食物的非栽培植物，非驯化的野生动物及可用作食品生产原料的物种	Haines-Young and Potschin（2018）
污泥产量	污泥产量是污水处理产生的污泥，是污水处理设施产生的富有营养的有机物质。经过处理和加工，这些有机物质可以被回收并用作肥料，改善土壤状况，维持土壤肥沃，从而促进植物生长	US Environmental Protection Agency（2021a）

（续表）

协同效益	定　义	来　源
娱乐	人们经常根据特定地区的自然景观或人工景观而选择在哪里进行休闲娱乐活动。根据处理水平及应用于场地的技术和设计，人们可以利用 NBS 创造的良好环境进行运动和娱乐	Millennium Ecosystem Assessment（2005）；Haines-Young and Potschin（2018）
景观价值	许多人在生态系统的各个方面发现美或景观价值，主要体现为在公园游玩，“驾车欣赏沿途风光”，以及根据景观特点选择住所。NBS 可能具有物种或生态系统（环境、景观、文化空间）的生物特征或特质。人们因其非功利性而对其十分欣赏	Millennium Ecosystem Assessment（2005）；Haines-Young and Potschin（2018）
水资源再利用	水资源再利用是将处理过的污水（如 NBS）用于农业灌溉、饮用水供应、地下水补给、工业用水和环境恢复等。水资源再利用可以为现有供水提供替代方案，并且提高用水的安全性、可持续性和持久性	International Organization for Standardization（2018）；US Environmental Protection Agency（2021b）

2.2

目标受众

本书的读者对象为污水处理设施管理人员和运营商，以及地方政府、市政当局及监管机构的相关人员。通过本书，读者可以了解将NBS纳入污水处理过程的内容，并了解其潜在的协同效益。本书提供的信息可以进一步帮助读者在当地设计和运营NBS时进行初步的成本效益评估。

其他读者对象为对城市基础设施的规划和发展有影响的利益相关者，包括城市规划者、土地开发商和基金机构工作人员。本书介绍的NBS可以用于补充城市规划目标，例如，通过增加绿地提高城市宜居性。同时，本书还提供了NBS产生的协同效益的详细内容，这些协同效益与国际开发银行等金融机构的更广泛的社会经济目标一致。此外，环保团体和相关协会可以通过本书提供的信息更好地了解不同NBS的适用性。学生和学者也可从一系列有关NBS的关键信息和参考资料中受益。

2.3
方法

自然卫生工作组根据“2.1范围”部分的参数选择NBS处理生活污水的流程。NBS的类型通过一系列研讨会来商定，研讨会还概括了每个类型的NBS概况和案例研究所需的信息。选定的NBS在发达国家和发展中国家都可应用，不仅可以直接用于污水处理，还可以在现有技术的基础上加强尾水回用，并提升其景观效应（例如，水培法、鱼菜共生法、河流修复、自然湿地）。每个类型的NBS都包括如何最好地将它们纳入综合处理系统中。

NBS概况和案例研究（见图2-1）由自然卫生工作组和国际水协会的水与卫生设施工作组的成员编写和评审，可作为独立文件提供，并被纳入本书。

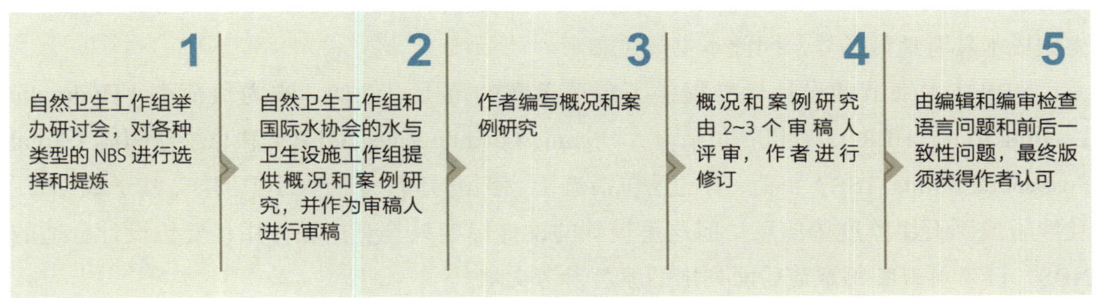

图2-1　NBS概况和案例研究

2.3.1　概况

NBS类型的命名由自然卫生工作组和国际水协会的水与卫生设施工作组共同确定。需要注意的是，这里使用的是“人工湿地”①这个术语，而不是“构造湿地”等其他术语。

每章内容都包含简短的概述，以及优点和缺点列表，以便比较各种类型的NBS特性。这对读者来说很重要，因为运用某些类型的NBS时需要考虑其限制因素。

书中列出了高、中、低三个水平的协同效益表格，对NBS协同效益的相对水平进行说明。这些内容是在与自然卫生工作组成员进行的一系列研讨会中确定的。例如，与其他人工湿地相比，柳树系统具有产生更高水平生物质的优势。在某些案例中，通过注释

① 术语“人工湿地”旨在更好地强调湿地系统的水处理能力和卫生能力（Kadlec and Wallace, 2009; Fonder and Headly 2013; Dotro et al., 2017; Langergraber et al., 2020）。

部分，列出协同效益表。如果适用，就会提供与其他NBS的兼容性信息，并且展示NBS案例研究内容。

此外，每章列出包括常规维护、特殊维护和故障排除等内容的运行和维护表，指出维护所需的工作内容及可能遇到的问题，以及NBS技术细节，包括进水类型、处理效率、要求（地域、能源和其他项目）、设计标准、常规配置、气候条件。进水类型指什么样的污水进入系统，主要包括“2.1范围”部分列出的污水类型（见表2-1）。处理效率指去除各种不同物质的百分比，它随NBS而变化，主要包括化学需氧量（Chemical Oxygen Demand，COD）、生化需氧量（Biological Oxygen Demand Over 5 days，BOD_5）、总氮（Total Nitrogen，TN）、氨氮（NH_4-N）、总磷（Total Phosphorus，TP）和大肠杆菌（Escherichia Coli，E. Coli）等。处理效率数据根据自然卫生工作组的大量文献查阅和评估得出。这些信息对于确定运用哪种NBS可产生最理想的效果或达到当地监管的出水的水质标准很有帮助。此外，还包括建设和运维NBS所需的面积和电力，以及建立系统所需的基本投资。需要的劳动力可以根据运行和维护部分来估算。由于劳动力、土地和电力的成本具有地域差异，因此本书仅供参考。

NBS技术细节的设计标准提供了负荷参数的范围，例如，水力负荷率（Hydraulic Loading Rate，HLR）、有机物负荷率（Organic Loading Rate，OLR）和总悬浮固体（Total Suspended Solids，TSS）负荷，有的还包括流量、停留时间、介质大小（例如，沙子或砾石）及沙子或砾石层厚度等信息。但这里提到的设计标准只具有指导作用，要想设计合适的NBS，读者可查阅每章节后面列出的原著参考文献。

NBS技术细节的常规配置为NBS如何配合处理系统中的其他NBS提供参考，可让读者同时运用一系列或多阶段NBS。气候条件列出了适用于该类型NBS的气候。其他关于NBS的信息也在列表中列出。

2.3.2 案例研究

案例研究描述了不同种类的NBS在实践中的应用，同时列出其协同效益。每个案例的内容为其应用NBS的概况，如位置、处理类型（即一级、二级、三级处理）、成本（建设成本和运行成本）、运行日期、面积。对于少数NBS类型（快速土壤渗滤、漂浮人工湿地、水培和鱼菜共生），自然卫生工作组没有搜集到相关案例。对于污水稳定塘，案例研究列出了池塘类型的组合，而不是概况中描述的单个池塘类型，这些案例研究被简单地标记为污水稳定塘。

在每个案例研究中，项目背景描述了NBS的运用地点和项目情况，还有所处位置和现场图片。技术汇总表列出了包括来水类型、设计参数（入流量、人口当量①、面积、人

① 人口当量指某种污水的有机污染物总量，用相当于生活污水污染量的人口数表示，此处指服务的人口。

口当量面积[①]等）、进水参数和出水参数、建设成本和运行成本在内的内容。不同案例研究的进水参数和出水参数取决于资料的可用信息。

除了技术汇总表，案例研究还介绍了设计和建造、进水或处理类型、处理效率、运行和维护、成本等详细信息。

此外，该部分内容还介绍了每个案例中NBS产生的生态效益和社会效益的协同效益，这一点尤其重要，因为本书旨在强调并提供证据证明将NBS应用于污水处理的协同效益。在资料充足的情况下，还会详细说明不同的设计考量和性能目标之间潜在的权衡取舍。权衡取舍存在的原因包括土地利用竞争、要求的处理类型不能为人与自然带来最大化的协同效益、不同的处理目标可能会产生不同的成本等。最后，重点总结了经验教训，包括问题和解决方案，以及用户反馈或评价。本书还附有原著参考文献，以便读者了解更多信息。

① 人口当量面积指服务的面积。

Nature-Based Solutions for Wastewater Treatment

第 3 章 污水处理 NBS：概况和案例

NBS类型分为水基系统和基底系统（见图3-1~图3-3）。水基系统包括塘、河流修复、表流湿地和农业技术；基底系统包括土壤渗滤系统、建筑系统、零排放系统、潜流湿地和污泥处理芦苇床。混合或多级系统可以根据处理需求、气候、土地和可用能源将水基系统和基底系统进行组合使用。

除了可将NBS分为水基系统和基底系统，还可以根据其设计和运行（包括集成技术发展）的复杂性进行分类。不同项目要求可能会导致项目复杂程度不同，例如，成本和专业性的要求。由于这些信息可能是选择合适的NBS进行污水处理的重要考虑因素，因此本书对多种NBS类型进行了介绍，从最简单和最广泛的NBS类型，如土壤渗滤系统、塘、简单的和复杂的人工湿地，到更工程化的NBS类型，如生态墙、屋顶人工湿地和基于农业技术的NBS，涵盖了各种类型。

3.1
污水处理类型

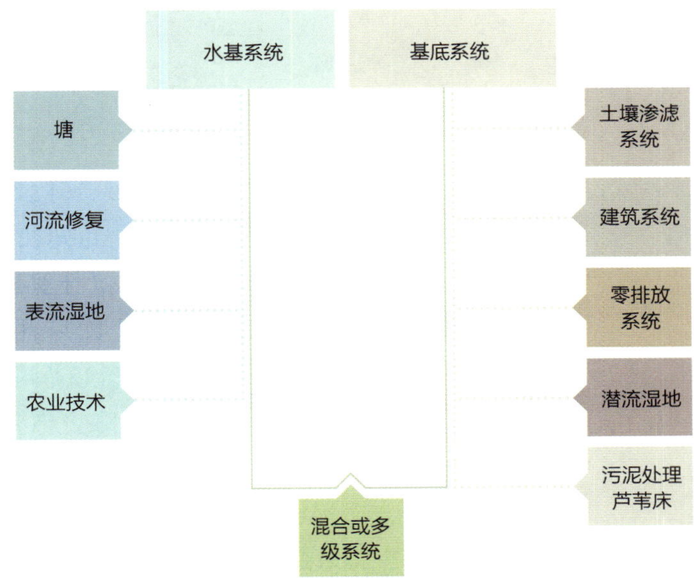

图3-1　基于自然解决方案的污水处理分类

3.1.1　水基系统

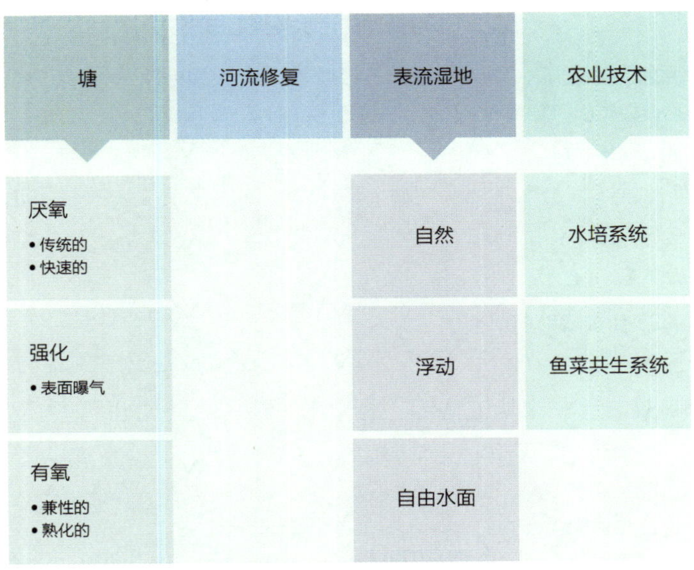

图3-2　基于自然解决方案的水基系统污水处理分类

3.1.2 基底系统

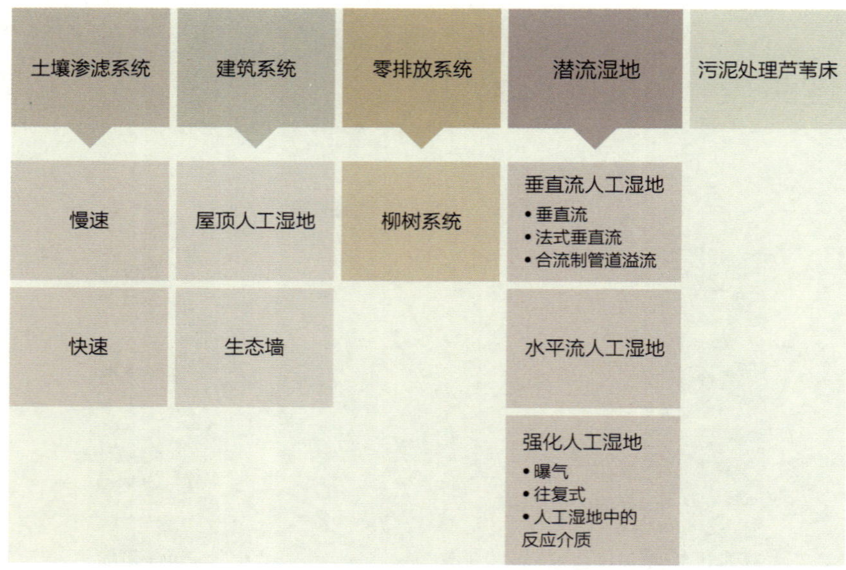

图3-3 基于自然解决方案的基底系统污水处理分类

3.1.3 汇总表

汇总表提供了可处理的污水类型（见表3-1）、应用条件和处理效率（见表3-2），以及可能产生的综合效益（见表3-3）各种信息。

表 3-1 可处理的污水类型汇总表

NBS 类型	污水原水	灰水	一级处理	二级处理	河流稀释	特殊应用
慢速土壤渗滤系统		√	√	√		
快速土壤渗滤系统		√	√	√	√	
柳树系统		√	√	√		
表面曝气塘	√		√	√		
兼性塘	√		√			
熟化塘				√		
厌氧塘	√		√			
高负荷厌氧塘						

（续表）

NBS 类型	污水原水	灰水	一级处理	二级处理	河流稀释	特殊应用
垂直流人工湿地		√	√			
法式垂直流人工湿地	√					
合流制管道溢流人工湿地						合流制管道溢流
水平流人工湿地		√	√	√		
曝气人工湿地		√	√			
往复式（潮汐流）人工湿地			√			
人工湿地中的反应介质						消除磷
自由水面人工湿地		√		√		
自然湿地				√		
浮动人工湿地		√	√			
多级人工湿地	√		√	√		√
污泥处理芦苇床						污泥处理
生态墙		√				
屋顶人工湿地		√	√			
水培系统				√	√	√
鱼菜共生系统				√	√	√
河流修复				√	√	CSO 排放

表 3-2 各类 NBS 的应用条件和处理效率汇总表

NBS 类型	尺寸要求①	生活污水解决方案	COD（%）	BOD_5（%）	TN（%）	NH_4-N（%）	TP（%）	TSS（%）	粪大肠菌群	大肠杆菌
慢速土壤渗滤系统	60~740	是	94~99	90~99	50~90	~80	80~99	90~99	—	—
快速土壤渗滤系统	—	是	~78	95~99	25~90	~77	~99	95~99	—	—
柳树系统	30~75	是	92~100	98~100	85~100	90~100	~100	~100	—	<1000 CFU/100mL
表面曝气塘	1~5	—	50~85	~77	20~90	50~95	30~45	53~90	≤1~2 log_{10}	—
兼性塘	1~3	—	~34	40~56	20~39	~44	1~25	27	≤1~2 log_{10}	—
熟化塘	3~10	—	~16	~33	15~50	20~80	20~50	~16	≤1~3 log_{10}	—
厌氧塘	0.2	—	~50	50~70	10~23	—	10~23	44~70	≤1~1.5 log_{10}	—
垂直流人工湿地	4	是	70~90	~83	20~40	80~90	10~35	80~90	≤2~4 log_{10}	—
法式垂直流人工湿地	2	是	>90	~93	20~60	60~90	10~22	>90	—	—
合流制管道溢流人工湿地	—	—	>60	~94	—	10~50	15~50	>80	—	≤1~3 log_{10}
水平流人工湿地	3~10	是	60~80	~65	30~50	20~40	10~50	>75	n/a	—
曝气人工湿地	0.5~1	是	>90	—	15~60	>90	20~30	80~95	≤2~3 log_{10}	—

（续表）

NBS 类型	尺寸要求[①]	生活污水解决方案	COD（%）	BOD_5（%）	TN（%）	NH_4-N（%）	TP（%）	TSS（%）	粪大肠菌群	大肠杆菌
往复式（潮汐流）人工湿地	3	是	~89	86~99	47~70	83~94	20~43	90~99	$\leqslant$ 2~3 log_{10}	—
人工湿地中的反应介质	0.2~1	是	—	—	—	—	50~99	—	—	—
自由水面人工湿地	3~5	—	41~90	~54	30~80	~73	27~60	—	—	—
自然湿地	—	—	53~76	65 ~ 75	66~80	~17	40~53	65~76	—	—
生态墙	1 ~ 2	是	15~99	~42	15~95	~19	3~61	15~93	$\leqslant$ 2~3 log_{10}	—
屋顶人工湿地	170	是	~80	>90	70~90	86	80~97	85~90	—	—
水培系统	不适用	是	~50	—	~66	~50	~30	~84	—	—
鱼菜共生系统	不适用	是	>73	—	62~90	~34	60~90	>90	—	—
河流修复	—	—	—	—	20 ~27	10~26	8	—	—	—

① 译者注：原著未给出相应单位。

表 3-3　各类 NBS 的综合效益汇总表

NBS 类型	生物多样性（动物）	生物多样性（植物）	温度调节	防洪	缓解暴雨峰值影响	碳汇	生物质产出	景观价值	娱乐	授粉	基质来源	水资源再利用	污泥产量
慢速土壤渗滤系统	L	L	L	—	L	—	—	L	—	—	—	H	—
快速土壤渗滤系统	L	L	L	—	L	—	—	L	—	—	—	H	—
柳树系统	M	M	—	M	—	H	H	M	M	H	—	—	—
表面曝气塘	L	L	—	—	—	L	—	L	L	—	—	H	H
兼性塘	M	L	L	—	—	L	—	L	L	—	—	L	L
熟化塘	M	L	L	—	—	L	—	L	L	—	—	H	L
厌氧塘	M	L	L	—	—	—	—	L	L	—	—	L	M
高负荷厌氧塘	M	L	L	—	—	—	—	L	—	—	—	L	M
垂直流人工湿地	M	L	—	—	—	L	M	L	L	—	—	H	—
法式垂直流人工湿地	M	L	—	—	L	L	M	L	L	—	—	H	H
合流制管道溢流人工湿地	M	L	—	—	H	L	M	L	L	—	—	H	—
水平流人工湿地	M	L	—	—	—	L	M	L	L	—	—	H	—

（续表）

NBS 类型	生物多样性（动物）	生物多样性（植物）	温度调节	防洪	缓解暴雨峰值影响	碳汇	生物质产出	景观价值	娱乐	授粉	基质来源	水资源再利用	污泥产量
曝气人工湿地	L	L	—	—	—	L	M	L	L	—	—	H	—
往复式（潮汐流）人工湿地	M	L	—	—	—	L	M	L	L	—	—	H	—
人工湿地中的反应介质	M	L	—	—	—	L	M	L	L	—	—	H	—
自由水面人工湿地	H	H	L	M	—	M	H	H	M	M	—	H	—
自然湿地	H	H	L	H	H	H	H	H	H	M	H	H	—
浮动人工湿地	H	H	L	M	—	M	H	H	M	M	—	M	—
污泥处理芦苇床	M	L	—	—	—	L	M	L	L		—	H	H
生态墙	M	H	H	—	—	M	L	H	L	H	L	H	—
屋顶人工湿地	M	H	H	—	M	M	L	H	L	H	L	H	—
鱼菜共生系统	—	—	—	—	—	M	—	L	—	—	H	H	M
水培系统	—	—	—	—	—	M	—	L	—	—	H	H	M
河流修复	H	H	—	H	—	M	L	H	H		M	—	—

注：H—高；M—中；L—低。

3.2 慢速土壤渗滤系统

作　者　萨穆埃拉·吉达（Samuela Guida）
英国伦敦 E14 2BE科洛弗斯新月2号出口建筑一层国际水协会
（International Water Association, Export Building, First Floor, 2 Clove Crescent, London E14 2BE, UK）
联系方式：samuela.guida@iwahq.org

概　述

慢速土壤渗滤系统（见图3-4）是一种将经过一级处理或二级处理的污水缓慢渗入植被土地表面的方法。使用这种方法时，应采用标准的灌溉方法将水分配到农田、牧场或林地，使得污水通过有植被生长的土地表面渗入土壤，流经植物根系区域和土壤基质。处理后的水可通过渗透进入地下水、地下排水管或排水井的方式实现回收和再利用。

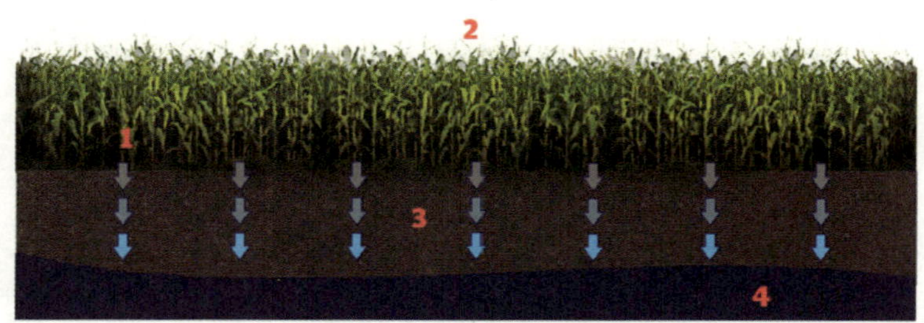

图3-4　慢速土壤渗滤系统示意图

1—进水口；2—农田区域；3—在土壤介质中缓慢渗透；4—地下水

优点	缺点
● 低能耗（通过重力作用或虹吸供给） ● 没有蚊虫滋生的风险 ● 可以稳定抵抗污染负荷的波动 ● 补给地下水，调节地下水位	● 如果没有进行正确的设计，那么高盐污水会导致土壤结构分散

协同效益

高	 水资源再利用				
中					
低	 生物多样性（动物）	 生物多样性（植物）	 温度调节	 缓解暴雨峰值影响	 景观价值

与其他NBS的兼容性

慢速土壤渗滤系统与人工湿地配合良好，特别是“塘与塘”组成的塘系统。慢速土壤渗滤系统可作为人工湿地的最终过滤单元来使用。

案例研究

在本书中：

美国得克萨斯州卢伯克市通过慢速土壤渗滤系统进行深度污水处理；

美国密歇根州马斯克贡县通过慢速土壤渗滤系统进行污水再利用。

其他案例：

美国佐治亚州道尔顿（Dalton）和美国得克萨斯州卢伯克市的森林系统。

运行和维护

常规维护

- 监测进水污水的水质、地下水、土壤和植被
- 日常工作中需要对植物进行维护
- 定期检查基础设施设备，包括泵、阀门和机械组件等

故障排除

- 需要灌溉的种植系统采用特有的农业经营管理措施

NBS 技术细节

进水类型

- 一级处理后的生活污水
- 二级处理后的生活污水
- 灰水

处理效率

- COD 94%~99%
- BOD_5 90%~99%（<2mg/L）
- TN 50%~90%（<3mg/L）

取决于负荷强度、碳氮比、作物吸收和去除能力

- NH_4-N ~80%
- TP 80%~99%（<0.1mg/L）
- TSS 90%~99%（<1mg/L）

要　求

- 净面积要求：
  - 面积要求：60~740m^2（场地面积不包括 1m^3/d 流量的缓冲区、道路或沟渠）
  - 土壤深度：至少 0.6~1.5m
  - 土壤滤速：1.5~51mm/h
- 电力需求：所需泵的能源
- 其他
  - 最低预处理量：初沉
  - 应用技术：洒水、表面灌溉或滴灌
  - 植被：必要
  - 气候、地面坡度和土壤条件都需要精确设计

设计标准

- 年负荷率：0.5~6m/a

原著参考文献

Adhikari, K., Fedler, C. B. (2020). Water sustainability using pond-in-pond wastewater treatment system: case studies. *Journal of Water Process Engineering*, **36**, 101281.

Bhargava, A., Lakmini, S. (2016). Land treatment as viable solution for waste water treatment and disposal in India. *Journal of Earth Science and Climatic Change*, **7**, 375.

U.S. Environmental Protection Agency (2002). Wastewater Technology Fact Sheet Slow Rate Land Treatment. Washington, D.C.

U.S. Environmental Protection Agency. (2006). EPA Process Design Manual: Land Treatment of Municipal Wastewater Effluents (EPA/625/R-06/016; September 2006).

NBS 技术细节

实施规则和原则

- 慢速土壤渗滤系统可在有植被的陆地表面对污水进行处理

  慢速土壤渗滤系统有两种基本类型：

  – 类型 1：最大水力负荷。例如，最大限度用最少的土地面积处理最大的水量，形成一个集聚的“处理”系统

  – 类型 2：最佳灌溉能力。例如，用最小的水量维持作物或植被的生长，灌溉或“再利用水”系统的处理能力处于次要地位

气候条件

- 适合温暖的气候，要求最低温度为 –4℃

3.2.1 美国得克萨斯州卢伯克市（Lubbock）通过慢速土壤渗滤系统进行深度污水处理

项目背景

把处理过的污水用于土地灌溉而不是直接排放到受纳水体，可以减少污水对受纳水体的潜在污染（Toze 2004 in Fedler et al.，2008）。处理过的污水可以有效地替代灌溉用水（美国环境保护署，USEPA，1992 in Fedler et al.，2008），因此也可以减少农业灌溉对自然水资源的需求（Fedler，2017）。此外，处理过的污水可以为土壤提供有机和无机营养物质，如氮和磷酸盐，当处理过的污水作为作物灌溉水回用时，在一定程度上可以产生和施肥类似的效果（Toze 2004 in Fedler et al.，2008）。

20世纪30年代，卢伯克市签订了一项协议，将所有污水泵入格雷农场（Grey Farm）（USEPA，1986），包括将平均3780m^3/d经过二级处理的污水应用于80hm^{2}的土地灌溉（Fedler，1999）。这是因为该地区降雨不足，无法满足作物生长需要，而且并非所有地区都可获得地下水。这种基于自然的解决方案是一种更实惠地处理城市污水的方法。

NBS 类型

- 慢速土壤渗滤系统

位　置

- 美国得克萨斯州卢伯克市

处理类型

- 将污水再利用于土地的利用和灌溉

成　本

- 参考成本部分的内容

运行日期

- 1925 年至今（美国最古老的可持续经营模式之一）

面　积

- 2950hm^2

作者

丽莎·安德鲁斯（Lisa Andrews）
荷兰海牙LMA水务咨询公司
（LMA Water Consulting+, The Hague, The Netherlands）
克利福德·B. 费德勒（Clifford B. Fedler）
美国得克萨斯州卢伯克市得克萨斯理工大学土木、环境和建筑工程学院203B室
（Civil, Environmental, and Construction Engineering, Room 203B, Texas Tech University, Lubbock, Texas, USA）
联系方式：丽莎·安德鲁斯，lmandrews.water@gmail.com

随着城市的发展，格雷农场面积扩大到1489hm^2。然而，当时的灌溉系统没有高效利用污水，因此农场下面的地下水累积到一定程度后导致土壤中的硝酸盐浓度升高，超过了饮用水标准（USEPA，1986）。1981年，卢伯克市土地利用系统（Lubbock Land Application System，LLAS）（见图3-5）扩大到包括位于东南25km处的汉考克农场（Hancock Family Farm），从而为LLAS提供了一个2967hm^{2}的更大面积的场地（USEPA，1986）。扩建的目的是减少泵送至格雷农场的污水，并处理因LLAS开始运行至1980年期间产生的超过37.8万L/d的增量污水，从而解决地下水污染问题。为了提高灌溉效率，采用带有中心支轴灌溉机的喷灌方式（USEPA，1986）（见图3-6），并为两个农场制定了具体的灌溉时间和灌溉量。

图3-5　LLAS位置示意图（Segarra et al.，1996）

图3-6　LLAS中心支轴灌溉机喷灌苜蓿田（拍摄：Clifford Fedler）

作为降低地下水水位、减少硝酸盐污染的首要措施，一部分污水被转移到汉考克农场。几年后，为了维持位于LLAS场地以西约15km处的麦肯齐公园（McKenzie Park）的黄屋谷（Yellowhouse Canyon Laks System）的水量，开始抽取地下水，这样有助于降低地下水水位和硝酸盐浓度（USEPA，1986）。高效灌溉与喷灌区苜蓿栽培的结合是影响土地滤液数量和质量的（USEPA，1986）主要因素，因此LLAS为向作物提供水和营养提供了一个安全可行的选择方案（Toze 2004 in Fedler et al.，2008），以减少当地日益增加的淡水资源需求的压力。

为了应对多年来不断变化的法规及其带来的挑战，LLAS进行了升级：将2420hm^{2}中的1190hm^{2}作为31个中心支轴灌溉地块的面积，这样做就有足够的空间将土地利用率降低到平均1.4m/a（Fedler，1999）（见图3-7）。

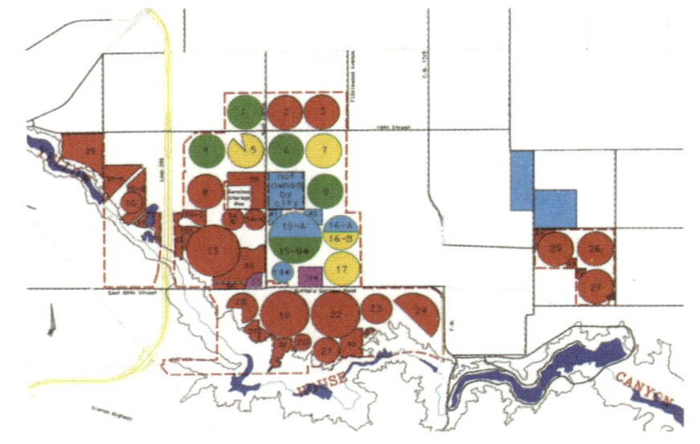

图3-7　LLAS的中心支轴和排式灌溉地块的位置示意图（Fedler，1999）

技术汇总表见表3-4。

表 3-4　技术汇总表

来水类型	
生活污水（指工业污水占比不到 30% 的污水）（USEPA，1986）	
设计参数	
入流量（m^3/d）	~49 000（Segarra et al.，1996）
人口当量（p.e.）	12 9000
面积（hm^2）	2967（USEPA，1986）
人口当量面积（m^2/p.e.）	230
进水参数	
BOD_5（mg/L）	平均 BOD_5<60，达到后开始进行完全的二次处理，处理后下降到 20 左右
NO_3-N（mg/L）	20~25
出水参数	
BOD_5（mg/L）	<2 （来自对现场土壤柱的研究，虽然不是来自卢伯克市，但可代表设计时的预期）（Fedler，2009）
NO_3-N（mg/L）	NO_3-N<3 （来自对现场土壤柱的研究，虽然不是来自卢伯克市，但可代表设计时的预期）（Fedler，2009）

设计和建造

卢伯克市的东南再生水厂（见图3-8）将未经氯化的污水泵送到两个农场。中心支轴灌溉装置从蓄水池接收水，考虑到20%的蒸发损耗，可在20天内灌溉到15cm（USEPA，1986）。

经过多年的发展，土地利用系统（LAS）设计时会考虑包括土壤成分、灌溉影响和效率、水分平衡、蒸发和作物类型在内的多种因素，同时会考虑养分同化和淋滤的要求（Fedler，1999）。在对LAS进行更新后，可提高其效率，降低成本，其中，水分平衡也是重点考虑因素，这个过程被视为设计无害化处理污水的LAS的首要步骤（Fedler et al., 2008）。

对于历史问题和当前系统状态，卢伯克市仍然有两个主要问题需要解决，即氮和盐的问题（Fedler et al., 2008）。新系统需要确保这些问题能够得到有效改善和解决，并且

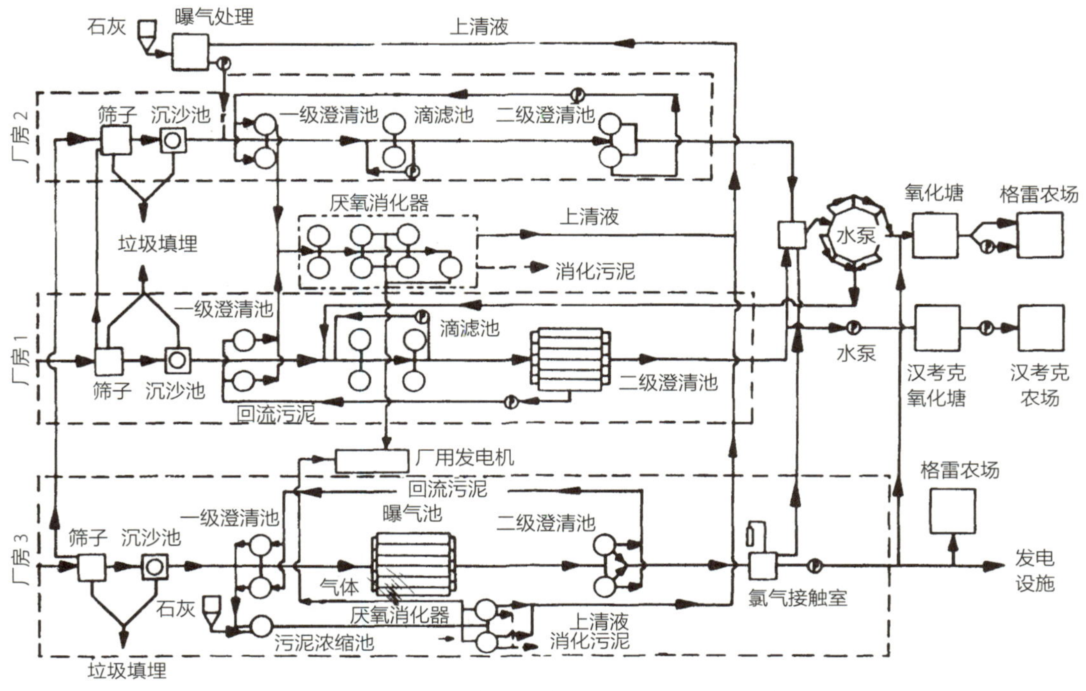

图3-8 东南再生水厂流程图（USEPA，1986）

符合得克萨斯州和USEPA的规定。1988年，新系统的第一步是去除地下水中的硝酸盐，从而尽量降低硝酸盐量。设计过程中，确定污水储存量的规模及确定有效除氮的土地面积和作物类型也是设计的参数（Fedler，1999）。

设计时，需要尽量减少污水储存的规模，因为规模与成本的相关性很高，特别要考虑冬季和夏季污水量的差异（Fedler，1999）。由于土壤有浸出的能力，因此土壤的储存量也必须包括在设计的计算过程中（Fedler，1999）。以新设计规则为基础的新操作规范，只需要在原来的基础上进行局部修改即可，从而根据当地的天气条件或其他外部因素选择需要的作物（Fedler，1999）。

设计时还需要考虑污水的空间分布均匀性，这会影响LAS的空间异质性（Fedler et al., 2008）。此外，设计空间分布均匀的系统还应避免来自场地的径流影响。为了尽量减少甚至避免径流影响，灌溉的时间和频率及速率需要根据现有土壤和气候条件确定（Fedler et al.，2008）。

从这项研究中获得的最引人注目的结果是，只要在设计中遵循物质守恒定律，所有基于土地的LAS都可以减少对环境的影响（Duan&Fedler，2009）。

进水或处理类型

LAS可接收二级处理后的生活污水和不到30%的工业污水（USEPA，1986）。污水通过中心枢纽灌溉系统回用于土地，通过滋养植物根系促使其生长。例如，自从实施新的操作设计，将其纳入地下水抽水方案之后，硝酸盐浓度每年降低约11%（Fedler，1999）。

处理效率

费德勒教授（Fedler）等人在研究中（2008年）观察到LAS总体累积脱氮量超过96%，这表明经过处理的污水用于土地灌溉时不会增加地下水中氮的浓度。然而，盐浓度随设计的浸出速率的变化而变化，范围为1261~2794μS/cm（Fedler et al.，2008）。这项研究的数据是从种植百慕大草的场地收集的，该场地将经过好氧池工艺处理的污水作为固定灌溉系统的供水（Fedler et al.，2008）。

对周边地区人口流行病学的研究表明，在项目实施期间，喷灌没有导致明显的疾病增加（USEPA，1986）。然而，高度接触雾化装置的工作人员的病毒感染率略高（USEPA，1986）。

此外，苜蓿试验区似乎还去除了用于灌溉的污水中的所有营养物质（USEPA，1986）。

运行和维护

LAS的所有运行和维护与灌溉作物的农业生产系统相同，只是需要定期采集土壤样品并进行分析，以确保氮和盐的浓度不会随时间的推移而增加。如果氮或盐的增加超过了植物的耐受度，那么需要采取措施进行处理。

成本

关于该系统的成本信息不易获取，这里只介绍LAS如何通过降低处理成本并通过作物生产增加收入，实现双赢的解决方案。以下估算方法由得克萨斯理工大学的费德勒教授提出。

虽然通过传统方法开发新的供水系统选择有限，但城市污水很容易获得，并可以在靠近作物生长需求的地方供给生产。目前，美国每年收集和处理的污水约为$45 \times 10^9 m^3$（FAO，2008）。收集的污水只有不到6%被用于有益目的。如果这些污水被回收用于作物灌溉，那么大约有1000万hm^2可以被灌溉，约占美国灌溉作物面积的一半。由于向河流排水所需的污水处理程度远远高于作物灌溉所需的污水处理程度，因此使用再生水可降低市政当局处理污水的成本。如果处理过的污水有10%被用于作物灌溉，那么每年的运行和维护成本可节省约30亿美元，其中约三分之一是能源消耗成本。此外，随着人口增长，考虑到处理厂建设成本，未来还可以节省数十亿美元。

塘内塘（PIPs）处理系统是一种较新的系统，可以帮助企业进一步降低污水处理成本。

大多数处理系统的平均费用为10~12美元（$0.003m^3/d$），但是具体成本因地而异。PIP处理系统可以降低一半到三分之二的处理成本，适用于附近5万人或更少人口的农田社区。

协同效益

生态效益

在气候变化的大背景及农业、工业和市政当局日益增长的发展需求下，美国面临严重的水资源短缺问题（USEPA，1986）。将处理过的城市污水应用于农业已被证明是一种具有成本效益的处理方法，通过减少地表水和地下水对淡水资源的需求，可以节约用水（USEPA，1986；Fedler，2017）。

社会效益

利用土地处理污水的方法可为污水排放提供一种替代方案，同时为植物生长提供水和营养来源，也可增加作物产量和收入，从而收回土地利用系统的部分投资和运营成本（Segarra et al.，1996）。除了环境效益，利用土地处理污水还可以降低深度污水处理和排放成本、增加土地和资源价值，同时从循环水和农产品销售中获得额外收入以增加经济效益（Lazarova and Bahri 2005 in Fedler et al.，2008）。利用土地处理污水可以增加当地的粮食产量，这对于世界各地干旱或半干旱和不发达地区的人们和社区尤为重要（Fedler et al.，2008）。

此外，黄屋谷还开发了一个抽水项目，使用27口井将地下水注入黄屋谷的湖泊。这个项目改善了黄屋谷的城市公园景观，同时为利用地下水进行观景娱乐活动提供了一种新模式。然而，这些水量只能维持6个湖泊的水位（Fedler，1999）。

权衡取舍

对于任何基于自然的污水处理系统，主要权衡的重点是所需的土地面积，LAS的情况也是如此。如果系统设计合理，就能尽量减少后续产生的弊端。在卢伯克市，新的水分平衡系统设计可解决历史问题，包括土壤剖面内的硝态氮和盐沉积物在地下水中的累积及造成的环境恶化问题。

经验教训

问题和解决方案

（1）跨利益相关者之间的沟通。

慢速土壤渗滤系统的设计是促进污水再利用的关键，然而，设计时仍然面临挑战，其问题在于设计人员和操作人员之间缺乏沟通。一方面，操作人员经常忘记土地利用的目的是处理污水，而不是从作物中获得最大利润。另一方面，设计人员忽视了“良好的农业实践”在一个长期、有效的土地利用系统中的重要性（Fedler，1999）。

（2）地下水累积。

由于在LAS运行的前几十年，估算作物的需水量是一门新的科学，因此LAS的利用率主要由土地可用性决定。基于这种确定利用率的方法，并通过沟渠的灌溉方式（目前可用的最低效的方法之一），应用场地会形成一个地下水丘（Fedler，1999）。为了减少地下水丘，如前所述，可开发一个抽水方案，将地下水泵入黄屋谷的湖泊中（Fedler，1999）。

（3）地下水中的硝态氮浓度。

1988年以前，LLAS的一个地区因业主或经营者过度使用污水，导致地下水中的硝态氮浓度高于饮用水允许的浓度（10mg/L）。自从实施新的操作设计和纳入地下水抽水计划以来，硝态氮浓度每年下降约11%（Fedler，1999）。实践发现，使用处理过的污水灌溉会导致地下水中的硝态氮（NO_3-N）浓度升高，根据这一新信息，该市实施了一项全面的抽水计划，主要回收公园土地、高尔夫球场和农田的地下水，从而有效利用地下水中的营养物质（Fedler，1999）。由此可见，当使用适当的物质守恒设计方法时，不需要再进行地下水修复。

（4）相关法规的变化。

随着新的环境法规开始涉及LAS的运营和新技术发展，卢伯克市于1986年决定购买LAS周边的其他土地。此时，污水流量约为45万L/d。随着面积的增加，该市立即将灌溉方法升级为中心支轴系统，与沟渠灌溉方法相比，该系统具有更高的利用率。该系统现因拥有足够的土地而将利用率降低到平均为14m/a（Fedler，1999）。

（5）土壤中的盐累积（Fedler et al.，2008）。

通过确定进水和所涉及农作物之间的盐平衡，可以最大限度地减少盐累积。此外，通过参考当地降雨数据，设计要求5年内区域土壤中的盐含量不超标，使其对作物生产的负面影响降至最低，同时保证地下水质不受影响。

（6）大肠杆菌及药品和个人护理产品（PPCPs）对地下水的污染。

土壤具有天然过滤器的作用，可将LAS中的PPCPs含量降至最低。对4种PPCPs化合物的去除率进行测试，发现该系统实现了99%以上的去除率（Fedler et al.，2008）。

（7）土壤特性的退化。

在一个设计不当的LAS中，土壤的特性和质量可能会受到负面影响，以至于其无法再支持苜蓿等典型作物的生长。研究表明，当使用适当的物质守恒设计方法时，不会对土壤造成负面影响，这是LAS在使用更好的设计方法后运行20年的结果（Fedler et al., 2008）。

原著参考文献

Adhikari K. and Fedler, C. B. (2020). Configuration of Pond-In-Pond Wastewater Treatment System: A Review. *Journal of Environmental Chemical Engineering,* **8**(2), 103523.

Adhikari K. and Fedler, C. B. (2020). Water Sustainability Using Pond-In-Pond Wastewater Treatment System: Case Studies. *Journal of Water Process Engineering*, 36101281.

Amoli, B.H., Fedler, C. B. (2011). Removal of PPCPs within surface application wastewater systems. ASABE Annual International Meeting, Louisville, KY, 7–10 August 2011. Paper No. 110689. ASABE.

Duan, R., Fedler C. B. (2009). Field study of water mass balance in a wastewater land application system. *Irrigation Science*, **27**(5), 409–416.

Fedler, C. B. (1999). Long-term land application of municipal wastewater-a case study. ASCE International Water Resources Engineering Conference, Seattle, WA, 8–11 August.

Fedler, C. B. (2000). Impact of long-term application of wastewater. Presented at the 2000 ASAE Annual International Meeting, Milwaukee, Wisconsin, July 9-12, 2000. Paper No. 002055. ASAE, 2950 Niles Road, St. Joseph, MI 49085-9659. USA.

Fedler, C., Duan, R., Borrelli, J., Green, C. (2008). Design & Operation of Land Application Systems from a Water, Nitrogen & Salt Balance Approach. Final Report for Project No. 582-5-73601.

Segarra, E., Darwish, M.R., Ethridge, D.E. (1996). Returns to municipalities from integrating crop production with wastewater disposal. *Resources, Conservation and Recycling*, **17**(2), 97–107.

USEPA (1986). Project Summary: The Lubbock Land Treatment System Research and Demonstration Project. EPA/600/S2-B6/027.

3.2.2 美国密歇根州马斯克贡县（Muskegon）通过慢速土壤渗滤系统进行污水再利用

项目背景

20世纪60年代，马斯克贡县（Muskegon）与邻近社区一样，用小型超负荷的处理设施处理市政污水和工业污水。马斯克贡县的许多工业企业和社区向附近的湖泊排放未经处理的、不符合排放要求的污水，导致马斯克贡县的3个主要休闲湖泊受到污染。这种直接污染导致该地出现臭味污染和严重的水华现象，同时破坏了水面水草的生长环境。湖泊的游泳、划船和捕鱼等活动由于水质条件差而变得不再安全。这种状况致使原有企业逐渐撤离或关闭，新的工业企业也不愿意来马斯克贡县。这些复杂的问题带来的挫折和压力使居民对他们的社区失去希望，生活失去幸福感。

对此，马斯克贡县的社区领导和规划者决定设计和建造一个喷灌系统，以处理高达191 000m^3/d的污水。这项前瞻性的解决方案自1973年以来一直使用，目前已成为经济发展的重要社区资产。20世纪70年代初，马斯克贡县从大约30个不同的业主处购买了4460hm^2的土地用于建设污水处理设施。

NBS 类型

- 灌溉蓄水池、季节性灌溉和慢速土壤渗滤系统

位　置

- 美国密歇根州马斯克贡县

处理类型

- 用曝气污水池和调蓄池进行初步处理，再利用灌溉或土壤渗滤进行污水再利用

成　本

- 1.2 亿美元

运行日期

- 1974 年至今

面　积

- 整个污水处理厂的调蓄池、灌溉用地和排水面积共 4500hm^2

作者

罗伯特·吉尔哈特（Robert Gearheart）
美国加利福尼亚州阿克塔洪堡州立大学
（Humboldt State University, Arcata, California）
联系方式：rag2@humboldt.edu

为此，马斯克贡县建立了一套由三个自然处理过程组成的系统，以便有效且经济地处理污水，包括曝气池、大型调蓄池，其中，污水通过土壤渗滤系统用于作物植被和茅草的地面灌溉。该系统中的土壤和植物通过各种机制过滤、捕获和处理污水中的污染物，同时通过土壤剖面排水，这种形式也被称为土地利用系统（Land Application System，LAS）。经过处理的污水为植物根系提供有效养分。当污水处理设施运行时，所有直接排放到湖泊的污水行为都被叫停（Biegel et al.，1998），湖泊水质得到显著改善。

马斯克贡县灌溉或土壤渗滤污水处理厂位于美国密歇根州密歇根湖东部边缘（见图3-9）。技术汇总表见表3-5。

图3-9　马斯克贡县灌溉或土壤渗滤系统位置示意图
（43° 14′ 58.8″ N，86° 2′ 7.6″ W；43.249657，−86.035438）

表 3-5 技术汇总表

来水类型	
25% 市政污水，50% 造纸厂污水，25% 工业污水	
设计参数	
入流量（m^3/d）	205 000
人口当量（p.e.）	180 000
面积（hm^2）	4460
人口当量面积（$m^2/p.e.$）	248
进水参数	
BOD_5（mg/L）	290
COD（mg/L）	800
TSS（mg/L）	300
大肠杆菌（菌落形成单位，CFU/100mL）	10^6
出水参数	
CBOD（mg/L）	3
COD（mg/L）	28
TSS（mg/L）	< 0.05
大肠杆菌（菌落形成单位，CFU/100mL）	<10
成本	
建造	5900 万美元
运行（年度）	1200 万美元

注：季节性活动和气候等因素的影响导致排放要求有些复杂。生长季节是主要因素，可决定灌溉要求与植物对氮和磷的吸收程度，相当于排放限制要求。

设计和建造

马斯克贡县污水处理系统建于1974年，是美国利用土地处理污水的示范项目。该系统建在4460hm^{2}的沙质非生产性土壤上，之所以选择该地点是因为其交通便利，而且项目所需土地面积大，使用了该县4460hm^{2}土地的70%（MCWMS，2019）。

“在设计该系统时，工程师和科学家估计，处理设施中的土壤总预期寿命约为40a（即磷过量时，污水中的磷无法再被土壤消化去除）。土壤总预期寿命是基于土壤成分、平均施用率、污水中的平均磷含量和待种植作物的信息而预估的。一旦土壤饱和，地下水和地表水的污染风险将增加，导致富营养化问题再次出现”（Biegel et al.，1998）。

当地建造了一个约1m深的排水系统，将过滤后的污水输送至马斯克贡河的排放点。该项目建造了两个调蓄池，水力停留时间为120d，流量为7400万m^3/d。调蓄池的容积为13 000 000cm^3，深度为6m，表面积为202hm^2。两个调蓄池的曝气氧化池的处理能力为170 000cm^3/d。

该系统建造和安装了30个中心支轴灌溉设备及大量的污水输送系统和水泵。中心支轴灌溉设备由污水输送系统中的泵驱动的液压马达提供动力（见图3-10）。该系统的优点为：成本较低；避免污水直接排放；促使植物养分循环利用；可以耕种持水能力较差的土壤。缺点为：需要土地面积较多；导致磷累积较多。

图3-10　现场使用的中心支轴灌溉设备

进水或处理类型

每天约有1.25×10^8L污水进入污水处理系统。污水先在马斯克贡县中心收集，然后利用水泵输送至污水处理厂进行处理和储存，最后用于灌溉。大约50%的污水来自附近的造纸厂，25%来自其他类型的工业企业，其余25%来自市政。20世纪90年代增加了额外处理高污染（BOD_5或固体）废弃物的能力。低浓度污水和高污染废弃物的低附加费使得该县有能力以环保的方式降低工业生产成本。该系统主要处理有机化工制造、食品加工及涂料行业的各种金属的排放物，还接收县外的化粪池废弃物，包括密歇根州以外的一些废弃物。

系统容量：污水为15 898万L/d，悬浮固体为73t，BOD_5为72t（MCWMS，2019）。

CBOD和TSS的季节性排放限值见表3-6，处理过程中不同阶段所选污染物的浓度见表3-7。

表 3-6 CBOD 和 TSS 的季节性排放限值

（Tardini，2020）

CBOD 限值	污染物负荷限值（kg/d）			浓度限值（mg/L）		
日期	每月	7d 平均	每日	每月	7d 平均	每日
10/1—11/30	2948	4400	—	18	—	27
12/1—4/30	4082	6350	—	25	40	—
5/1—5/31	1769	2767	—	11	—	17
6/1—9/30	1451	2132	—	9.0	—	13
TSS 限值	污染物负荷限值（kg/d）			浓度限值（mg/L）		
日期	每月	7d 平均	每日	每月	7d 平均	每日
全年	2449	4082	—	15	25	—

表 3-7 处理过程中不同阶段所选物质的浓度

（USEPA，1980）

单位：mg/L

物质类型	进水	曝气后	储存后（灌溉前）	土壤净化后
总磷	2.4	2.4	1.4	0.05
NH_4-N	6.1	4.1	2.4	0.6
NO_3-N	需检测	0.1	1.1	1.9
锌[a]	0.57	0.41	0.11	0.07
BOD_5（5d 试验）	205	81	13	3
COD	545	375	118	28
大肠杆菌（CFU/100mL）	$>10^6$	$>10^6$	10^3	$<10^2$

注：a 为重金属含量的代表。

处理效率

曝气和储存

首先，在完全曝气的污水池中将污水充分混合，1.5d内，将空气注入完全混合的污水池中并连续搅拌。其次，污水流入曝气沉沙池，停留3d，以使悬浮物沉淀。在曝气沉沙池停留期间，仅提供足够的空气以防系统变为厌氧状态。每个沉淀池每两年打扫一次。当清洁一个沉淀池时，污水被转移到另一个沉淀池（见图3-11）。到这个阶段为止，90%以上的原始有机化合物已通过挥发、沉积到污泥中或被生物降解而去除。仍然保留的化合物倾向于相对不挥发，或该化合物难以被细菌消耗和分解。处理过的污水在污水池中储存（蓄水），之后用于灌溉作物（Biegel et al.，1998），灌溉时间为5月下旬到9月。

图3-11　充气污水池处理和储存污水池

当通过灌溉处理过的污水将磷带到土壤中时，磷可被有机物固定，被土壤颗粒吸附（或吸收）或与土壤中的其他离子快速反应形成不溶性沉淀物（见图3-12）。尽管作物吸收可以实现20~59kg/ha/a的磷去除量，但如果磷质量负荷高于作物吸收率，那么灌溉土壤中的磷浓度可能会持续增加。为了避免接收污水的LAS的水生系统富营养化加速，用于LAS浇灌的出水的磷浓度必须足够低。

图3-12　土幔处理是高水平的处理方式（Gearheart，2020）

该系统自1974年开始运行，可满足排放限制要求，用灌溉的方式去除居民生活产生的污染物，并具有生物多样性和环境保护的协同效益。尽管调蓄池中的藻类增加，不同工艺的出水BOD_5水平依然呈现降低的趋势，同时整个过程的TSS浓度通过调蓄池的增加和处理过程的土壤净化而实现了有效降低。总磷（TP）浓度是一个关键的影响因素，因为它影响接收水体的富营养化程度。生长季节，植物吸收和土壤吸收的结合可有效地将磷水平降低到排放要求以下，大肠杆菌水平降低4个数量级至所需的排放水平，从而达到消毒过程的要求。

运行和维护

中心支轴灌溉设备用于将处理过的污水喷洒到种植苜蓿的2200hm^2土地上。在温度较低的早春和晚秋，建议采用滴管灌溉，以防因水冻结而损坏钻机。灌溉所需的污水量取决于种植的作物、土壤类型和污水成分等。在生长季节，平均每周从收集池中抽出污水，可以使水位下降6~10cm。值得注意的是，留在田地里的任何作物残渣中的磷最终都会回到土壤中。此外，还有一个经常被忽视的问题，作物在收割前是否必须晾干，如果需要，那么在晾干期间必须停止污水灌溉，将污水转移到其他田地，直到作物收割完成。

成本

马斯克贡县的污水处理和再利用系统的初始资金来自美国环保局的赠款计划，该计划提供了初始成本的87%，不包括土地成本。1974年的总成本为2500万美元，不包括用于灌溉的土地成本。单独处理过程、预处理、曝气污水池、调蓄污水池、消毒和中心枢轴灌溉元件的成本未知。

与1974年的成本相比，2020年的建筑成本约为1.2亿美元，不包括土地成本。基于600 000的人口当量基数，2020年每个用户的成本约为200美元。这个估计数值考虑到30%的污水来自市政（180 000人），其余来自工业。

平均而言，农业产值可抵消25%的运营成本，这主要取决于市场价格。灌溉污水中的营养物可抵消作物的大量肥料成本。植物吸收氮和磷，以及通过土壤去除这些化合物的处理价值代替了昂贵的养分去除成本。

协同效益

生态效益

在鸟类迁徙期间，可在池塘中发现大量水鸟，尤其是琵琶鸭和红鸭。池塘之间筑堤道路的泥泞边缘吸引候鸟每年都来这里。夏季，这一地区是发现耳灰树鸟的最佳地点。深秋季和冬季，筑堤的道路会吸引雪域猫头鹰和雪地彩旗，有时甚至可以看到独特的矛隼。

邻近的田野是观赏粗腿鹰、美国金冠鸟、黑腹鸟、角云雀、美国琵琶鸟、拉普兰长尾鸟和雪斑鸟的好地方。有时候，金雕和一两只秃鹰会以大量的水禽为食。该生态景观还为在邻近田野、森林和水道中发现的候鸟提供了避难所。由于许多水鸟在该场地长时间停留，因此这种利用土地处理污水的方法值得深入研究和应用。定期管理滨鸟栖息地将带来很好的生态效益。

社会效益

马斯克贡县污水处理系统具有社会和经济等多重效益，包括低污水收费和工业附加费。此外，该污水处理系统利用水力发电厂生产能源，并且在填埋场将沼气泵送到当地工业工厂直接燃烧供能（MSWMS，2019）。

栖息地主要是草本或作物覆盖的开阔地，大型污水池和渗滤盆地及森林高地只占较小部分。污水被喷洒到农田，而不是直接排放，从而为作物提供必要的营养物质和水，同时将有害物质排在河流外，所有这些都是以最低成本实现的。该污水处理系统的其他好处包括减少化肥施用量和环境问题（Biegel et al.，1998）。一般来说，当年的污水可提供55 000kg的磷、68 000kg的氮和100 000kg的钾作为土壤肥料。将污水用于灌溉，可使非生产性土壤转化为有用的农田，减少对水源的污染。

此外，马斯克贡县的处理设施已成为主要的观鸟地。马斯克贡县污水处理系统是密歇根州最大的污水处理系统，有4451hm^2的沉淀池，主要原因可能是其周围有美国最大的污水处理系统之一。

经验教训

问题和解决方案

（1）某些因素影响土地的适宜性。

例如，对于处理污水的土地土壤质地来说，沙土比黏土更有效。黏土排水太慢，会导致土壤剖面的上部无法保持有氧状态。如果特定土壤排水过快，则地下水污染的风险增加。使用土壤中存在的铁含量预估土壤的预期寿命，其标准是土壤中磷的含量。此外，土壤有机质的数量和类型也很重要。

（2）气候。

在非常寒冷的气候条件下，由于植物生长季节较短，因此需要更大的污水调蓄容量。此外，若植物没有茁壮生长，则磷会在土壤中累积。在多雨的气候条件下，降雨产生的过量水会减少土壤通气，提高入渗速率，缩短滞留时间，从而降低生物降解程度。如果降雨量增加，那么污水使用量会减少。

（3）长期使用污水灌溉会改变土壤的化学性质。

值得一提的是，土壤pH值和土壤吸收钙能力的相关性非常显著。在设计马斯克贡县核电站时，预计该系统的寿命为25~50年。

用户反馈或评价

“这个污水处理系统为社会带来了极大的利益……几乎不可估量”，前马斯克贡县检察官说这是该县有史以来最大的公共工程项目——一个耗资4340万美元的系统于1973年投入使用，支持者表示，多年来，该系统的表现令人惊讶。将污水收集并应用于“土地过滤器”的概念在施工时未经测试，甚至遭到美国环境保护局许多人的反对。

密歇根州奥杜邦市的柯比·亚当斯（Kirby Adams）表示，“从观鸟的角度看，密歇根州很幸运地在马斯克贡县拥有全国最好的污水处理厂之一”。马斯克贡县污水处理系统（通常被观鸟者称为马斯克贡污水）可与密歇根州的湿之角（Pointe Mouillee）和怀特菲什角（Whitefish Point）等热点地区相媲美。

“马斯克贡县污水处理系统包括4500hm^2的处理池、储水池、农场、森林和草地。这两个354hm^2的储水池足够大，每个都可以跻身密歇根州最大湖泊的前100名，这对于一

个拥有数千个湖泊的州来说，确实不错。”

污水管理系统是美国环保局的一个试点项目，其规模很大，美国宇航局在轨宇航员都可从太空看到它。

原著参考文献

Biegel, C., Linda, L., Graveel, J., Vorst, J. (1998). Muskegon county wastewater management: an effluent application decision case study. *Journal of Natural Resources and Life Sciences Education,* **27**, 137–144.

Crites, R. W., Reed, S. C., and Bastian R. K. (2000). Land Treatment Systems for Municipal and Industrial Wastes. McGraw-Hill, New York.

Hicken, B., Tinkey, R., Gearheart, R., Reynolds, J., Filip, D. (1978). Separation of Algal Cells from Wastewater Lagoon Effluents. Volume Ⅲ: Soil Mantle Treatment of Wastewater Stabilization Pond Effluent - Sprinkler Irrigation. U.S. Environmental Protection Agency, Washington, D.C., EPA/600/2-78/097.

Muskegon County Wastewater Management System (MCWMS). (2019). History.

Tardini, J. (2020). Supervisor of Muskegon Wastewater Management Laboratory, personal communication.

USEPA (1980). Muskegon County Wastewater Management System. EPA 905/2-80-004, US EPA Great Lakes Programs Office, Chicago, IL.

USEPA (1984). Process Design Manual, Land Treatment of Municipal Wastewater: Supplement on Rapid Infiltration and Overland Flow. EPA 625/1-81013A, US EPA CERI, Cincinnati, OH.

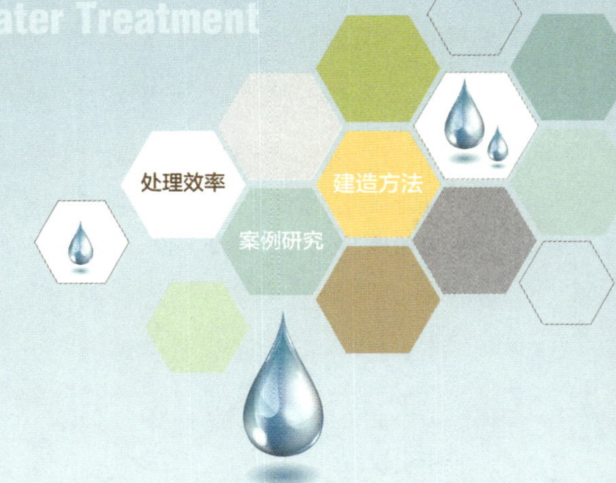

第4章 快速土壤渗滤系统

作　者　萨穆埃拉·吉达（Samuela Guida）
英国伦敦E14 2BE科洛弗斯新月2号出口建筑一层国际水协会
（International Water Association, Export Building, First Floor, 2 Clove Crescent, London E14 2BE, UK）
联系方式：samuela.guida@iwahq.org

概　述

快速土壤渗滤系统（见图4-1）也称为土壤含水层处理方法，是一种利用土壤生态系统处理污水的土地利用技术。当污水通过多孔的土壤基质时，它会经历物理过滤、化学沉淀、离子交换和吸附及生物氧化、同化和还原等过程，经过上述过程，污水被集中收集并处理，如果收集的污水的水质符合标准，可以直接排放到地表和地下水体中。回收的水可用于灌溉作物或工业生产。

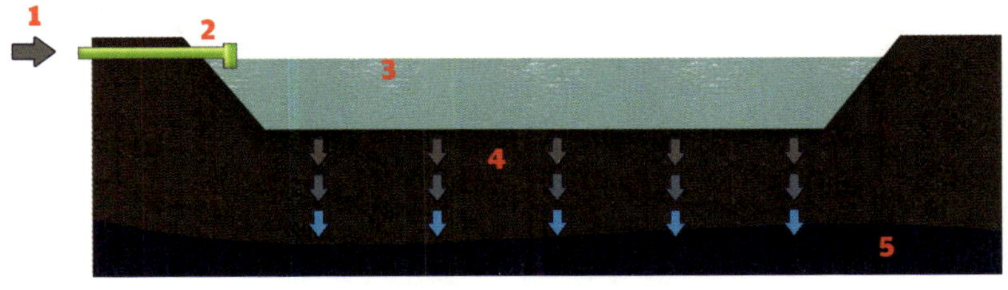

图4-1　快速土壤渗滤系统示意图

1—进水口；2—加水系统；3—水位；4—在土壤介质中快速渗滤；5—地下水

优点	缺点
• 可以稳定抵抗污染负荷的波动 • 土地面积需求低于土壤慢速渗滤系统 • 补给地下水，调节地下水位	• 在设计前，需要仔细调查土壤深度、渗透性和地下水深度 • 土壤快速渗滤系统不满足排放到饮用水含水层所需的严格的氮浓度水平 • 可能会发生堵塞

协同效益

高	 水资源再利用				
中					
低	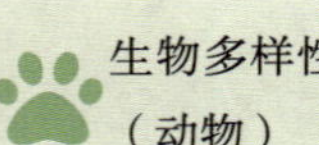 生物多样性（动物）	 生物多样性（植物）	 温度调节	 缓解暴雨峰值影响	 景观价值

与其他NBS的兼容性

可与污水稳定塘和人工湿地结合使用。

运行和维护

常规维护

- 监测水力负荷速率、氮负荷率、有机负荷率
  - 污水使用周期：4h~2 周
  - 干燥时间：8h~4 周
- 定期更换第一层土壤
- 每年清除有机沉积物

故障排除

- 跟踪渗透率，了解盆地表面何时需要维护

NBS 技术细节

进水类型

- 一级处理后的生活污水
- 二级处理后的生活污水
- 灰水
- 河流稀释污水

处理效率

- COD ~78%
- BOD_5 95%~99%
- TN 25%~90%
- NH_4-N ~77%
- TP ~99%
- TSS 95%~99%

要　求

- 净面积要求：
  - 土壤渗透率：最低 1.5cm/h
  - 土壤质地：粗沙、沙砾
  - 土壤深度：最小深度为 3~4.5m
  - 单个盆地面积：0.4~4hm^2
  - 堤坝高度：高于最大水位 0.15m
- 电力需求：排水泵的能源

设计标准

- 盆地渗透面积：148m^2/m^3/d
- HLR：6~90m/a
- BOD_5 负荷率：2.2~11.2g/m^2/d
- 低固体含量（可能需要预处理）

气候条件

- 无气候限制

原著参考文献

U.S. Environmental Protection Agency (2002). Wastewater Technology Fact Sheet. Slow Rate Land Treatment. Washington, D.C.

Bhargava, A., Lakmini, S. (2016). Land Treatment as viable solution for waste water treatment and disposal in India. *Journal of Earth Science and Climatic Change*, 7, 375.

Nature-Based Solutions for Wastewater Treatment

处理效率
建造方法
案例研究

第5章 柳树系统

作　者　达尔亚·伊斯坦尼克（Darja Istenič）
斯洛文尼亚卢布尔雅那1000健康路5号卢布尔雅那大学健康科学院
（University of Ljubljana, Faculty of Health Sciences, Zdravstvena pot 5, 1000 Ljubljana, Slovenia）
联系方式：darja.istenic@zf.uni-lj.si

卡洛斯·A. 阿里亚斯（Carlos A. Arias）
丹麦奥尔胡斯市8000奥利沃姆斯街1号奥尔胡斯大学生物系-水生生物
（Aarhus University, Department of Biology – Aquatic Biology, Ole Worms Alle 1, 8000 Aarhus C, Denmark）
联系方式：carlos.arias@bios.au.dk

概　述

柳树系统（见图5-1）是以柳树为主的人工湿地。柳树系统主要通过树木的生物质进行污水处理。柳树系统通过蒸散作用处理流入的污水，使得污水不会从系统中流出。柳树系统适用于有严格污水排放标准或土壤不能过滤的场所，但也可以在有流出或渗滤的系统中使用。柳树系统会产生大量生物质（木材），可用于能源生产和土壤改良等。

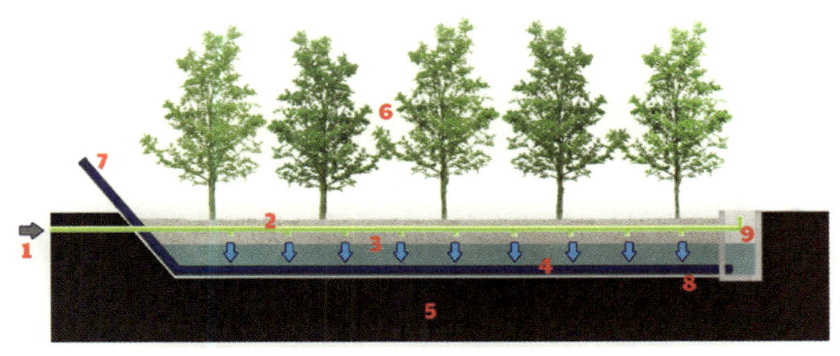

图 5-1　柳树系统示意图

1—进水口；2—加水系统；3—土壤；4—排水系统；5—原土层；6—树；
7—维修管；8— 防水衬里；9—检修孔

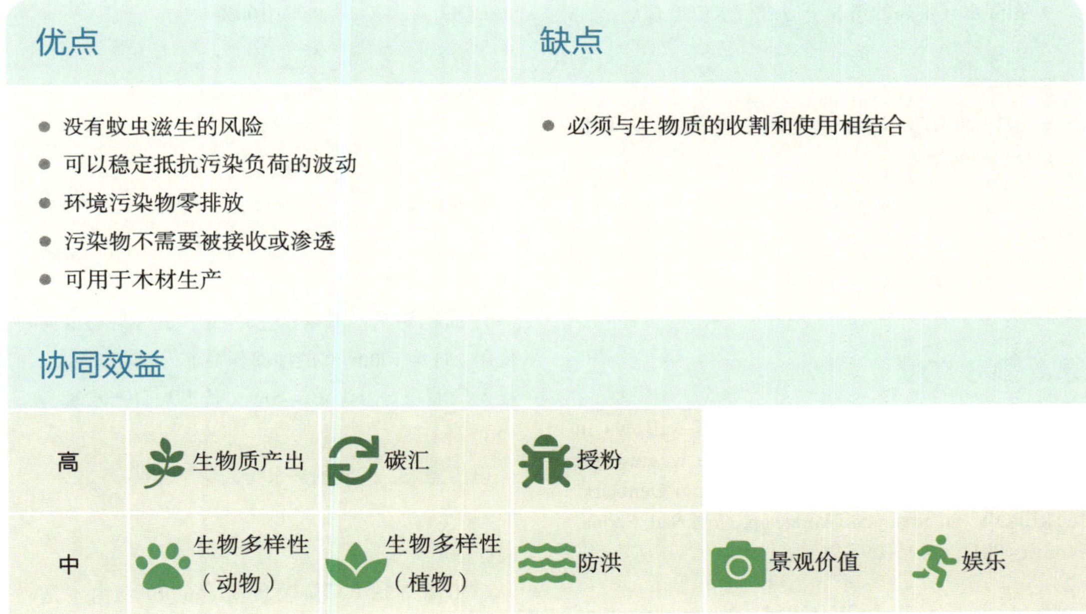

优点	缺点
• 没有蚊虫滋生的风险 • 可以稳定抵抗污染负荷的波动 • 环境污染物零排放 • 污染物不需要被接收或渗透 • 可用于木材生产	• 必须与生物质的收割和使用相结合

协同效益

高	生物质产出	碳汇	授粉		
中	生物多样性（动物）	生物多样性（植物）	防洪	景观价值	娱乐

与其他NBS的兼容性

可与水平流人工湿地和垂直流人工湿地，以及自由水面人工湿地和塘系统结合使用，用于在出水处增加蒸发以产生生物质或帮助上述系统更好地处理污水。

案例研究

在本书中：

- 零排放污水设施：柳树系统。

运行和维护

常规维护

- 初级处理控制和系统健康检查（目测）
- 每年定期维护 12h；木材收割年，在 12h 的基础上每 $100m^2$ 增加 15min，用于机器收割柳树
- 在预处理过程中，去除污泥、排空罐体的时间间隔取决于储罐的容积
- 收割（每两年或三年处理柳树系统中一半或三分之一的柳树）

特殊维护

- 在降水异常高的情况下应进行水位检查

故障排除

- 运行 20 年及以上，盐的浓度会增加，必须维护管道冲洗系统

NBS 技术细节

进水类型

- 一级处理后的生活污水
- 二级处理后的生活污水
- 灰水

处理效率

柳树系统没有流出物，总体处理效率为 100%

重金属等污染物可以储存在柳树系统中

柳树系统具有渗透能力，处理效率为：

- COD 92%~100%
- BOD_5 98%~100%
- TN 85%~100%
- NH_4-N 90%~100%
- TP ~100%
- TSS ~100%
- 大肠杆菌 <1000 CFU/100mL

要　求

- 净面积要求：根据水生产而不是污染物负荷使用，每年 $100m^3$ 水的净面积要求为 $68\sim171m^2$，或人均面积要求为 $30\sim75m^2$（按人均日产水量为 120L 计算）
- 电力需求：间断抽进水为人均 7~10kW · h

设计标准

- COD 和 TSS（污染物负荷 $g/m^2/d$）：由于是零排放系统，因此柳树系统根据使用水量设计（见要求）；COD 和 TSS 不是其设计标准
- HLR：取决于特定位置的柳树蒸散速率

常规配置

- 单个系统（最常见）
- 水平流或垂直流或法式垂直流人工湿地

原著参考文献

Brix, H., Arias, C. A. (2011). Use of willows in evapotranspirative systems for on-site wastewater management – theory and experiences from Denmark. “STREPOW” International Workshop, Novi Sad, Serbia, February 2011, pp. 15–29.

Curneen, S. J., Gill, L. W. (2014). A comparison of the suitability of different willow varieties to treat on-site wastewater effluent in an Irish climate. *Journal of Environmental Management*, **133**, 153–161.

零排放污水设施：柳树系统

项目背景

为了实现可持续和循环利用的生活方式，丹麦扎兰岛（Zaeland Island）的一个社区决定按照有机和可持续的原则建立一个名为珀马托皮亚（Permatopia）的社区，该社区位于丹麦法克斯市（Faxe）卡里斯（Karise）村（见图5-2）旁。珀马托皮亚社区（见图5-3）的理念是建立一个有意义的现代共享住房系统，以可持续理念为基础，实现低成本和环境可持续性的生活方式。

卡里斯村已经有一个市政或私营污水处理厂，虽然新建立的社区可以与之连接，但是社区仍然决定将自己的污水排放系统与零排放柳树系统配套使用，以维持脱离电力系统的运行模式和低成本的生活方式。该系统的好处包括实施污水循环利用，将营养物作为堆肥和碳重新用于温室蔬菜种植，此外，还可以分离尿液，将其用作肥料。种植柳树，并且将其作为污水处理系统使用是一种可持续发展理念的体现，也是一种双赢方案。

零排放柳树系统建设的目标是通过该系统处理污水中多余的营养物质，同时避免处理过的污

作者

佩德·桑菲尔德·格雷格森（Peder Sandfeld Gregersen）

丹麦奥尔古德再循环中心

（Center for Recirkulering, Ølgod, Denmark）

联系方式：psg@pilerensning.dk

NBS 类型

- 柳树系统

位　置

- 丹麦法克斯市卡里斯村（Karise in Faxe Municipality）

处理类型

- 一级处理和二级处理后的污水

成　本

- 每年约 3400 欧元

运行日期

- 2017 年 10 月至今

面　积

- $8800m^2$

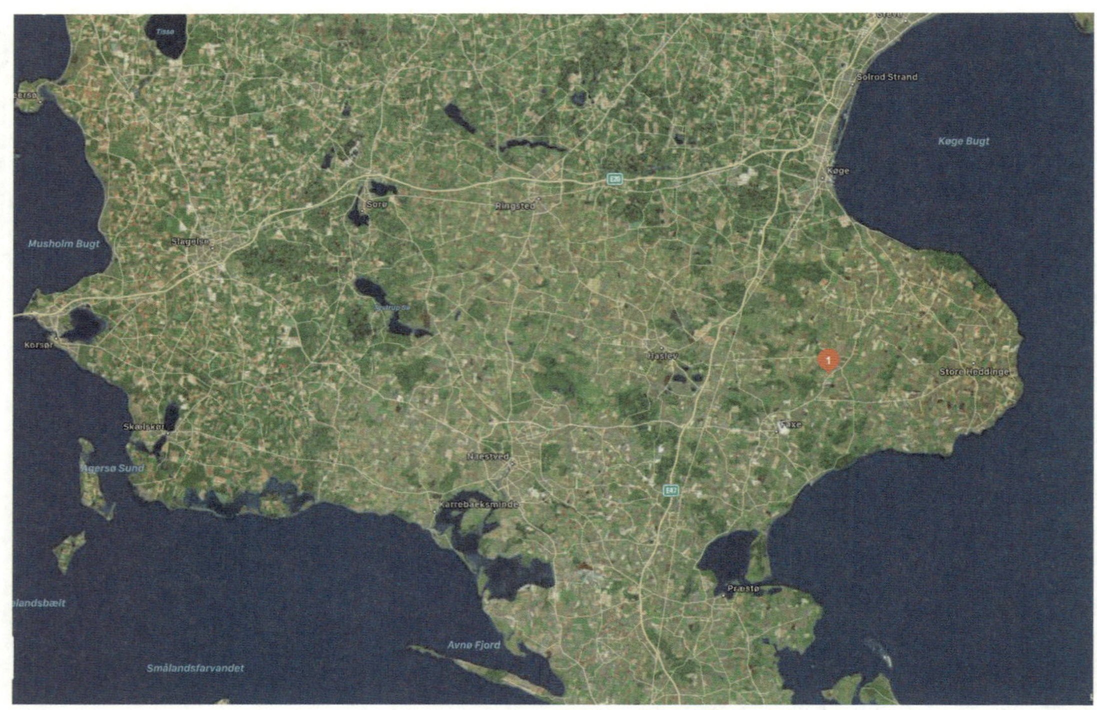

图 5-2　丹麦卡里斯村位置示意图
（资料来源：谷歌地图）

图 5-3　2017年7月的珀马托皮亚社区

水进入生活环境，这个循环模式是通过蒸散（土壤蒸发和植物叶片蒸发）和柳树系统吸收污水中的所有营养物质和矿物质实现的。这种类型的系统还能产生一定的生物质，为社区提供取暖木材。技术汇总表见表5-1。

表5-1　技术汇总表

来水类型	
生活污水	
设计参数	
入流量（m^3/a）	6276
人口当量（p.e.）	190~250
面积（m^2）	8800
多年平均市人口当量	225 人（根据营养含量计算）；该设施为现场蒸散量后的尺寸
进水参数	
BOD_5（mg/L）	~55
COD（mg/L）	~400
TSS（mg/L）	~125
出水参数	
柳树系统没有排放，由此也被称为零排放系统	
生物质产出	
每公顷生物质（t/hm^2）	经过 3 年的生长，平均每 3 个重复样方产生 17t
氮含量（kg/hm^2）	170
磷含量（kg/hm^2）	38
钾含量（kg/hm^2）	200
成本	
建设	531 000 欧元
运行（年度）	每年约为 3400 欧元，不包括从沉淀池中清除污泥的成本

设计和建造

由于柳树系统设施的尺寸必须考虑营养物质的吸收，以及污水和降水的蒸发量，因此污水量和蒸发量必须精确计算。社区住宅的设计和建造过程中已经考虑了污水量。厕所设有单独的系统，但没有储存空间，如果尿液从主要污水流中分流，那么社区需要在柳树系统中种植豆类植物（如三叶草），以补充氮，否则柳树的生长和蒸发将受到影响。这是因为，作物的产生需要多种营养物质，也需要蒸散作用，如果缺少其中一种基本营养物质，如氮，那么将导致其生长不良。

此外，社区还设置了许多类型的节水系统，例如，分离式厕所，设有0.2L的小冲水和2L的大冲水；安装水龙头、洗衣机、节水洗碗机和淋浴器（不包括浴缸）。整个社区的耗水量可能低至每年6276m^3，甚至包括每年1000人/d的潜在访客产生的每天每户191L增量。根据以上因素计算，柳树系统的总面积为8800m^2。冬季，当没有树叶且蒸发量较低时，该系统还可将水储存在土壤中。

为了保持较高的蒸发量，8m宽的柳树系统盆地之间必须留有5m的空间，这主要有3种形式。

（1）“晾衣绳效应”：该系统的宽度很小，这样风能从中通过，并将空气中的水分带到没有树木的区域（见图5-4）。

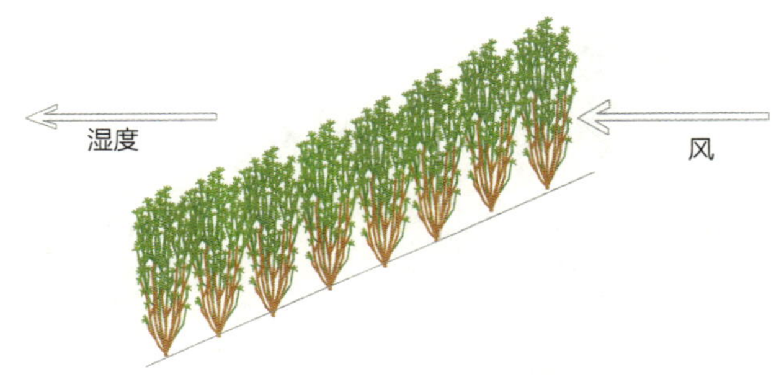

图5-4 “晾衣绳效应”

（叶和茎向空气中释放湿度，就像晾衣绳上的衣服一样，风会去除其湿度。当树木周围的空气变得干燥时，可以去除叶和茎新释放的湿度）

（2）“绿洲效应”：风从一个光滑的表面撞击到一个粗糙的表面，受到向上升力，由此形成上升气流。为了实现这个效果，附近不应设有太多的风道或森林（见图5-5）。

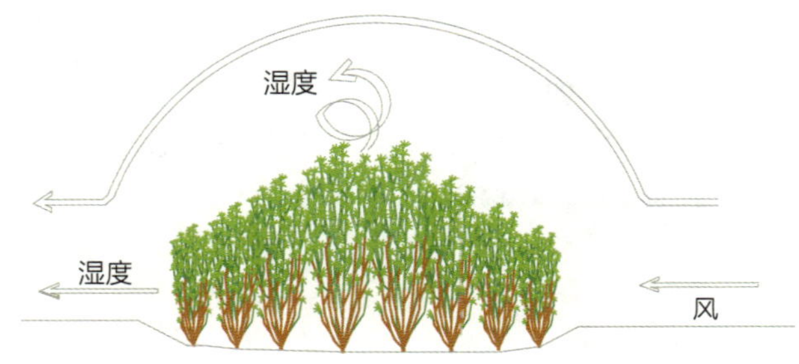

图5-5 “绿洲效应”

（沿着“绿洲”中树木的上边缘移动的风与穿过沙子的风必须形成相同的距离，这样会产生阻力，从而使树木湿度降低）

（3）拦截：柳树需要保持较高的叶密度，以便获取更多的降水，并使雨水到达土壤之前蒸发（见图5-6）。

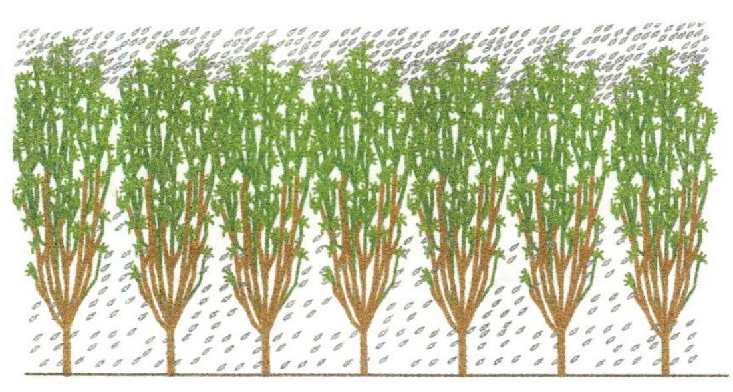

图5-6 拦截

（少量降水落在柳条茂密的叶上，雨水直接从叶片蒸发，而不会落到地面。暴雨期间，可能只有40%的降水会落到地面）

进水或处理类型

柳树系统由10个盆地组成，每个盆地宽为8m，长为110m，深为1.2m，四周坡度为45°。由于沉降点和设施之间的高程不同，因此污水通过重力作用从90户家庭流到一个提升泵，该提升泵将水输送到沉降池。沉降池中的沉淀过程是其唯一的预处理方式。沉淀池内有两个腔室，第一个腔室的容积为26m^3，第二个腔室的容积为21m^3，还有1个5m的泵送室和1个1.5kW的泵。沉降池的尺寸设计是为了每半年将污泥从污水中分离出来，排空水箱，将产生的污泥与市政污泥一起处理，从长远看，该社区可将污泥作为含有一些养分的堆肥土壤调节剂使用。之后将污水泵入一个带有5个1.1kW小泵的抽水井，每个抽水井将污水分配到两个盆地。抽水井位于设施中部（见图5-7）。

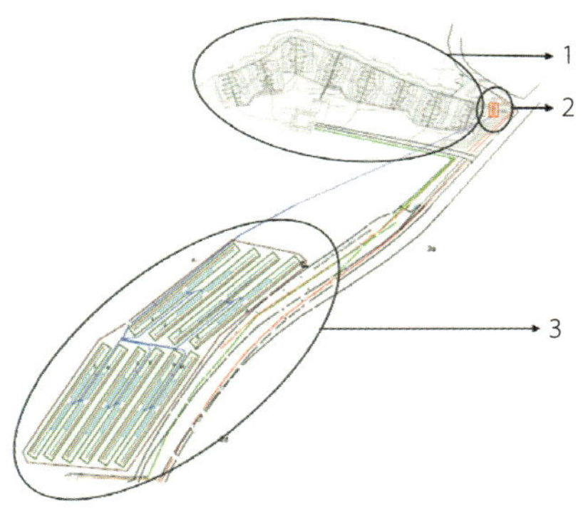

图5-7 柳树系统的10个盆地示意图

1—居民区；2—沉降池；3—柳树系统

每个盆地的深度只有1.2m，上面有一层沙（见图5-8）。通常情况下，内部的土壤是在挖掘过程中回填进来的。

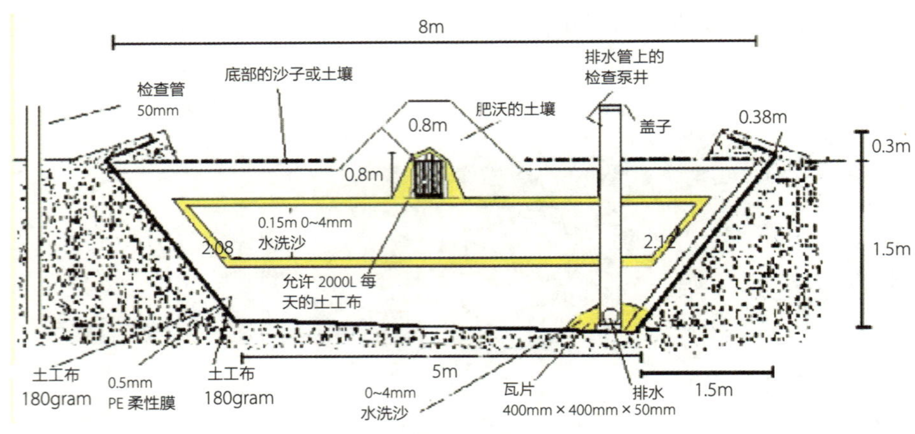

图5-8　多孔盆地截面示意图

处理效率

由于没有排放，因此柳树系统的处理效率很高。这也意味着污水（和任何降水）可通过蒸发作用和柳树系统去除，柳树系统可吸收所有营养和矿物质。

运行和维护

在运营的第一年，因柳树种植时间不长，故无法在生长季结束前开始运行并吸附污染物，这导致柳树缺乏营养，生长未处于理想状态。当地人自发组成志愿者队伍维护该系统，管理水位，增加营养物浓度。同时，他们会定期清除杂草，维持柳树的生长。志愿者还控制泵和相关设施的运行。在柳树生长缓慢的盆地中，需要从其他盆地抽水，否则柳树必须从系统中移除。柳树系统维护的一个重要工作是修剪枝条。通常，一年后，所有的柳树枝条都被修剪到离地15cm。

接下来几年，每3~4年修剪一次柳树。对于每个盆地来说，通常分两步进行：六行柳树中的三行被修剪，其他三行不修剪，并在第二年交换进行修剪。通常情况下，如果在4月中旬插条种植，那么第一年的柳树高度可达3m，有1~2根茎，每年每公顷产生约5t生物质。第二年，修剪的柳树通常长到4.5m，有6~8根茎，每年每公顷产生约10t生物质。第三年，柳树长到6~7m，最多有20根茎，每年每公顷产生16~19t生物质。第一次收割的柳树条堆放储存起来，等待下一次收割，之后可将其中一部分切碎用作温室中的肥料，其余的用作堆肥，这样养分会回到田间土地种植的蔬菜中。

成本

包括两个抽水井和沉淀池在内的零排放柳树系统的建设总成本仅为90户家庭每户44 000丹麦克朗，其中包括因保护古代遗迹而增加的26 000m^3土壤开销。由于唯一的运行成本是水泵管理（设施的维护由社区志愿者进行，志愿者可以从柳树系统中获得用于加热和堆肥的循环营养物质和碳或生物质），因此与丹麦其他污水处理系统相比，柳树系统的污水处理成本非常低。系统和水泵的维护费用为每年25 500丹麦克朗（约3400欧元）。这个成本不包括从沉淀池中去除污泥的成本。与前面提到的标准费用相比，社区的投资回收时间短，从长远看节省了成本。

协同效益

生态效益

零排放柳树系统对周围环境的影响很小，是一个完全循环的系统，可吸收养分并固定柳树中的碳。

社会效益

零排放柳树系统使珀马托皮亚社区降低了运营成本，社区从该系统中受益，获得营养物质、生物质、肥料和为家庭供暖的能源。

在温带地区，单个家庭获得的生物质资源包括木材和堆肥产生的天然气等，通常足够在4~9月期间取暖。根据经验，柳树系统生物质中的能量含量比用于生产材料、施工建设和设施运行的木材在其寿命期内使用的能量高7倍。生物质在3年或4年的轮作中收割，剩余的根茎会再次生长出新的生物质。这样，与种植谷物相比，柳树系统每公顷可吸收1.3~1.4t二氧化碳（更多地被生物量固定）。

经验教训

问题和解决方案

（1）合法性。

为了获得实施零排放柳树系统的许可，社区必须做到以下几点：

- 向市议会提交申请，获得审批，避免社区污水连接到市政或私人下水道，让理事会了解其实现绿色体系和循环经济的目标，以便获得许可；
- 提供有关柳树系统的零排放系统、沉降池和两个抽水井功能的完整文件；
- 提交一份完整的环境影响评估报告；
- 利用GPS数据展示整个系统的蓝图；
- 为柳树系统规划完整的风险和管理计划。

这几点由作为外部合作伙伴的达纳孔咨询公司（Consulting Company Danacon）和再循环中心（Center for Recirkulering）共同完成。珀马托皮亚社区的董事会还要求另外两

家公司参与投标，以择优选取。

（2）文物保护。

柳树系统在施工前已经获得所有许可，但考古学家禁止挖掘，因为现场可能存在历史遗迹。此时，投资者有两种选择：一种是支付考古挖掘和研究费用；另一种是在整个区域顶部铺1.2m土壤。通过将土壤层置于整个区域的顶部，柳树盆地可以设置在新的土壤上，不会影响历史遗迹的原始地面。整个区域，包括柳树系统、维修道路和表面用地的总面积为16 000m^2，选择从哥本哈根周围的建筑挖掘工程回收的土壤作为柳树系统建设的新土层。项目于2017年5月开始施工，当时有足够的土壤填充第一个柳树系统区域。

（3）柳树种植。

2017年4月中旬，共有15 720株柳树插枝被种植在培养基中，同时由正在施工的珀马托皮亚社区的居民维护。最后一棵柳树于2017年10月种植。由于所有的柳树不是同时种植的，而是一个接一个进行的，因此不同系统之间的柳树生长有很大差异。通常，先对拟开展柳树种植的土地进行平整工作，然后同一时间在不同区域种植柳树，同时在4月份进行柳树扦插，以保证所有区域的柳树生长状况相同。

更多信息

佩德·S.格雷格森（Peder S. Gregersen）于1996年至2000年在丹麦埃斯比约市赛杰斯克大学（Sydjysk University）的开发部门工作，并于2000年在再循环中心工作期间开发了零排放柳树系统。

此外，他还建造了100多个其他用途的设施：近一半是农场不透水表面的地表水收集设施；其余的则用于非人类污水收集和处理，这意味着其设计的植被过滤器不需要在底层铺设收集设备。污水中的营养物质被树木吸收，而蒸发作用延缓渗透速度，进一步促进树木吸收，实现污水净化。其中，最大的设施为35hm^2，每年可处理来自马铃薯淀粉公司的17万m^{3}污水，还有一个9hm^{2}的土地每年可处理9000m^{3}的有机奶制品污水。部分农村地区的小型食品生产公司也有许多类似系统。

他还为爱尔兰、挪威、瑞典、芬兰、德国、白俄罗斯、英国、莫桑比克（含竹子系统）和西班牙的柳树系统建设提供咨询服务和技术援助。中国也有类似系统。此外，为了通过生物技术降解重金属，他还建造了4个使用特殊柳树克隆技术的设施。

原著参考文献

Brix, H., Gregersen, P. (2002). Water balance of willow dominated constructed wetlands. In: Proceedings of the 8th International Conference on Wetland Systems for Water Pollution Control, Arusha, Tanzania 16–19, volume 1, pp. 669–670. Dar es Salam, Tanzania.

Gregersen, P. (1995). Det jordnære energisystem, Sydjysk Universitetscenter sept.

Gregersen, P. (1996). Det jordnære ressourcesystem, Sydjysk Universitetscenter sept.

Gregersen, P. (1998). Rural innovation in a Danish context, strategies for sustainable development. In: Proceedings of the Nordic-Scottish Universities Network Conference.

Gregersen, P. (1999a). Beboere i det åbne land, Landsbynyt No. 6.

Gregersen, P. (1999b). Vegetationsfiltre til rensning af regnvandsbetinget overløbsvand. Syddansk Universitet, Esbjerg (unpublished).

Gregersen, P. (1999c). Vegetationsfiltre til rensning af spildevand fra malkerum, Bovilogisk.

Gregersen, P. (2000a). Pilerensningsanlæg til rensning af husspildevand. Stads- og Havneingeniøren.

Gregersen, P. (2000b). Rensning af husstandsspildevand i pilerenseanlæg. Center for Recirkulering januar (unpublished).

Gregersen, P. (2007). Life Cycle Assessment for Willow Systems. Center for Recirkulering.

Gregersen, P. (2017). Center for Recirkulering, Hubert de Jonge, Sorbisense. Næringsstoffer har værdi – spildevand kan bruges i energipil

Gregersen, P., Brix, H. (2000). Treatment and recycling of nutrients from household wastewater in willow wastewater cleaning facilities with no outflow. In: Proceedings of the 7th International Conference on Wetland Systems for Water Pollution Control, vol. 2, pp. 1071–1076. University of Florida.

Gregersen, P., Brix, H. (2001). Zero-discharge of nutrients and water in a willow dominated constructed wetland. *Water Science & Technology*, **44**, 407–412.

Gregersen, P., Gabriel,S., Brix, H., Faldager, I. (2003). Retningslinier for etablering af pileanlæg. *Stads- og Havneingeniøren*, **6/7**, 40–43.

Gregersen, P., Gabriel, S., Brix, H., Faldager, I. (2003). Guidelines for establishment of willow wastewater facilities up to 30 PE, Guidelines for establishment of willow facilities with percolation up to 30 PE. Background report for willow facilities. Danish Environmental Agency.

Larsen, S. U., Ravn, S. S., Hinge, J. Teknologisk Institut, Uffe Jørgensen & Paul Henning Krogh, Aarhus Universitet, Bo Vægter & Laura Bailon, Aarhus Vand, Anne Berg Olsen, Thise Mejeri, Rikke Warberg Becker, Aarhus Kommune, Peder S. Gregersen, Center for Recirkulering, Henrik Bach, Ny Vraa Bioenergy. (2018) Hubert de Jonge, Sorbisence, Article in FIB Forskning i Bioenergi, Brint & Brændselsceller, Biopress.

Thalbitzer, F. (2019). Energiafgrøder parkerer kulstof i jorden, interview with Jørgen E Olesen Aarhus University.

Nature-Based Solutions for Wastewater Treatment

处理效率 建造方法 案例研究

第 6 章 表面曝气塘

作　者　马修·E.维贝拉（Matthew E. Verbyla）
加利福尼亚圣迭戈州立大学土木、建筑与环境工程学院
（Department of Civil, Construction and Environmental Engineering, San Diego State University, California）
联系方式：mverbyla@sdsu.edu

概　述

表面曝气塘（SAPs）是一种污水稳定塘（WSP）（见图6-1）。表面曝气塘也被称为曝气氧化塘，是较浅的开放水域（通常深度为1.5~2m），由土堤包围。土堤通常呈矩形，采用混凝土或合成材料建造，利用机械曝气和自然过程处理污水。机械表面曝气机可保持表层溶解氧水平达到2mg/L及以上。表面曝气塘的表面为好氧条件，底部为缺氧条件。曝气系统的使用具有季节性特征。

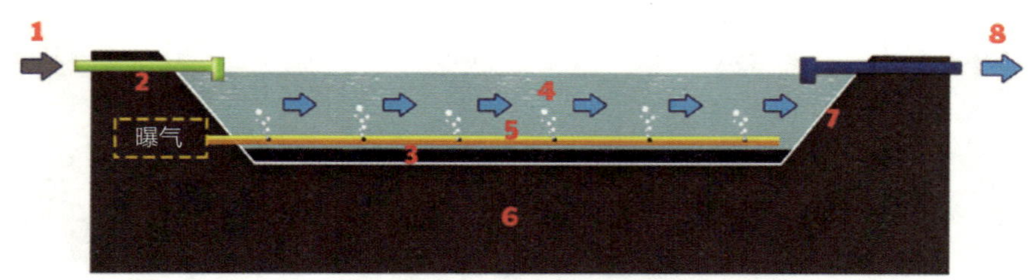

图6-1　表面曝气塘示意图

1—进水口；2—加水系统；3—污泥；4—水位；5—曝气系统；6—原土层；7—防水层；8—出水口

优点	缺点
• 可以稳定抵抗污染负荷的波动 • 不需要收集生物固体 • 建造价格低于潜流湿地	• 潜在的蚊虫栖息地 • 需要使用精细处理技术 • 曝气系统会造成额外的能耗，以及运行和维护成本

协同效益

高	水资源再利用	污泥产量			
中					
低	生物多样性（动物）	生物多样性（植物）	碳汇	景观价值	娱乐

与其他NBS的兼容性

表面曝气塘主要用于污水的二次处理，通常与厌氧塘、兼性塘、熟化塘结合使用。

运行和维护

常规维护

- 控制淹没、漂浮和整个场地的植被（每周）
- 防止侵蚀（每季度）
- 控制害虫（根据需要）
- 维护控制结构（按定期）
- 监测渗流（每周）
- 维护入口道路、围栏、大门和标识（每年）
- 除污（每 2~10 年 1 次）
- 维护表面曝气机（每 2 年 1 次）

特殊维护

- 更换表面曝气机
- 更换防水层

故障排除

- 气味：有机质负荷过载
- 表面曝气机的机械故障

NBS 技术细节

进水类型

- 污水原水
- 一级处理后的污水
- 二级处理后的污水

处理效率

- COD　50%~85%
- BOD_5　~77%
- TN　20%~90%
- NH_4-N　50%~95%
- TP　30%~45%
- TSS　53%~90%
- 指示菌　大肠杆菌≤1~2log_{10}

要　求

- 净面积要求：1~5m^2/ 人
- 电力需求：1~7W/m^3

设计标准

- HRT：一般为 5~20d（美国 10 州标准），推荐 8.5~17d，可使 BOD 减少 70%。建议 14~29d，可使 BOD 减少 80%，具体取值取决于温度（寒冷气候需要更长时间）
- OLR：100~400kgBOD/hm^2/d
- 长宽比：1：1~4：1
- 曝气机类型：固定或浮动表面曝气机
- 污泥堆积率：人均 0.03~0.08m^3/a

常规配置

- SAP
- SAP- 兼性塘 (FP)- 熟化塘 (MP)
- 厌氧塘 (AP)-SAP-FP

气候条件

- 适合温暖和寒冷的气候
- 适合热带气候

原著参考文献

Verbyla, M .E. (2017). Ponds, Lagoons, and Wetlands for Wastewater Management. (F.J. Hopcroft, editor). Momentum Press, New York, NY, USA.

Verbyla, M. E., von Sperling, M., Maiga, Y. (2017). Waste stabilization ponds. In: Sanitation and Disease in the 21st Century: Health and Microbiological Aspects of Excreta and Wastewater Management (J. B. Rose and B. Jiménez-Cisneros, editors), Part 4, Management of Risk from Excreta and Wastewater (J. R. Mihelcic and M. E. Verbyla editors). Global Water Pathogens Project, Michigan State University, E. Lansing, MI, USA.

von Sperling, M. (2007). Waste Stabilisation Ponds. Volume 3: Biological Wastewater Treatment Series, IWA Publishing, London, UK.

Wastewater Committee of the Great Lakes--Upper Mississippi River Board of State and Provincial Public Health and Environmental Managers (2004). 10 States Standards – Recommended Standards for Wastewater Facilities: Policies for the Design, Review, and Approval of Plans and Specifi cations for Wastewater Collection and Treatment Facilities. Health Research Inc., Health Education Services Division, Albany, NY, USA.

Nature-Based Solutions for Wastewater Treatment

处理效率 建造方法 案例研究

第 7 章 兼性塘

作　者　米格尔·R.培尼亚-瓦隆（Miguel R. Peña-Varón）
哥伦比亚卡利瓦莱大学西纳拉研究所
（Universidad del Valle, Instituto Cinara, Cali, Colombia）
联系方式：miguel.pena@correounivalle.edu.co

概　述

兼性塘（FPs）（见图7-1）是一种污水稳定塘（WSP），一级兼性塘接收污水原水（经过格栅去除沙砾），二级兼性塘接收一级处理后的污水（通常是厌氧塘出水）。兼性塘的主要功能是减少表面有机质负荷，去除BOD_5。表面有机质负荷指单位池塘表面积每天每公顷产出的有机质的质量（$kgBOD_5/ha/d$）。为维持一个健康的藻类种群，一般会使用相对较低的表面有机质负荷（在不同设计温度下，通常为80~400kg $BOD_5/ha/d$）。兼性塘的深度为1~2m，其中，1.5m是最常见的。

维持一个健康的藻类种群非常重要，因为藻类会提供异养菌去除BOD_5时所需的氧气。

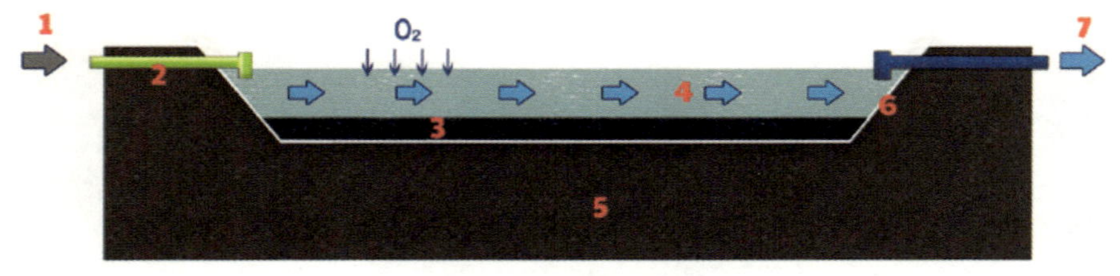

图7-1　兼性塘示意图

1—进水口；2—加水系统；3—污泥；4—水位；5—原土层；6—防水层；7—出水口

藻类会使兼性塘呈深绿色，但由于厌氧紫色硫化物氧化光合细菌的存在，兼性塘偶尔呈红色或粉红色。由于兼性塘的这种变化是由轻微的BOD_5过载导致的，因此兼性塘的颜色变化是兼性塘功能好坏的定性指标。在一个功能良好的兼性塘中，藻类的浓度通常在每升500~1000μg叶绿素a的范围内。

优点	缺点
• 低能耗（通过重力作用供给） • 可以稳定抵抗污染负荷的波动 • 不需要收集生物固体 • 建造价格低于潜流湿地 • 白天和夜间的过程处于碳中和状态（光合作用和呼吸作用）	• 潜在的蚊虫栖息地 • 污水中的藻类浓度很高 • 氮主要被藻类吸收，其中一小部分可能以氨的形式进入空气

协同效益

高	生物多样性（动物）				
低	生物多样性（植物）	温度调节	碳汇	景观价值	娱乐
低	污泥产量	水资源再利用			

与其他NBS的兼容性

二级兼性塘主要用于处理厌氧塘的污水。一级兼性塘接收预处理污水。在居民人数小于或等于1000人的小型社区，兼性塘可以与化粪池相连接。此外，兼性塘可与下游粗滤装置连接，从而有效去除最终出水的藻类和硝化产物。

案例研究

- 印度迈索尔的氧化塘净化技术：兼性塘和熟化塘的组合；
- 印度特里希的氧化塘净化技术：厌氧–兼性–熟化塘技术；
- 哥伦比亚埃尔塞里托的污水处理塘。

运行和维护

每日维护

- 记录每日进出水流量
- 控制漂浮的大型植物生长
- 监测现场参数

每周维护

- 检查堰、阀门和管道

特殊维护

- 如果有损坏，则须修理或更换防水层
- 修剪草，对进水和出水进行取样
- 输送实验室分析样品

故障排除

- 颜色变化：通常由有机负荷过载导致，即前一个单元的功能不佳或整个系统的负荷过载

NBS 技术细节

进水类型

- 生活污水
- 一级处理后的污水

处理效率

- COD ~34%
- BOD_5（总量） 40%~56%
- BOD_5（过滤后）70%~80%
- TN 20%~39%
- NH_4-N ~44%
- TP 1%~25%
- TSS 27%
- 指示菌 粪便大肠菌群≤1~2$\log_{10}$

要　求

- 净面积要求：人均 1~3m^2
- 电力需求：兼性塘通常以重力流运行为主，辅以泵送

设计标准

- 水力停留时间：4~8d（取决于污水强度和温度）
- 长宽比：1∶2~1∶3

常规配置

- FP-熟化塘（MP）
- 厌氧塘（AP）-FP-MP
- 化粪池 - 人工湿地（TW）

气候条件

- 适合温暖和寒冷的气候
- 非常适合热带气候

原著参考文献

Mara, D. D. (2004). Domestic Wastewater Treatment in Developing Countries, 2nd edition. Earthscan, London, UK.

Mara, D. D., Peña, M. R. (2004). Waste Stabilisation Ponds: Thematic Overview Paper-TOP. IRC: International Water and Sanitation Centre. Technical Series. Delft, The Netherlands.

Peña, S (2019). Aerial photograph taken with DJI Spark Drone. Camera 12 megapixels. Altitude 70 m. Photograph taken in August 2019. NBS system at Ginebra, Colombia.

Verbyla, M. E. (2017). Ponds, Lagoons, and Wetlands for Wastewater Management. (F. J. Hopcroft, editor). Momentum Press, New York, NY, USA.

von Sperling, M. (2007). Waste Stabilisation Ponds. Volume 3. Biological Wastewater Treatment Series, IWA Publishing, London, UK.

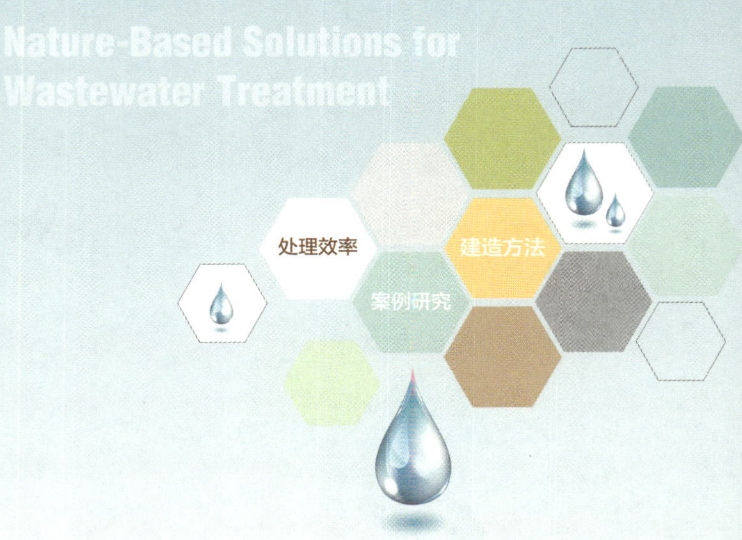

第 8 章 熟化塘

作　者　马修·E. 维贝拉（Matthew E. Verbyla）
加利福尼亚圣迭戈州立大学土木、建筑与环境工程学院
（Department of Civil, Construction and Environmental Engineering, San Diego State University, California）
联系方式：mverbyla@sdsu.edu

概　述

熟化塘（MPs）（见图8-1）是一种污水稳定塘（WSP）。熟化塘是浅的开放水域（通常深度为1m），由土堤包围。土堤通常呈矩形，用混凝土或合成材料做成防水层。熟化塘使用自然工艺对二级处理过的污水进行深度处理和消毒。好氧条件通常出现在整个水体中。挡板用于形成近似活塞流的流态，并可根据土地可用性调整长宽比。

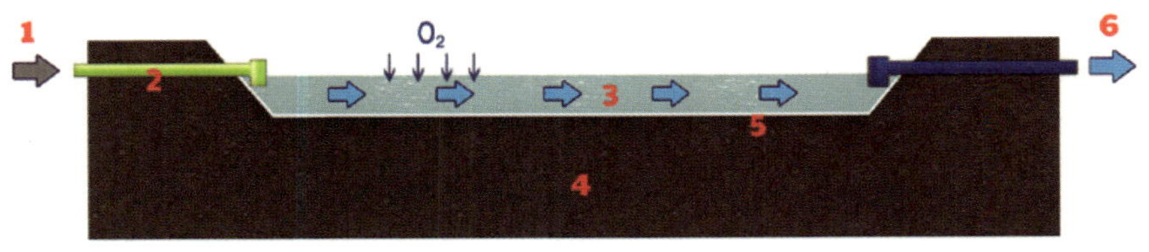

图8-1　熟化塘示意图

1—进水口；2—加水系统；3—水位；4—原土层；5—防水层；6—出水口

优点	缺点
• 低能耗（通过重力作用供给） • 可以稳定抵抗污染负荷的波动 • 不需要收集生物固体 • 建造价格低于潜流湿地	• 潜在的蚊虫栖息地

协同效益

高	水资源再利用					
中	生物多样性（动物）					
低	生物多样性（植物）	温度调节	碳汇	景观价值	污泥产量	

注：其他协同效益包括水产养殖和生物质收集。

与其他NBS的兼容性

熟化塘主要用于处理兼性塘的污水，但也会用于深度处理其他二次污水处理工艺（厌氧反应器、滴滤池、人工湿地）处理过的污水，以此减少营养物质和病原体。最近的研究显示，光合作用生物降解对微污染物去除有一定作用。

案例研究

- 印度迈索尔的氧化塘净化技术：兼性塘和熟化塘的组合；
- 印度特里希的氧化塘净化技术：厌氧－兼性－熟化塘技术。

运行和维护

每日维护

- 控制水下、水上和整个场地的植被（每周）
  - 控制预处理效率，防止大型植物生长
  - 去除在顶部表面形成的藻类层
- 防止侵蚀（每季度）
- 控制害虫（根据需要）
- 维护控制结构（定期）
- 监测渗流（每周）
- 维护入口道路、围栏、大门和标识（每年）
- 除污（每 2~10 年 1 次）

特殊维护

- 如果有损坏，则须更换防水层

故障排除

- 气味：有机质负荷过载

原著参考文献

Verbyla, M. E. (2017). Ponds, Lagoons, and Wetlands for Wastewater Management. (F. J. Hopcroft, editor). Momentum Press, New York, NY, USA.

Verbyla, M. E., Mihelcic, J. R. (2015). A review of virus removal in wastewater treatment pond systems. *Water Research*, **71**, 107–124.

Verbyla, M. E., von Sperling, M., Maiga, Y. (2017). Waste stabilization ponds. In: Sanitation and Disease in the 21st Century: Health and Microbiological Aspects of Excreta and Wastewater Management (J. B. Rose and B. Jiménez-Cisneros, editors), Part 4, Management of Risk from Excreta and Wastewater (J. R. Mihelcic and M. E. Verbyla editors). Global Water Pathogens Project, Michigan State University, E. Lansing, MI, USA.

von Sperling, M. (2007). Waste Stabilisation Ponds. Volume 3: Biological Wastewater Treatment Series. IWA Publishing, London, UK.

NBS 技术细节

进水类型

- 二级处理后的污水

处理效率

- COD ~16%
- BOD_5 ~33%
- TN 15%~50%
- NH_4-N 20%~80%
- TP 20%~50%
- TSS ~16%
- 指示菌 粪便大肠菌群≤1~3$\log_{10}$

要　求

- 净面积要求：每人 3~10m^2
- 电力需求：以重力流运行为主，辅以泵送

设计标准

- HRT：理想状态下大于 20d 可减少病原体
- 长宽比：1∶2~1∶3

常规配置

- 兼性塘（FP）-MP
- 厌氧塘（AP）-FP-MP
- 水平流或垂直流人工湿地 -MP
- 生物反应器 -MP

气候条件

- 适用于温暖和寒冷的气候
- 非常适合热带气候

第9章 厌氧塘

作　者　米格尔·R.培尼亚-瓦隆（Miguel R. Peña-Varón）
哥伦比亚卡利瓦莱大学西纳拉研究所
（Universidad del Valle, Instituto Cinara. Cali, Colombia）
联系方式：miguel.pena@correounivalle.edu.co

概　述

厌氧塘（APs）（见图9-1）是污水稳定塘（WSP）的一种，通常是处理塘系列中的第一个单元和最小单元。其大小根据容积有机负荷（VOL）确定，即有机物质的数量，以每天每立方米池塘体积的BOD_5质量计。厌氧塘可以接收到的有机负荷为100~350gBOD_5/m^3/d，具体数值取决于设计温度。

当温度小于或等于10℃时，VOL的允许范围为100gBOD_5/m^3/d，随温度逐渐提升至20℃，VOL线性增加到300gBOD_5/m^3/d；当温度在25℃及以上时，VOL缓慢升至350gBOD_5/m^3/d。设计温度为最冷月份的平均温度。

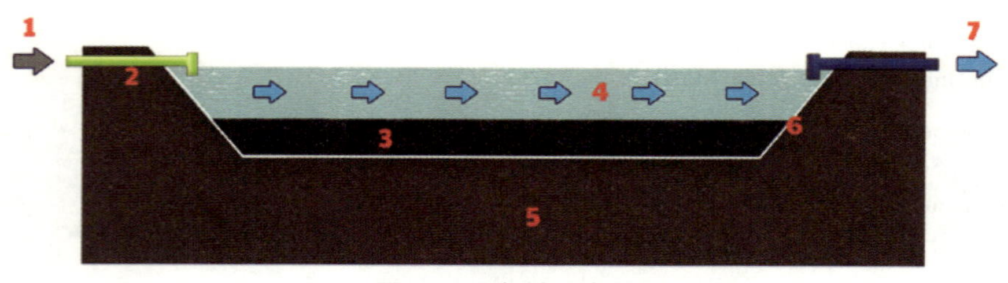

图9-1　厌氧塘示意图

1—进水口；2—加水系统；3—污泥；4—水位；5—原土层；6—防水层；7—出水口

优点	缺点
• 低能耗（通过重力作用供给） • 可以稳定抵抗污染负荷的波动 • 通过厌氧消化稳定污泥 • 不需要收集生物固体 • 建造价格低于潜流湿地	• 潜在的蚊虫栖息地 • 运行和维护故障可能造成异味

协同效益

中	 生物多样性（动物）	 污泥产量			
低	 生物多样性（植物）	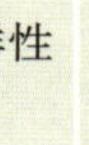 温度调节	 景观价值	 娱乐	 水资源再利用

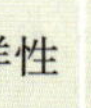

注：其他协同效益包括：稳定污泥可作为土壤恢复或施肥作物的改良物质；根据污水强度和APs大小，可能产生沼气，如果APs被覆盖并收集沼气，则可以减少碳足迹（见高负荷厌氧塘）。

与其他NBS的兼容性

厌氧塘主要用于污水的一级处理，通常与兼性塘或人工湿地结合使用。

案例研究

在本书中：

- 印度特里希的氧化塘净化技术：厌氧-兼性-熟化塘技术；
- 哥伦比亚埃尔塞里托的污水处理塘。

运行和维护

每日维护

- 记录流量数据
- 清洁筛选单元和沙室
- 控制处理单元的流量
- 监测现场参数

每周维护

- 检查泵送系统，以及堰、阀门和管道

特殊维护

- 污泥堆积、清理、干燥和处理
- 修剪草，对进水和出水进行取样
- 输送实验室分析样品

故障排除

- 气味：有机质负荷过载，进水中的硫酸盐过量（≥400mg/L）

运行和维护故障

- 效率：污泥过度堆积导致去除率降低（≥1/3V，其中 V 为 APs 体积）

原著参考文献

Mara, D. D. (2004). Domestic Wastewater Treatment in Developing Countries. Earthscan. 2nd edition London, UK.

Mara, D. D., Alabaster, G. P., Pearson, H. W., Mills, S. W. (1992). Waste Stabilisation Ponds: A Design Manual for Eastern Africa. Lagoon Technology International, Leeds, UK.

Peña, M. R. (2002). Advanced primary treatment of domestic wastewater in tropical countries: development of high-rate anaerobic ponds. PhD thesis, University of Leeds, UK.

Sanchez, A. (2005). Dispersion Studies in Anaerobic Ponds of Valle del Cauca region, Colombia. M.Sc. dissertation, Universidad del Valle, Instituto Cinara, Cali, Colombia. [In Spanish.]

NBS 技术细节

进水类型

- 生活污水原水
- 一级处理后的污水

处理效率

- COD ~50%
- BOD_5 50%~70%
- TN 10%~23%
- TP 10%~23%
- TSS 44%~70%
- 指示菌 粪便大肠菌群≤1.0~1.5log_{10}

要　求

- 净面积要求：每人 0.20m^2
- 电力需求：提供泵，将污水从下水道输送到系统入口
- 其他：污泥堆积可能会很大，需要一个适当的处置场

设计标准

- HRT：1~2d（具体时间取决于污水的强度和温度）
- VOL：100~350gBOD_5/m^3/d
- 深度：3~5m
- 长度比：1∶3

污泥堆积率为每人每年 0.03~0.01m^3

常规配置

- APs+ 兼性塘（FP）
- APs+ 垂直流或水平流或自由水面人工湿地（TW）
- APs+ 浮动湿地

气候条件

- 适用于温暖和寒冷的气候
- 非常适合热带气候

Nature-Based Solutions for Wastewater Treatment

处理效率 建造方法 案例研究

第 10 章 高负荷厌氧塘

作　者　米格尔·R.培尼亚-瓦隆（Miguel R. Peña-Varón）
哥伦比亚卡利瓦莱大学西纳拉研究所
（Universidad del Valle, Instituto Cinara. Cali, Colombia）
联系方式：miguel.pena@correounivalle.edu.co

概　述

高负荷厌氧塘（HRAPs）（见图10-1）是一种污水稳定塘（WSP），通常是处理塘系列中的第一个单元和最小单元。其大小根据体积有机负荷（VOL）确定，即有机物质的数量，以每天每立方米池塘体积的BOD_5质量计。高负荷厌氧塘可结合高负荷厌氧反应器（例如，UASB，UAF）使用，具有更高的性能，同时具有传统厌氧塘的结构和操作简单等特点。

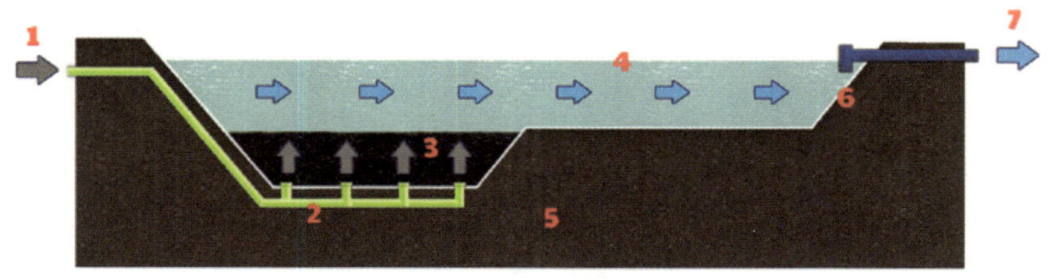

图10-1　高负荷厌氧塘示意图

1—进水口；2—加水系统；3—污泥；4—水位；5—原土层；6—防水层；7—出水口

高负荷厌氧塘可以接收的VOL为700~1000gBOD$_5$/m^3/d，具体数值取决于设计温度。上流混合室与水平浅层沉积区耦合，高负荷得到了很好的处理，污水和污泥的水力停留时间是分离的。

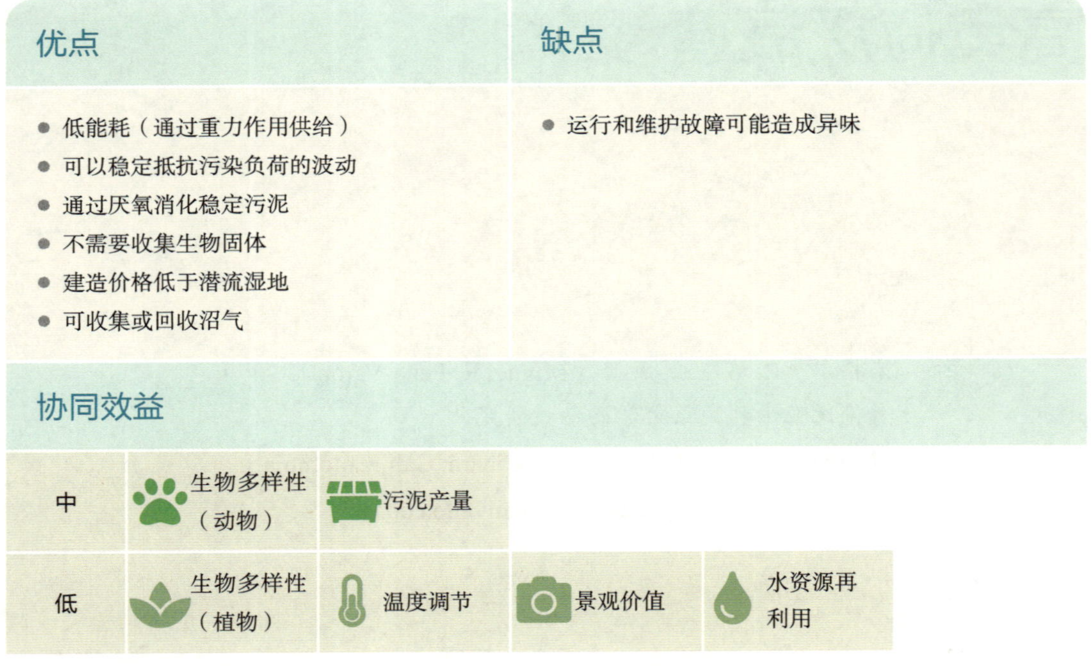

优点	缺点
• 低能耗（通过重力作用供给） • 可以稳定抵抗污染负荷的波动 • 通过厌氧消化稳定污泥 • 不需要收集生物固体 • 建造价格低于潜流湿地 • 可收集或回收沼气	• 运行和维护故障可能造成异味

协同效益

中	生物多样性（动物）	污泥产量		
低	生物多样性（植物）	温度调节	景观价值	水资源再利用

注：其他类型的协同效益包括：稳定污泥可作为土壤恢复或施肥作物的改良物质；可收集和回收沼气；减少碳足迹；减少处理面积。

与其他NBS的兼容性

高负荷厌氧塘主要用于污水的深度一级处理，通常与兼性塘或人工湿地结合使用。

案例研究

在本书中：

- 哥伦比亚埃尔塞里托的污水处理塘。

运行和维护

每日维护

- 记录流量数据
- 清洁筛选单元和沙室
- 控制处理单元的流量
- 监测现场参数
- 持续监测沼气的生物过滤单元含水量，保持介质的稳定性

每周维护

- 检查泵送系统，以及堰、阀门和管道

特殊维护

- 污泥堆积、清理、干燥和处理
- 修剪草，对进水和出水进行取样
- 输送实验室分析样品

故障排除

- 气味：有机质负荷过载，进水中的硫酸盐过量（≥400mg/L）

运行和维护故障

- 污泥过度堆积和缺乏清理导致污泥从混合室流出

NBS 技术细节

进水类型

- 生活污水原水
- 一级处理后的污水

处理效率

- BOD_5　70%~75%
- TN　10%~15%
- TP　10%~12%
- TSS　65%~72%
- 指示菌　粪便大肠菌群≤1.0~1.5 log_{10}

要　求

- 净面积要求：每人 0.08~0.10m^2
- 电力需求：提供泵，将污水从下水道输送到系统入口

设计标准

- 水力停留时间：0.5~1.0d（具体时间取决于污水的强度和温度）
- VOL：700~1000gBOD_5/m^3/d

常规配置

- 高负荷厌氧塘 + 兼性塘（FP）
- 高负荷厌氧塘 + 人工湿地
- 高负荷厌氧塘 + 浮动人工湿地

气候条件

- 适用于温暖和寒冷的气候
- 非常适合热带气候

原著参考文献

Mara, D. D. (2004). Domestic Wastewater Treatment in Developing Countries (2nd edition). Earthscan, London, UK.

Peña, M. R. (2002). Advanced primary treatment of domestic wastewater in tropical countries: development of high-rate anaerobic ponds. PhD. Thesis, University of Leeds, UK.

Peña, M. R. (2010). Macrokinetic modelling of chemical oxygen demand removal in pilot-scale high-rate anaerobic ponds. *Environmental Engineering Science,* **27**(4), 293–299.

Peña, S (2019). Aerial photograph taken with DJI Spark Drone. Camera 12 megapixels. Altitude 200m. Photograph taken in August 2019. NBS system at El Cerrito, Colombia.

10.1

印度迈索尔（Mysore）的氧化塘净化技术：兼性塘和熟化塘的组合

项目背景

迈索尔（Mysore）是印度最早拥有地下合流制排水系统的城市之一。老城区的地下排水系统于1904年建成。迈索尔有5个排水区（A-E），覆盖了不同的区域。来自迈索尔不同排水区的点源和非点源污水在湿井中收集，并在污水处理厂处理。考虑到便于施工和维护的要求，该城市的所有污水处理厂都选择将兼性塘和熟化塘结合使用。B区污水处理厂的规模为6765万L/d，位于迈索尔维迪亚兰雅普兰。排水区内的污水通过重力作用和两个湿井内的泵进行输送。污水处理厂（位于北纬12.273681°—12.270031°，东经76.650737°—76.655947°）（见图10-2）建于2002年，占地面积为27.21km^2（见图10-3和图10-4）。

技术汇总表见表10-1。

作者

P. G. 甘纳帕特（P. G. Ganapathy）

P. 罗基尼（P. Rohini）

A. 拉加萨米尤塔（A. Ragasamyutha）

印度班加罗尔KS镇彼迪工人聚集地对面CDD印度调查205号

（CDD India Survey No 205, Opp to Beedi workers colony, K S Town, Bangalore, India）

联系方式：P. 罗基尼，rohini.p@cddindia.org

NBS 类型

- 污水稳定塘（WSPs），也被称为污水处理塘（WTPs）

位　置

- 印度迈索尔维迪亚兰雅普兰（Vidhyaranyapuram）

处理类型

- 采用兼性塘和熟化塘的组合进行一级和二级处理

成　本

- 资本支出：1 961 897 美元
- 运行费用（人工、能源、药剂或消耗品）：162 428 美元
- 运行费用（收益）：5765 美元

运行日期

- 2002 年至今

面　积

- 纳污面积：128.42km^2
- 系统占地面积：1416km^2

图 10-2　污水处理厂位置示意图

图 10-3　污水处理厂实景图一

图 10-4　污水处理厂实景图二

表 10-1　技术汇总表

来水类型	
迈索尔市的污水	
设计参数	
入流量（L/d）	处理能力：6765 万 当前处理能力：5100 万
人口当量（p.e.）	411 000
面积（km^2）	34
人口当量面积（m^2/p.e.）	45~50 人 /m^2（该地区的人口密度）
进水参数	
BOD_5（mg/L）	300
COD（mg/L）	650
TSS（mg/L）	250
出水参数	
BOD_5（ mg/L ）	<20
COD（mg/L）	<50
TSS（mg/L）	<20
大肠杆菌 （菌落形成单位，CFU/100mL）	17 200
成本	
建设	总额：17 626 770 美元
运行（年度）	每年 145 934 美元

设计和建造

STP包括两个兼性塘和沉淀池（见图10-5），每个表面积为50 544m^2（长312m × 宽162m），体积为176 904m^3（312m长 × 162m宽 × 3.5m深）。表面曝气装置为36台20hp（1hp=745.7W）的风机，通过运行可成功减少污泥累积和恶臭问题。

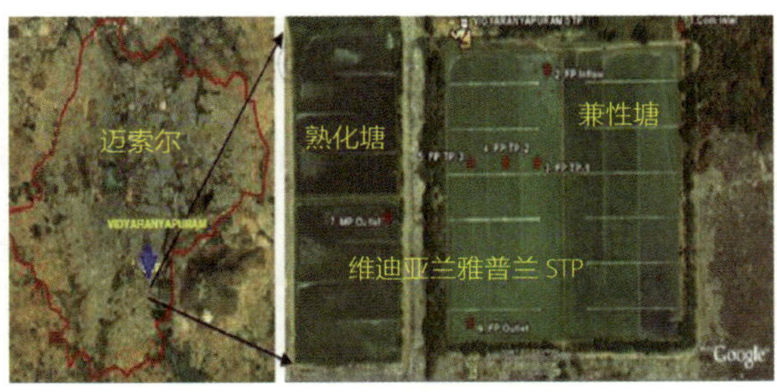

图10-5　污水处理厂的熟化塘和兼性塘

此外，STP还设有两个熟化塘，每个表面积为24 940m^2（172m长 × 145m宽），体积为37 410m^3（172m长 × 145m宽 × 1.5m深）。

进水或处理类型

污水来自于迈索尔核心区的B排水区，包括曼迪莫哈拉（Mandi Mohalla）、伊迪格古德（Ittigegud）、阿格拉哈拉（Agrahara）和维迪亚兰雅普兰（Vidyaranyapuram），最终被输送到污水处理厂。由于该地区主要的建筑物为住宅楼和商业楼，因此STP的进水主要是生活污水，其BOD_5浓度小于200mg/L。

预处理单元由手动机械筛室和水槽组成。二级处理单元由带有固定表面曝气机的曝气塘和精细处理塘组成。

经过二级处理单元的污水被排入雨水管，最终输送至达尔韦（Dalvai）水箱（见图10-6和图10-7）。

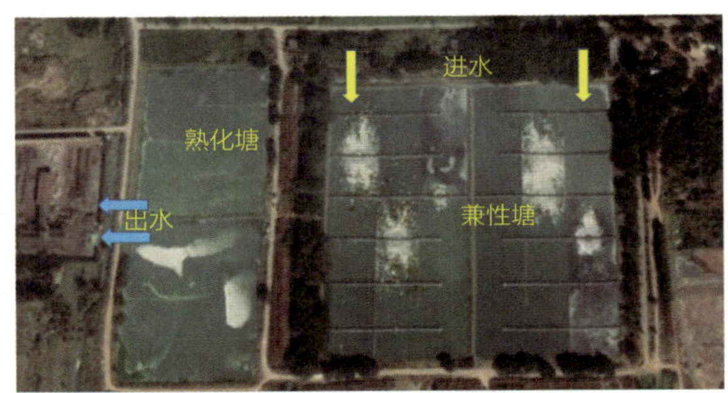

图10-6　STP进出水示意图

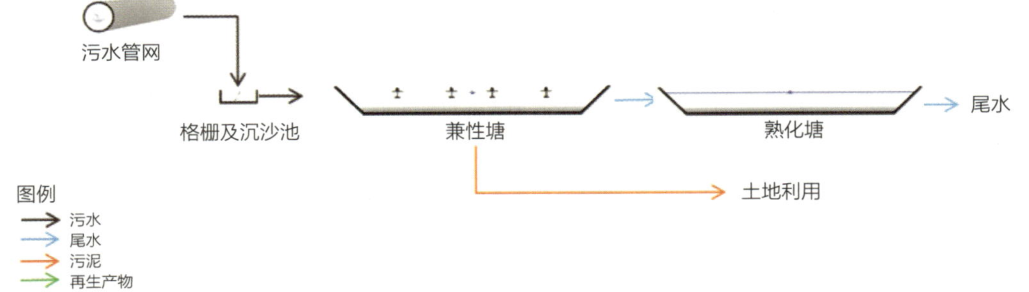

图10-7　STP工艺流程示意图

第10章　高负荷厌氧塘

处理效率

图10-8　STP的进出水样品

STP的停留时间为14.3d，处理效果适中，通过对比进出水质（见图10-8），COD的去除率为60%，可过滤50%的COD，从总BOD的去除中可以明显看出BOD_5的去除率为82%，可过滤70%的BOD_5（Durga Madhab Mahapatra & Ramachandra, 2013）。此外，二氮的氮含量变化显著，总脱氮率为36%，NH_4-N的去除率为18%，NO_3-N的去除率为22%，NO_2-N的去除率为57.8%（Durga Madhab Mahapatra & Ramachandra, 2013）。成本列表见表10-2。

表10-2　成本列表

成本	
STP资本支出	总计1 762 677美元
STP运营费用(成本)	每年总计145 934美元 ● 人工：每年36 936美元 ● 能源：每年64 751美元 ● 药耗或物耗：每年44 246美元
STP运营费用(收益)	每年5180美元
● 分解	● 再生水（卖给高尔夫俱乐部、苗圃）为432 000美元

运行和维护

污水处理厂有11名操作员和12名助手进行三班轮值。污水处理厂安装了能耗计和流量计，还设有专门的实验室和仪器设备，定期监测处理过的污水质量。实验室记录由运营机构保存，并填写纸质文件。

协同效益

生态效益

森林部门将处理过的水回用于查蒙迪山坡上的树木浇灌。

社会效益

处理过的水用于浇灌迈索尔高尔夫球场（Mysore Golf Course），以及附近的城市固体废弃物处理场，从而产生堆肥。

权衡取舍

目前，由于集水区缺少污水管道连接，因此该污水处理厂尚未完全运行。如果能克服连接和道路方面的限制，那么污水处理厂可满负荷运行。

经验教训

问题和解决方案

每年80%的业务和维护支出来自能源费用。运行污水处理厂的一个主要问题是缺乏电力，导致其被迫停止运行几天。此外，臭气问题引起了该地区居民的大量投诉。为了降低能源成本，提高用电的稳定性，一种特殊培养的有益微生物和酶的混合物被加入到系统中，这样可减少电能的消耗和污泥产量，还会使电力成本降低46%。

用户反馈或评价

目前，污水处理厂能够将污水处理到达标水平，然而，高效回用再生水方面还略有不足。利益相关者必须充分考虑这个问题。

原著参考文献

Centre for Innovations in Public Systems (2015). Innovative approach to Sewage Treatment - Case Study of STP, Vidayranyapuram, Mysore City Corporation.

Mahapatra, D., Hoysall, C., Ramachandra, T. V. (2013). Treatment efficacy of algae-based sewage treatment plants. *Environmental Monitoring and Assessment*, **185**(9), 7145–7164.

Sulthana, A. (2015). Studies on Wastewater Models and Anaerobic Digestion of Municipal Sludge Using Lab Scale Reactor. PhD thesis, JSS University, Mysore, India.

Sulthana, A., Latha, K., Rathan, R., Ramachandran, S., Balasubramanian, S. (2014). Factor analysis and discriminant analysis of wastewater quality in Vidyaranyapuram sewage treatment plant, Mysore, India: a case study. *Water Science & Technology*, **69**(4), 810–818.

10.2 印度特里希（Trichy）的氧化塘净化技术：厌氧 - 兼性 - 熟化塘技术

项目背景

蒂鲁吉拉伯利，又名特里希（Trichy），是泰米尔纳德邦（Tamil Nadu）的第四大城市。特里希位于考维利河（Cauvery River）三角洲，占地面积为 167.23km^2（见图 10-9）。2014 年，特里希的人口为 84.7 万人（21.4 万户家庭）； 2016 年，日流动人口约为 25 万人。根据 2011 年的调查，特里希 81% 的家庭有独立的家庭厕所，14% 的家庭使用公共厕所，其余 5% 的家庭露天排便。该市大约有 450 个公共厕所，主要由女性组织（Women's groups）运营和维护。2016 年 12 月，特里希宣布禁止露天排便。该区域有一个地下排水系统，用于输送污水和雨水，目前服务于 30% 的城市区域。污水通过 52 个泵站被泵送到污水处理厂，其中，3 个泵站配备化粪池接收设施，城市的化粪池运输车队在此排放化粪池污水。

特里希潘佳普尔的氧化塘净化技术（WPT）和污水处理系统于1998年建设（见图10-10）。较

NBS 类型

- 污水稳定塘（WSPs），有时又称为污水处理塘（WTPs）

位　置

- 印度蒂鲁吉拉伯利（Tiruchirappalli）潘佳普尔（Panjappur）

处理类型

- 一级、二级和三级处理，采用厌氧塘、兼性塘和熟化塘的组合方式

成　本

- 资本支出：17 万美元
- 运行支出：11 926 美元

运行日期

- 1998 年至今

面　积

- 污水处理厂面积：2.32km^2
- 覆盖范围：64.26km^2

作者

P. G. 甘纳帕特（P. G. Ganapathy）
P. 罗基尼（P. Rohini）
A. 拉加萨米尤塔（A. Ragasamyutha）
印度班加罗尔K S镇彼迪工人聚集地对面CDD印度调查205号
（CDD India Survey No 205, Opp to Beedi workers colony, K S Town, Bangalore, India）
联系方式：P. 罗基尼，rohini.p@cddindia.org

低的运行和维护要求，加上足够的土地可用性，是稳定塘作为其污水处理方式的主要原因。污水处理厂服务于城市的部分地区，其中，12.95km^{2}全部被地下污水处理系统覆盖，51.31km^{2}为部分覆盖。据估计，污水处理厂服务大约44 000个房屋院落。

技术汇总表见表10-3。

图10-9　特里希地理位置示意图

（a）场景一

（b）场景二

（c）场景三

图10-10　特里希潘佳普尔的氧化塘净化技术和污水处理系统

表 10-3　技术汇总表

来水类型	
城市污水、化粪池污水和工业污水（非法排放）	
设计参数	
入流量（L/d）	设计流量 88.64（旧系统为 30+ 新系统为 58） 实际流量 45~50（截至 2017 年）①
人口当量（p.e.）	房屋连接数，即 40 000 个
面积（km^2）	2.32
人口当量面积（m^2/p.e.）	—
进水②参数	
BOD_5（mg/L）	103
COD（mg/L）	303
TSS（mg/L）	163
TN（mg/L）	45
NH_4-N（mg/L）	32
出水③参数	
BOD_5（mg/L）	42（处理效率 59%）
COD（mg/L）	130（处理效率 57%）
TSS（mg/L）	40（处理效率 76%）
TN（mg/L）	27（处理效率 39%）
NH_4-N（mg/L）	21（处理效率 35%）
成本	
建设	170 000 美元
运行（年度）	11 926 美元

①来源：Wastewater Management Program in Tiruchirappalli City -An output of the Tamil Nadu Urban Sanitation Support Programme.

②来源：Review and Recommendations - Wastewater Management Program in Tiruchirappalli City -An output of the Tamil Nadu Urban Sanitation Support Programme.

③来源：Review and Recommendations - Wastewater Management Program in Tiruchirappalli City -An output of the Tamil Nadu Urban Sanitation Support Programme.

污水稳定塘（WSPs）有9个处理单元，其中，6个正在运行（新系统），3个不可运行（旧系统）。9个处理单元的设计流量最初为88.64L/d，其中，旧系统为30L/d，新系统为58L/d。

需要注意的是，由于污水稳定塘中的污泥从未被清除过，因此没有关于污泥特性的详细信息。

设计和建造

污水处理厂的设计能力为88.64L/d，用于处理WPT（氧化塘净化技术）上游地区家庭产生的污水。该污水处理厂设有预处理设施和2个厌氧塘（APs）、2个兼性塘（FPs）和2个熟化塘（见图10-11）。旧系统由另外3个没有运行的单元组成，改造完成后会重新使用。污水处理厂处理过的尾水排入克莱雅尔河（Koraiyar River），最后流入考维利河（Cauvery River）。旧系统建于1987年，以一个氧化塘系统为基础，2003年，根据河流行动计划，其通过预处理单元和厌氧塘来提升污水处理能力。新系统是基于氧化塘净化技术建造的，目前该部分可以运行①。

进水或处理类型

进水的BOD_5约为270mg/L，COD为650mg/L，主要通过地下排水系统接收污水和一定比例的化粪池污水。

预处理厂包括流量计、格栅系统和沙砾室。预处理过的污水被运送到厌氧塘的下一阶段进行处理。目前的运行方式为并行处理：第一个处理过程包括厌氧塘1、兼性塘1和熟化塘1；第二个处理过程包括厌氧塘2、兼性塘2和熟化塘2。分流室的功能是将来自预处理设施的污水均匀地分配到两个厌氧单元。

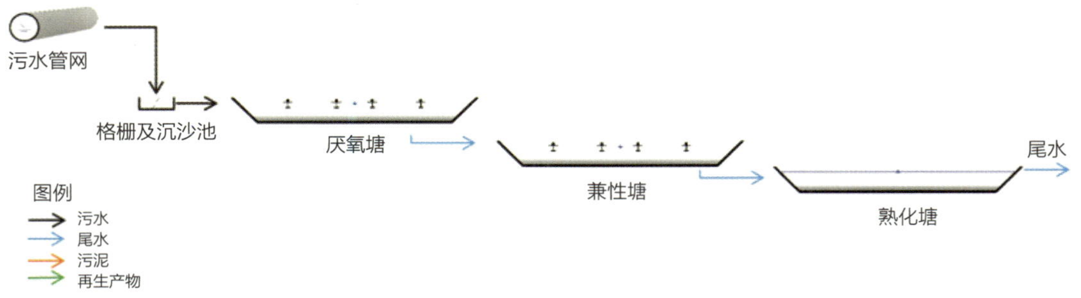

图10-11　污水处理厂设计示意图

① 来源：Review and Recommendations - Wastewater Management Program in Tiruchirappalli City -An output of the Tamil Nadu Urban Sanitation Support Programme.

处理效率

潘佳普尔污水处理厂是为了满足排放标准而设计的，尾水的BOD_5低于30mg/L，总悬浮物（TSS）低于100mg/L。通过对特里希市公司（TCC）的污水和粪便污泥处理研究，BOD_5的去除率为59%，COD的去除率为57%[①]。

处理效率低的主要原因是处理塘内的污泥堆积过多、一级处理设备出现故障、化学或工业污水排放不受管制等。在兼性塘中积累的污泥和浮渣被转移到随后的处理单元，影响了整体处理效率。自实施以来，处理塘没有经过清淤，也就没有关于污泥特性的数据。

运行和维护

多家机构参与了特里希市污水处理厂的管理。泰米尔纳德邦的供水和排水委员会负责污水处理系统的规划、设计和建设，而TCC则负责运行和维护。私人排泥操作员和TCC都负责化粪池管理。TCC向私人排水经营者颁发执照，并允许他们在二级泵站中进行化粪池污泥抽排。此外，泰米尔纳德邦污染控制委员会负责监测和评估污水处理厂。

TCC与私营公司签订了运营污水处理厂和泵站的合同，期限为一年。承包商、主管和操作员负责整个泵站和污水处理厂。潘佳普尔污水处理厂的电力运行和维护（O&M）则由电力电气工程公司负责。他们的工作内容为：

- 电机的运行和维护；
- 污泥或淤泥的清理；
- 池塘清洁和一般的卫生管理。

泵站的运行和维护包括以下内容：

- 主泵站
  - 3名员工、1名主管（有执照的电气工程师）、1名运营商（有资质的EE-ITI）；
  - 助手（通过10级标准考核）；
  - 三班轮值。
- 其他高压（HT）或低压（LT）站

① 来源：Review and Recommendations - Wastewater Management Program in Tiruchirappalli City -An output of the Tamil Nadu Urban Sanitation Support Programme.

- 2名员工：1名操作员（电气工程工业培训机构）、1名助手（通过10级标准考核）；
- 两班轮值（早上6点至下午2点，下午2点至晚上10点）。目前不要求夜间值班（由于预算有限，无法安排工作人员夜间值班，收集井会在夜间充满）。

- 起重站
  - 1名操作员。

起重站可能位于路边，操作员不需要全天工作，只需要在高峰时段操作即可。

成本

该项目一期工程的投资成本为15 382 679美元，二期工程的造价为21 217 488美元。潘佳普尔污水处理厂的运行和维护支出为每年11 935美元。

维护污水处理厂、泵站和其他设备的总支出为315 610 134美元。

协同效益

生态效益

WPT（氧化塘净化技术）因其不使用任何外部能源进行操作，通常能耗较低。由于这些处理塘具有支持生物多样性和改善局部气候条件的能力，对环境起积极的作用，因此可以作为池塘或湖泊为鸟类和其他野生动物（包括山羊、鱼类和陆龟）提供栖息地。

社会效益

这些处理塘除了是一个污水管理设施，还是一个养鸭场所，而且经过处理的水可被附近的农民用于灌溉。一期配备了泵站和处理塘，可适当输送和处理30%的污水。

WPT（氧化塘净化技术）的尾水实现了部分价值，粗略估计，尾水可灌溉809~1618hm^{2}及以上的棉麻作物，如棉花、黄麻（泰米尔纳德邦生产的常见作物），通常，棉花的需水量为0.23~0.76cm/d。经过处理的污水可以灌溉的土地具体面积取决于作物种类及其轮种方式，以及灌溉的方法（喷洒、滴灌、犁沟）。污水处理厂两侧沿河的土地是这类尾水回用的主要场地。

权衡取舍

氧化塘的建造和使用不会对周围环境造成任何负面影响。

经验教训

问题和解决方案[①]

（1）设备故障。

现有的设备，如流量计、格栅和沉沙池，由于缺乏维护而无法工作，需要维修或更换。流量计可以更换为测量水槽，这样可减少维护成本。

（2）缺乏操作数据。

由于缺乏进出水的水质及处理塘污泥分析等数据，因此很难给出操作决策，需要制订一个明确的监测计划，监测内容包括污泥深度、流量数据，以及观测和分析信息。

（3）污泥累积过多。

为了避免因污泥过度堆积而导致的出水BOD_5和TSS超标，建议每年至少进行两次污泥深度分析。当污泥水平达到处理设施体积的15%时，应进行清淤。

（4）处理塘里的藻类和浮渣。

处理塘出口结构可以翻新或更改（例如，设置带有安装口的浮动挡板），以防藻类和浮渣进入后续的处理塘。

（5）污水输送管道。

污水输送管道设置于预处理设施和APs（厌氧塘）之间，但是若沉降至低于原来的坡度，则会出现一个气穴。安装空气阀可有效地缓解气穴问题并保障管道过流能力。

（6）非常规负荷物进入。

含有脂肪、油、脂类和商业或工业化学品的负荷通常在倾析站排放。实施商业废弃物专用处理地点、运行和维护检测、显化系统和化粪池抽查是解决这一问题的有效方法。

（7）短循环。

短循环在一定程度上影响了兼性塘、熟化塘和厌氧塘的性能。在每个处理塘中安装挡板墙或多个进水点和出水点有助于减少短循环问题。

（8）缺乏健康和安全计划。

若缺乏健康和安全计划，则会将工人置于危险状况中，而且管理层在问题发生时没有应对的合规策略。建议执行相关运行和维护计划，包括职责分解、操作策略和设备总结。

---

① 来源：Review and Recommendations - Wastewater Management Program in Tiruchirappalli City -An output of the Tamil Nadu Urban Sanitation Support Programme.

用户反馈或评价

评价结论来自特里希污水处理塘报告。在目前的运行条件下，现有氧化塘净化技术的覆盖范围和有效性无法安全处理污水和化粪池污水。此外，性能缺陷似乎与污水处理塘的运行状况和维护不足有关。

原著参考文献

Cotton Incorporated (2020). Cotton Water Requirements.

Mara, D. (1997). Design Manual for Waste Stabilization Ponds in India. Lagoon Technology International Ltd.

Indian Standard 5611 – 1987, Code of Practice for Construction of Waste Stabilization Ponds (Facultative Type), Second Reprint December 2010.

Operation of Wastewater Treatment Plants: A Field Study Training Program, prepared by California State University Sacramento, Ken Kerri Project Director, vol. 1, 4th edn, 1994.

Sanitation Capacity Building Platform. Panjappur STP, Trichy Co-treatment Case Study- NIUA. Sulthana, A. (2015). Studies on Wastewater Models and Anaerobic Digestion of Municipal Sludge Using Lab Scale Reactor. PhD thesis, JSS University, Mysore, India.

Tamil Nadu Urban Sanitation Support Programme (2019). Review and Recommendations - Wastewater Management Program in Tiruchirappalli City - An output of the Tamil Nadu Urban Sanitation Support Programme.

US Environmental Protection Agency (2011). Principles of Design and Operations of Wastewater Treatment Pond Systems for Plant Operators, Engineers, and Managers, EPA/600/R-11/088.

10.3

哥伦比亚埃尔塞里托（El Cerrito）的污水处理塘

项目背景

埃尔塞里托市（El Cerrito）位于考卡河东部一个种植甘蔗作物的农业工业区，距离首都圣地亚哥·德卡利46.5km。全市总面积约426 795hm^2，市区面积约121.4hm^2。2018年，该市居民为4万名（全市总人口为5.39万人）。该市年平均气温为28℃。其主要流域是阿迈姆（Amaime）河、扎巴莱（Zabaletas）河和埃尔塞里托河，发源自安第斯山脉中部，向西流入考卡河。埃尔塞里托河和扎巴莱河穿过埃尔塞里托市，接收未经处理的城市污水。

按照哥伦比亚的环境法，NBS和污水处理塘（WTP）项目主要用于处理来自埃尔塞里托市的城市污水（经过处理的污水排放到河流中）。这种自然或生态工艺的选择原则是可靠性、运行和维护

NBS 类型

- 污水稳定塘（WSPs），有时又称为污水处理塘（WTPs）

位　置

- 哥伦比亚考卡山谷（Valle del Cauca）

处理类型

- 高速率厌氧池的一级和二级处理，以及随后的改善折流兼性塘

成　本

- 100 万美元（2014 年）

运行日期

- 2014 年至今

面　积

- 整个污水处理厂（WWTP）和开放面积：300arce（约 121.4hm^2）
- 湿地面积：40arce（约 16.2hm^2）

作者

M. R. 培尼亚（M. R. Peña）
A. F. 托罗（A. F. Toro）
哥伦比亚卡利瓦莱大学西纳拉研究所
（Universidad del Valle, Instituto Cinara, Cali, Colombia）
C. F. 罗哈斯（C. F. Rojas）
污水系统工程师和职业顾问
（Sanitary Engineer and Freelance Consultant）
联系方式：M. R. 培尼亚，miguel.pena@correounivalle.edu.co

的简单性、最终用户的可负担性和成本效益比。NBS在埃尔塞里托市的地理位置示意图见图10-12。

图10-12　NBS在埃尔塞里托市的地理位置示意图
（谷歌地图，2016）
（3°42′6.28″N，76°19′43.57″W）

2004年，项目开始进行污水处理塘替代设计，后来预算有限，花了大约4年时间建设，最终于2010年完成。随后，市政府接管了该项目，但直到2012年才启动，当时地区环境管理局提出了NBS调试和启动所需的预算。大约在2014年，负责该系统的市政府办公室因有管理问题而停止运营污水处理塘。然而，2016年初，新当选的地方政府公开竞标污水处理塘的运营和维护特许经营权。从那以后，污水处理塘一直运行良好，尾水标准优于哥伦比亚环境法要求的去除率。

埃尔塞里托污水处理塘（见图10-13）运用两条处理线对城市污水进行自然处理：粗筛、泵站、细筛、脱砂、高负荷厌氧塘（HRAP）和折流兼性塘（FP）（自由表藻类塘或湿地）。这种污水处理塘结合先进的厌氧一级处理（污水和污泥）和沼气收集，对剩余的有机物质（碳和氮）和制革污水中剩余的铬进行植物修复。该NBS的BOD_5和TSS去除率超过了80%。

图10-13　埃尔塞里托污水处理塘
（S. Peña，2018）

技术汇总表见表10-4。

表 10-4　技术汇总表

来水类型	
主要是生活污水，部分为商业和市政污水，以及小型制革厂污水	
设计参数	
入流量（L/d）	7776（设计流量）
人口当量（p.e.）	50 900
面积（hm^2）	4（约 40 000m^2）
人口当量面积（m^2/p.e.)	0.786
进水参数	
BOD_5（mg/L）	300
COD（mg/L）	530
TSS（mg/L）	260
大肠杆菌（对数单位）	9.5
蠕虫卵（eggs/L）	70
硼（mg/L）	0.12
铬（mg/L）	0.11（0.05 为哥伦比亚标准值）
出水参数	
BOD_5（mg/L）	45
COD（mg/L）	63
TSS（mg/L）	46
大肠杆菌（对数单位）	5.5
成本	
建设	总额 100 万美元；人均 19.6 美元
运行（年度）	总额 72 000 美元；每年每人 1.42 美元

设计和建造

该污水处理塘运用的是根据科学和工程文献设计的氧化塘净化技术（WPT）（Peña，2002；Peña et al.，2002；Mara，2004；Peña & Mara，2004）。传统的厌氧塘（APs）（低负荷厌氧塘）通常是根据体积有机负荷与污水温度的相关函数设计的。然而，高负荷厌氧塘具有更高的体积有机负荷速率，因为它们是有不同反应区和沉降区的高负荷厌氧反应器。因此，处理单元和整体污水处理的停留时间被分开，以便提高其处理能力和效率（Peña，2010）。

兼性塘或藻类塘也是根据体积有机负荷与污水温度的相关函数设计的。这些塘依靠藻类和异养菌之间的共生关系对来自厌氧塘的溶解有机物和营养物质进行有氧降解。这些折流兼性塘的深度通常为1.20~1.50m，有3个独立的生态分隔室：底层或底栖生物带为厌氧区，呈深色（0.10~0.30m）；中间层为兼性区，呈深色（0.80~0.90m）；顶层是一个有氧光照层（0.30m）。这些兼性塘的微生物群落通过在水体中重现碳氮生物地球化学循环进行多种生化过程和转化。此外，这些生态分隔室通过引入隔板结构，将总体结构进行区域划分，提升水动力条件，从而改善处理效果（Shilton，2001）。目前，埃尔塞里托的污水处理塘有两个改进的兼性塘，每个兼性塘都有两个混凝土挡板，分别位于1/3和2/3长度处。

这类塘的建设相当简单，主要涉及土方工程。该污水处理塘主要由4个土衬处理单元（两个高负荷厌氧塘和两个改进的兼性塘）和一些混凝土结构组成，也包括沼气收集装置、泵送设施、初步处理设施、污泥干燥床和管道工程等结构（Peña et al.，2005）（见图10-14）。埃尔塞里托污水处理塘处理单元和建筑材料见表10-5。

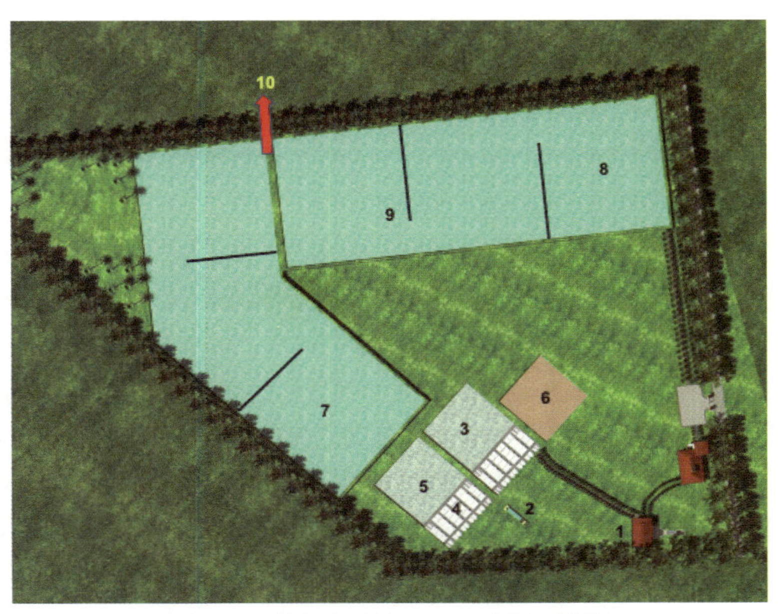

图10-14　埃尔塞里托NBS-WTP设计示意图

（Cinara，2003）

表 10-5　埃尔塞里托污水处理塘处理单元和建筑材料（Peña et al.，2005）

处理或操作单元	建筑材料	评论
泵站		
污水井	混凝土	泵站内的管道为铁制
泵	可在水下使用的金属	机组间的管道连接材料为聚氯乙烯
一级处理		
栅格（粗细）	铁	—
沉沙室	混凝土	—
一级处理		
高负荷厌氧塘	搅拌室为混凝土，沉淀区域为内衬隔间	混合室中含有厌氧污泥；沼气收集装置位于混合室的顶部；污泥干燥床接收从混合室取出的污泥
沼气收集装置	玻璃纤维和聚氯乙烯管道	
污泥干燥床	砌体和聚氯乙烯管道	
二级处理		
改进的 FP	有两个横向的内砌单元 混凝土挡板位于 1/3 和 2/3 长度处	混凝土挡板可使流量均匀分布，使实际的水力停留时间（HRT）接近理论值

进水或处理类型

埃尔塞里托污水处理塘的污水是一种中等强度的城市污水。由于这个城市有许多中小型制革厂，主要排放有机物、营养物质和残留的铬盐，包括重铬酸钠和铬酸酐等，因此该污水处理塘是一种去除有机质、营养物质和部分铬的系统修复设施。铬通过从高负荷厌氧塘中清除厌氧污泥和兼性塘中的藻类和细菌之间的共生过程而被去除（Ajayan et al.，2015）。污水处理包括栅格（粗、细）筛除、沙砾去除、在高负荷厌氧塘中进行高级一级厌氧处理（有机物去除、沼气收集、污泥稳定和部分铬去除），改进的兼性塘中进行二级处理（溶解的有机物和营养物质去除，残留的铬元素去除）。污水处理塘还预留一定空间，可在未来安装充气粗过滤器去除藻类，并在再利用于农业之前对最终尾水进行硝化处理。

处理效率

埃尔塞里托污水处理塘的处理系统对BOD_5和TSS的平均去除率分别为85% ± 4%和82% ± 5%。哥伦比亚目前的环境法中没有对藻类固体和传统污水处理厂产生的固体进行区分。例如，在欧洲的法规中，污水处理塘尾水的TSS浓度是基于过滤后的样品计算的。尽管如此，埃尔塞里托污水处理塘处理过的污水符合哥伦比亚目前的城市污水处理标准，即TSS和总BOD_5的去除率为80%。目前，该污水处理塘系统是整个考卡山谷地区唯一符合规定的市政设施。在未来监管更严格的情况下，该系统有增加粗化过滤单元的空间，BOD_5和TSS的理论平均去除率将达到90%，营养物质（氮和磷）的去除率为65%~70%。

运行和维护

与传统的污水处理方案相比，污水处理塘的运行和维护通常更简单，对用户来说费用也更低。埃尔塞里托污水处理塘的大部分运行和维护工作仍然是人工进行。唯一的机械化设施在泵站，利用起重机和液压装置移动泵和电动机进行日常维护或维修。唯一有运行和维护问题的是沼气净化的生物过滤装置。目前，建议在现场实施沼气回收，并对部分参数进行在线监测，以实现整个系统的过程控制和运行改进。

目前，负责该系统的操作员负责日常运行和维护工作，如记录流量数据、清洁格栅单元和沙砾室、控制处理单元流量、监测现场参数和收集、检查沼气。每周的维护工作包括检查泵送系统，高负荷厌氧塘中的污泥累积情况，管道堵塞情况，以及堰和阀门。运行和维护工作还包括清理污泥、干燥和处理、修剪草、对进水和出水进行取样，以及输送实验室分析样品。现场有一个笔记本，可以记录任何定期的运行和维护工作，以及在停电或极端天气事件发生期间的紧急情况。

成本

该系统的总投资成本为100万美元，即人均19.6美元。这是区域环境管理局的一项投资方案，提供城市污水处理设施，以改善考卡河的水质。与此同时，NBS的年运营成本为72 000美元，人均运营成本为1.42美元（Rojas, 2020）。运行和维护费用由埃尔塞里托市资助，符合国家为小城市提供水和卫生服务的法律。然而，运行和维护工作对市政管理团队来说是一个挑战，于是选择与熟悉相关技术的私人运营商签订运行和维护特许合同。目前，新当选的地方政府负责人即将上任，运行和维护特许合同也将结束。所有的运行和维护资金都来自于水和卫生服务基金提供的市政预算。

必须指出的是，NBS的建设和运营成本都低于传统技术，这表明NBS作为替代方案具有可承受性和可持续性。在这种情况下，可持续性还与系统的性能、可靠性、稳定性和功能便利性有关，同时对偶然事件的发生有更强的应对能力，这些事件通常会破坏机械化或自动化更高的常规系统。

协同效益

生态效益

在建设污水处理塘之前，埃尔塞里托市的生活污水直接排入塞里托河。高有机质与制革厂残留的铬对河流生态产生了极端影响，不仅消耗溶解氧，还为水生生物带来生态毒性。当时，塞里托河的水还被用来灌溉作物。

如今，污水处理塘处理过的尾水被转移到扎巴莱河，可以在旱季回用于甘蔗作物的灌溉。考虑到排放的距离和灌溉的类型，这种新的间接再利用方式对公众健康更有利。

在项目的设计阶段，环境当局要求所有制革厂都制订一个合规计划（由区域环境管理局负责），实施至少一级处理和铬去除技术。这是保护系统功能免受有毒负载影响的先决条件。

图10-15　临时生活在埃尔塞里托兼性塘中的鸭子（MEDINA，2000）

在经过几年的正常运行后，周围经常有不同种类的候鸟和水鸟出现。偶尔，一些鸭子会在兼性塘中游弋，将其作为临时的水生栖息地，迁徙之前在这里繁殖生活（见图10-15）。一些两栖动物如牛蛙也出现在兼性塘最后一个单元中。

社会效益

这项NBS的实施为埃尔塞里托市整个城市的人和与城市水循环有关的特定利益相关者带来了广泛的社会效益，比如，更好的塞里托河环境质量，更好的淡水质量、更干净的空气、更干净的河岸、更优美的风景、更多样化的水生生物。埃尔塞里托市有很大一部分人居住在河边，分布在城镇的南部和西南部。同样，这也是整个自治市中第二重要的河流。

由于环境当局要求制订合规计划，因此制革厂的企业家们被动员起来，该计划为城镇人口和污水处理塘系统的运作带来了更好的环境条件。市政行政小组找到了处理原始污水排入河流造成环境卫生问题的解决方案。

位于下游的圣安东尼奥（San Antonio）小村庄受益匪浅，可以使用更清洁的河水灌溉作物，从而减少了该地区的公共卫生风险和疾病困扰。

权衡取舍

（1）在污水处理塘的设计阶段，圣安东尼奥农村社区有一些担忧，因为污水处理塘的尾水将被排放到另一条河流中，他们担心灌溉用水不足。然而，他们没有考虑到的是，一旦塞里托河的系统建成，其水质就会得到改善。在灌溉水量和更好的河流水质（对同一社区的健康风险和疾病负担较小）之间出现了明显的权衡取舍。

（2）在污水处理塘运行之前，即使了解提高环境质量会带来诸多好处，但制革厂工业污水处理的合规要求仍被认为会对该行业经济造成威胁。这是一个很难解决的问题，但已慢慢地被制革行业接受。

经验教训

问题和解决方案

（1）来自制革厂的反对。

第一个问题是制革厂负责人对该项目持反对意见，主要原因是他们需要遵守当前工业污水处理标准。然而，自20世纪70年代以来，这些要求一直是法律规定的，是强制性的。制革厂负责人、环境当局和当地政府代表举行了几次协商会议和研讨会，最终签署了关于设计和逐步实施合规计划的协议，从而克服了这一问题。

（2）由非专业人士进行管理。

第二个问题与系统管理有关，看似简单，但却是市政公共管理的一个真正障碍，因其缺乏能够正常运行系统的训练有素的工作人员。起初，通过与一个在污水处理行业有丰富经验的私人运营商签订运行和维护特许合同解决这个问题。目前，市政府考虑两个方案：一是建立一个由专业队伍组成的内部小组；二是继续签订运行和维护特许合同。

用户反馈或评价

下面是3个由短音频文件转化的内容，文件提供者为卡洛斯·H.博特罗（Carlos H. Botero）和卡洛斯·F.罗哈斯（Carlos F. Rojas），分别为埃尔塞里托市的规划和住房前顾问与该污水处理塘系统运行和维护特许合同负责人（Botero&Rojas, 2020）。

“……关于埃尔塞里托基于自然解决方案的污水处理厂，能很好地提高环境质量，降低健康风险，消除臭味，将高质量的尾水排放到河流中，从而提高扎巴莱河的水生态环境。塞里托河恢复了捕鱼和采沙活动，因为它的水质在基于自然解决方案的污水处理厂建成后有了极大改善。如今，尾水可以直接重复利用，用于灌溉甘蔗作物和设施周围的一些其他作物。这一成功的经验已得到区域和国家各级规划、环境、政府和审计部门等不同机构的认同和赞许。即使污水处理设施功能相对简单，但另一个关键环节仍然需要市政当局适当、持续地学习污水处理管理方面的知识，从而应对基于自然解决方案的污水处理厂的复杂问题。总而言之，尽管最初有一些困难，但对于参与这项工程的所有埃尔塞里托人来说都是一次非常重要的经历……”

致谢

感谢埃尔塞里托市政府，特别是规划和住房前顾问卡洛斯·H.博特罗先生对这项工作的支持，也感谢他对污水处理塘正常运作而实施的运行和维护计划的支持。同时，感谢埃尔塞里托WTP运维工程师路易莎·费尔南达·梅迪纳（Luisa Fernanda Medina），以及水安全和可持续发展中心帮助收集此项目相关的数据和信息（由UKRI资助）。

原著参考文献

Ajayan, K. V., Muthusamy, S., Pachikaran, U., Palliyath, S. (2015). Phycoremediation of tannery wastewater using microalgae *Scenedesmus* species. *International Journal of Phytoremediation*, **17**(10), 907–916.

Botero, C. H. & Rojas, C. F. (2020). Feedback on the functioning and impact of the NBS-WPT system at El Cerrito, Colombia. Personal communication and short audio files provided on 18 June 2020.

Cinara (2003). Report from the participatory design workshop of El Cerrito WPT system. Universidad del Valle, Instituto Cinara. Cali, Colombia.

Mara, D. D. (2004). Domestic Wastewater Treatment in Developing Countries, 2nd edn. Earthscan, London, UK.

Medina, L. F. (2020). Photographic registry of the O&M Manual for the NBS system at El Cerrito. Photo taken in March 2020. El Cerrito, Colombia.

Peña, M. R. (2002). Advanced Primary Treatment of Domestic Wastewater in Tropical Countries: Development of High-Rate Anaerobic Ponds. PhD thesis, University of Leeds, UK.

Peña, M. R. (2010). Macrokinetic modelling of chemical oxygen demand removal in pilot-scale high-rate anaerobic ponds. *Environmental Engineering Science*, **27**(4), 293–299.

Peña, M. R., Madera, C. A., Mara, D. D. (2002). Feasibility of waste stabilization pond technology for small municipalities in Colombia. *Water Science & Technology*, **45**(1), 1–8.

Peña, M. R., Mara, D. D. (2004). Waste Stabilisation Ponds: Thematic Overview Paper-TOP. Technical Series. IRC-International Water and Sanitation Centre. Delft, The Netherlands.

Peña, M. R., Aponte, A., Herrera, M., Acosta, C. (2005). Report on Process and Physical Design Calculations of the WPT System at El Cerrito. Cali, Colombia.

Rojas, F. (2020). Operator of the NBS system at El Cerrito. Data from O&M budget and current expenses accountant. Personal Communication. February 2020. El Cerrito, Colombia.

Shilton, A. (2001). Studies into the Hydraulics of Waste Stabilisation Ponds. Ph.D. thesis, Massey University, New Zealand.

第 11 章
垂直流人工湿地

作　者　冈特·朗格莱伯（Günter Langergraber）
奥地利维也纳1190慕斯街18号维也纳自然资源与生命科学大学卫生工程和水污染控制研究所
（Institute of Sanitary Engineering and Water Pollution Control, BOKU University, Muthgasse 18, 1190 Vienna, Austria）
联系方式：guenter. langergraber@boku.ac.at

概　述

在垂直流人工湿地（Vertical-Flow Treatment Wetlands，VFTWs）（见图11-1）中，经过预处理的污水会被间歇性地排放到植被滤床的表面并垂直渗入其中。在两次污水排入期间，空气会重新进入植被滤床的孔隙，发生好氧降解过程。在这个过程中，必须进行有

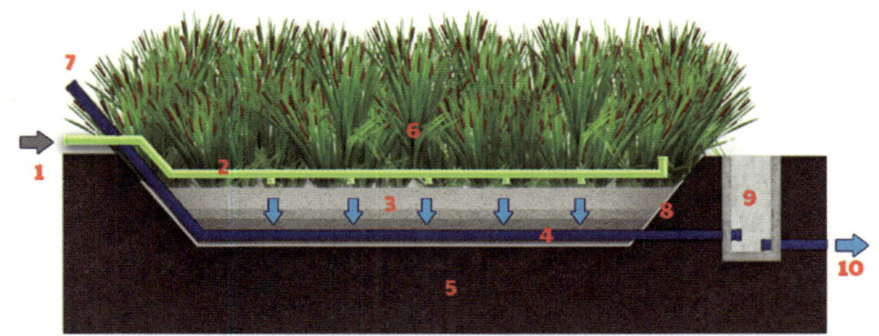

图 11-1　垂直流人工湿地示意图

1—进水口；2—加水系统；3—不同尺寸的多孔介质层；4—排水系统；5—原土层；6—植被滤床；7—曝气系统；8—防渗膜；9—检查井；10—出水口

效的预处理，即去除污水中的颗粒物，以防植被滤床堵塞。同时，需要一个储槽来储存两次连续蓄滞之间的预处理污水。VFTWs也使用了一些新生的植被物种。

当需要对污水进行好氧处理（如硝化）时，可使用垂直流人工湿地。处理效率和可接受的有机负荷率主要取决于所使用过滤介质的颗粒度。

优点	缺点
• 与许多其他NBS相比，土地面积需求较低 • 与水平流（HF）人工湿地相比，堵塞的风险低 • 低能耗（通过重力作用供给） • 没有蚊虫滋生的风险 • 可以稳定抵抗污染负荷的波动 • 可以在分流制和合流制系统中运行 • 在微观层面（建筑物）具有再利用潜力（冲厕、灌溉等）	• 给水系统需要机械（虹吸管）或机电（泵）组件

协同效益

高	水资源再利用			
中	生物多样性（动物）	生物质产出		
低	生物多样性（植物）	碳汇	景观价值	娱乐

与其他NBS的兼容性

垂直流人工湿地可以根据处理目标与其他湿地类型结合使用，例如，水平流（HF）人工湿地和自由水面（FWS）人工湿地。

案例研究

在本书中：

- 中国深圳坪山河流域用于污染控制的垂直流人工湿地；

- 奥地利贝伦科格尔酒店的两级复合垂直流人工湿地；
- 乌干达马塔尼医院的垂直流人工湿地。

运行和维护

常规维护

- 每月使用测试仪器至少检测出水氨氮 1 次，以检查硝化作用
- 检测结果应记录在“维护手册”中，同时记录所有的维护工作和发生的操作问题

年度任务

- 预处理过程中需要清除污泥，防止污泥输送到垂直流滤床。清空污泥的频率取决于储槽的容量，但是每年至少清除 1 次
- 间歇性给水可以通过测量储槽在给水前后的高度差确认
- 为了防止输水管道结冰，在给水后，必须保证管道中没有水残留，每年检查 1 次
- 植被应每 2~3 年修剪 1 次。如果在冬季前修剪，那么应将剪下的枝叶覆盖在垂直流人工湿地表面，作为保温层使用

特殊维护

- 第一年应不断清除杂草，直到垂直流人工湿地植被系统发育成熟

故障排除

- 运行若干年后，一些虹吸管的橡胶部分会出现破损，导致污水外渗，可通过安装单一垂直流过滤器进行故障排除

NBS 技术细节

注：主要针对以沙子（0.06~4mm）为主要介质进行间歇性给水的垂直流人工湿地

进水类型

- 经过预处理的污水
- 灰水

处理效果

COD	70%~90%
BOD_5	~83%
TN	20%~40%
NH_4-N	80%~90%
TP	10%~35%
TSS	80%~90%
指示菌	大肠杆菌≤2~4log_{10}

要求

- 净面积要求：人均 $4m^2$
- 电力需求：可通过重力流进行操作，否则需要为泵额外提供能源
- 其他：
  - 必须进行预处理
  - 过滤介质的颗粒度决定了处理效率和适用的污染负荷范围

设计标准

- HLR：最高为 $0.1m^3/m^2/d$
- OLR：20g $COD/m^2/d$
- 主层：水洗沙 50cm（0~4mm）
- 中间层：砾石 10cm（4~8mm）
- 排水层：砾石 15cm（16~32mm）

其他信息主要针对的是主层水洗沙（0.06~4mm）过滤介质对处理效率的影响（Pucher and Langergraber, 2019）

原著参考文献

Dotro, G., Langergraber, G., Molle, P., Nivala, J., Puigagut, J., Stein, O. R., von Sperling, M. (2017). Treatment wetlands. Biological Wastewater Treatment Series, Volume 7, IWA Publishing, London, UK, 172 pp.

Pucher, B., Langergraber, G. (2019). Influence of design parameters on the treatment performance of VF wetlands – a simulation study. *Water Science & Technology*, **80**(2), 265–273.

Stefanakis, A. I., Akratos, C. S., Tsihrintzis, V. A. (2014). Vertical Flow Constructed Wetlands: Eco-engineering Systems for Wastewater and Sludge Treatment. Elsevier Publishing, Amsterdam.

NBS 技术细节

常规配置

- 在垂直流动的过程中，间歇性给水
- 可将 50%~100% 的出水量再循环到给水池，以实现反硝化作用
- 单级垂直流人工湿地通常用于处理单个家庭、小型社区和不超过 1000 人的城市污水

气候条件

- 在所有气候条件下均适用

11.1

中国深圳坪山河流域用于污染控制的垂直流人工湿地

项目背景

坪山区位于深圳市的东北部（见图11-2和图11-3），共有428 000人。坪山河流域占坪山区77%的面积（129.4km^2）。坪山河在深圳市境内的水位较低，堆积大量沉积物。该地区属于亚热带海洋性气候。以前，坪山河流域被工业包围，大量的工业污水和生活污水直接排入河流，导致严重污染。2011年后，工业企业开始迁出坪山河流域。

2014—2018年，坪山河流域建设了8个垂直流人工湿地（VFTWs）以恢复和修复坪山河流域的生态功能。垂直流人工湿地总占地面积为50hm^2，旨在处理上洋污水处理厂（WWTP）的污水，该污水处理厂的处理能力为136.5万m^3/d。上洋污水处理厂的服务范围包括坪山区和龙岗区等，由此估算出服务人口约为34万人。垂直流人工湿地是为保证污水处理厂尾水达到GB 3838—2002《地表水环境质量标准》Ⅳ级标准而进行的优化。Ⅳ级标准的限

NBS 类型

- 垂直流人工湿地

位　置

- 中国深圳市坪山河流域

处理类型

- 三级处理或使用垂直流人工湿地优化处理

成　本

- 5300 万美元

运行日期

- 2018 年至今

面　积

- 8 个垂直流人工湿地总面积约为50hm^2

作者

翟俊（Jun Zhai）（音）

刘文波（Wenbo Liu）（音）

中国重庆大学环境与生态学院中国市政工程西北设计研究院深圳分部黄谷（音）（School of Environment and Ecology, Chongqing University, China, Gu Huang, CSCEC AECOM Consultants Co., Ltd., Shenzhen Branch, China）

罗布纳·阿明（Lobna Amin）

荷兰代尔夫特国际水利与环境工程学院代尔夫特水教育研究所

（IHE Delft Institute for Water Education, Delft, The Netherlands）

联系方式：翟俊，zhaijun@cqu.edu.cn

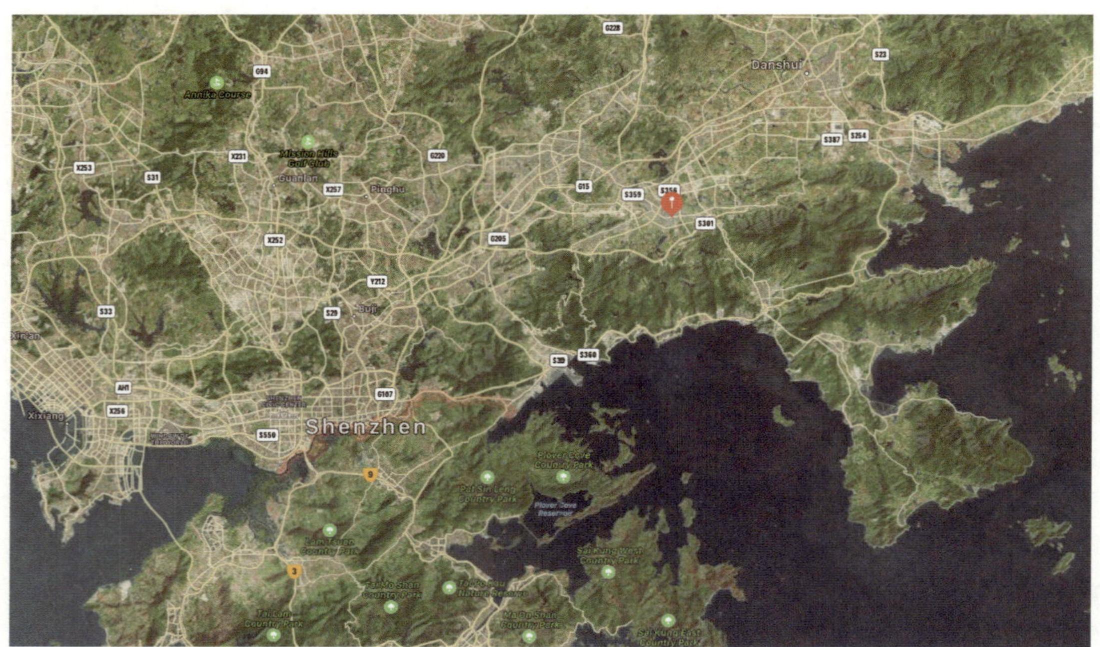

图 11-2　坪山河位置示意图

图 11-3　坪山河位置卫星图

值的COD为30mg/L，BOD_5为6mg/L，NH_4-N为1.5mg/L，TP为0.3mg/L，溶解氧为5mg/L。

经过净化的上洋污水处理厂（WWTP）尾水成为坪山河的补水来源，同时可改善河流水质。另外，高污染的工业企业已经从这一地区迁出，有利于降低河流中的污染物总浓度。总体来说，垂直流人工湿地是一种低成本NBS，同时也是深圳居民休闲玩乐的好去处。垂直流人工湿地为坪山河流域的动植物提供了栖息地，并增加了该地区的生物多样性。这满足了中国的城市开发要求，即新开发的城市应拥有至少占城市总面积30%的绿化面积。

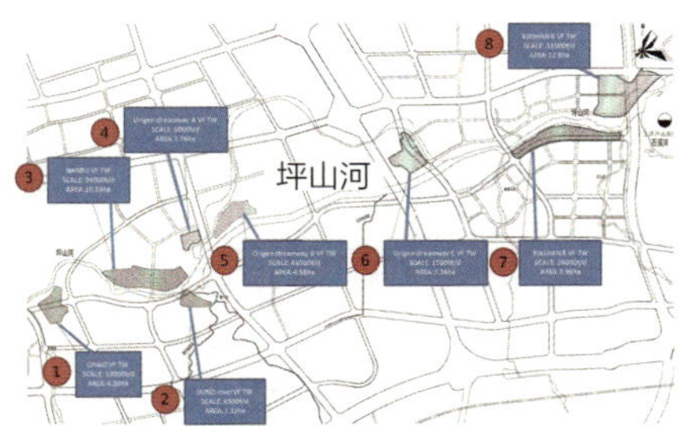

图11-4　沿坪山河流域建设的8个垂直流人工湿地位置示意图（22° 42′ 28.2384″ N, 114° 23′ 22.6752″ E）

设计和建造

所有沿坪山河流域建造的垂直流人工湿地在雨季的总设计处理能力为196 500m^3/d，旱季的总流量为136 500m^3/d。每个垂直流人工湿地的面积为1.76~12.8hm^2，8个的总面积约为50hm^2（见图11-4）。在垂直流人工湿地中使用的植被包括风车草、梭鱼草、纸莎草等。

垂直流人工湿地的平均给水量为0.4~0.5m^3/m^2/d。一些垂直流人工湿地由许多小型平行垂直流人工湿地单元组成，例如，赤坳垂直流人工湿地有22个湿地单元（见图11-5）。在将上洋污水处理厂的尾水抽泵完毕之后，这些污水将会通过泵站进一步排放到不同的垂直流人工湿地。之后，污水会进入生态公园的生态净化区，与水生景观融为一体。生态净化区是人工湿地和诸多池塘的组合，由沉水和浮水水生植物组成，可进一步净化水体，同时可作为一个景观来供人观赏。垂直流人工湿地净化过程示意图见图11-6，垂直流人工湿地实拍图见图11-7。技术汇总表见表11-1。

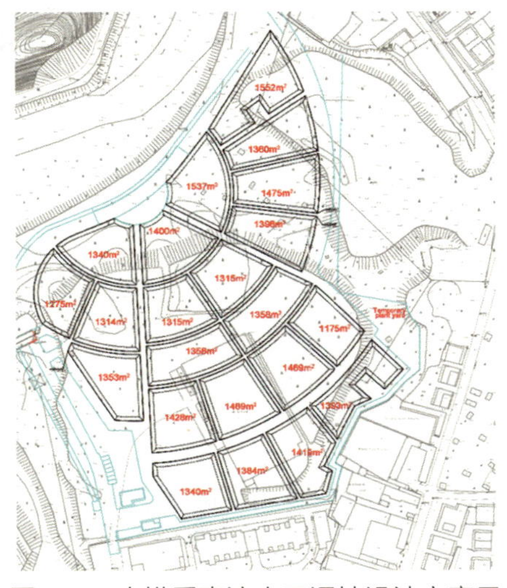
图11-5　赤坳垂直流人工湿地设计方案示意图

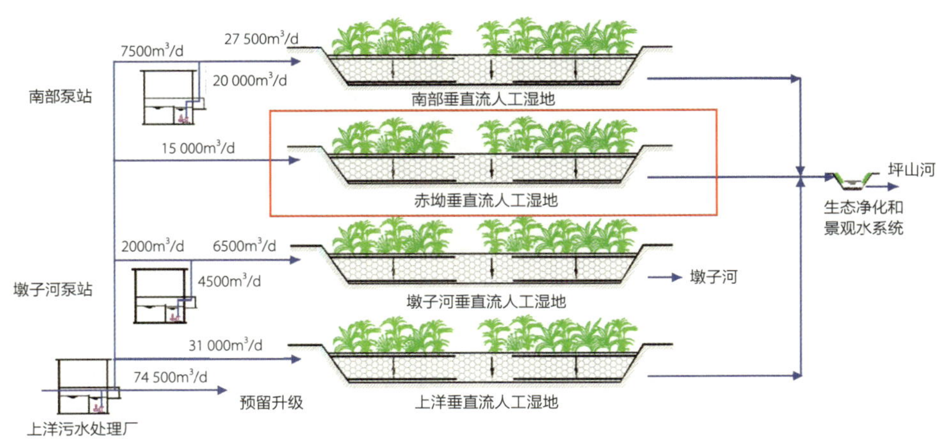

图11-6　垂直流人工湿地净化过程示意图

（a）场景一

（b）场景二

（c）场景三

（d）场景四

（e）场景五

图11-7　垂直流人工湿地实拍图

表 11-1 技术汇总表

来水类型	
上洋污水处理厂的生活污水	
设计参数	
入流量（m^3/d）	旱季：136 500 雨季：196 500 注：垂直流人工湿地处理的污水来自上洋污水处理厂，但是上洋污水处理厂的服务范围并不只是坪山区
人口当量（p.e.）	340 000
面积（m^2）	第 1 个湿地：43 800 第 2 个湿地：23 200 第 3 个湿地：103 500 第 4 个湿地：17 600 第 5 个湿地：45 800 第 6 个湿地：53 600 第 7 个湿地：89 600 第 8 个湿地：12 800 总面积：505 100
人口当量面积（m^2/p.e.）	1.5
进水参数	
BOD_5（mg/L）	10（平均）
COD（mg/L）	50（平均）
TSS（mg/L）	10（平均）
大肠杆菌（菌落形成单位，CFU/100mL）	1000
出水参数	
BOD_5（mg/L）	≤6（平均）
COD（mg/L）	≤30（平均）
TSS（mg/L）	2（平均）
大肠杆菌（菌落形成单位，CFU/100mL）	非必要

（续表）

成本	
建设	总额：5300 万美元；人均：125 美元
运行（年度）	总额：150 万美元；每年每人 3.5 美元

进水或处理类型

垂直流人工湿地的进水为上洋污水处理厂的污水。由于上洋污水处理厂对污水已进行初级和二级处理，因此进入垂直流人工湿地的污水的污染物浓度非常低。上洋污水处理厂的出水符合标准DB12/599—2015《城镇污水处理厂污染物排放标准》1-A标准。污水中的COD_5、BOD_5、NH_4-N和TP的浓度分别为50mg/L、10mg/L、5mg/L和0.5mg/L。

运行和维护

垂直流人工湿地需要进行日常维护，包括植被管理（修剪、除草等），维护湿地的给水系统，以及安全管理。旱季的流量为136 500m^3/d，雨季的流量为196 500m^3/d。即使垂直流人工湿地的设计标准符合高入流量的需要，但是雨季仍需要缩短其给水时间。

处理效率

8个垂直流人工湿地可进一步改善水质以确保出水满足要求。坪山河的建议水质为GB 3838—2002《地表水环境质量标准》Ⅳ类水标准，BOD_5为30mg/L，COD_5为6mg/L，NH_4-N为1.5mg/L，TP为0.3mg/L，溶解氧为5mg/L。深圳的平均气温为20~28℃，年降雨量约为1705mm，然而，垂直流人工湿地的处理效率十分稳定。有机污染物（BOD_5和COD_5）和营养物质（NH_4-N和TP）均降低到Ⅳ类水标准。垂直流人工湿地的进水和出水的设计水质见表11-2。

表 11-2　垂直流人工湿地的进水和出水的设计水质　（单位：mg/L）

名称	总悬浮物	CODcr	BOD_5	NH_4-N	TP	溶解氧
湿地进水	10	50	10	5	0.5	—
湿地出水	10	≤30	≤6	≤1.5	≤0.3	5
污染物去除率	—	≥40%	≥40%	≥70%	≥40%	—
GB 3838—2002《地表水环境质量标准》Ⅳ类水标准	—	30	6	1.5	0.3	5

成本

坪山河流域的8个垂直流人工湿地是“坪山河干流综合治理和水质改善项目”中的一个工程。该项目旨在进一步优化上洋污水处理厂的出水。起初，该项目建设成本预计为6700万美元。后来，直接建设成本为5300万美元，此处的成本不包括未来可能出现的升级改造成本。就水质而言，包括人工湿地以外的方案可能会用于改善坪山河的水质。

上洋污水处理厂的运行和维护成本主要是抽水（将上洋污水处理厂的污水抽到垂直流人工湿地，再从垂直流人工湿地抽到坪山河）和植物维护成本。垂直流人工湿地系统的运行成本约为每年150万美元。

协同效益

生态效益

坪山河流域的8个垂直流人工湿地可进一步帮助污水入河前降低污水中的污染物浓度，以此提高水体质量。同时，这些垂直流人工湿地有望提高流域的环境质量，并进一步帮助提高流域区的生物质产出和生物多样性。这将有助于创造新的栖息地，恢复生态系统。

通过这个项目的改造，坪山河流域的生态系统能够提供多种生态系统服务。垂直流人工湿地也可在雨洪管理、碳汇调节等方面提供一定支持。

社会效益

随着垂直流人工湿地的建成，多功能生态公园也同步建成，其吸引力更强，也更适宜人们居住。此外，生态环境的提高增加了该地区的美感，吸引公众前来观赏。由此可见，该项目具有一定的社会效益。例如，周围区域预计成为休闲娱乐场所，而且经过垂直流人工湿地处理的水可被重新利用。

坪山河流域的居民环境得到改善，也使得土地增值，地区经济得到发展。同时，该项目被视为中国湿地系统的良好范例，具有一定的市场潜力。

权衡取舍

由于该项目建设年限相对较短（2018年），因此仍有需要讨论的问题，其中一个最主要的问题是建造湿地所需的空间。

经验教训

问题和解决方案

（1）缺乏有经验的人员。

深圳水务公司的人员在垂直流人工湿地领域并没有充足的经验，遇到水质变化的问题不知如何解决。然而，随着运行的改善和检查的频繁进行，水质有望在未来保持稳定。

（2）满足受水标准和城市规划的要求。

达到GB 3838—2002《地表水环境质量标准》的监管要求和城市总规的要求是一个持续的挑战。标准和规划要求垂直流人工湿地处理污水处理厂的污水不仅要满足GB 3838—2002《地表水环境质量标准》Ⅳ类水质标准，还要保持所有现有的有益功能，并增加新的用途，包括雨洪管理、景观提高、自然–社会关系提高。

（3）在居民区进行人工湿地实践。

坪山河横穿坪山区并占据整个区域66%的面积。然而，垂直流人工湿地在靠近居民区的位置必须进行详细规划，尽量减少建设对居民可能造成的影响。

在这个项目中，垂直流人工湿地以沿河生态公园的形式建设。这种方式不仅为污水处理厂的尾水提升处理和水污染控制提供了条件，而且为附近的居民提供了更有吸引力的、更适合居住的社区。

（4）季节性变化和长期运行。

垂直流人工湿地的流速随季节的变化而变化。雨季的流速比旱季快约40%。即使在设计过程中已经考虑了季节性变化，但是从监测和运行结果看，这仍是保证垂直流人工湿地能够达到预期处理效果的一个重要因素。

垂直流人工湿地的长期运行和维护需要了解其运行原理，同时能够识别运行问题的专业人员。尽管垂直流人工湿地的日常维护工作远比普通污水处理厂少，但其运行和维护公司也需要定期组织人员进行培训。培训课程应包括植物的定期修剪和其他季节性策略和控制。另外，为了保持垂直流人工湿地作为污水处理厂尾水的补充处理步骤及城市景观的一部分功能，需要得到公众的理解和合作。出于这一目的，企业和地方政府应面向大众宣传垂直流人工湿地的优势。

用户反馈或评价

“以前，坪山河的河水脏、气味大、水质差，居民宁愿宅在家里，也不愿出去走走。垂直流人工湿地建成后，河水质量得到提高，水变得清澈了，难闻的气味也没有了。人们开始乐于沿着河边散步，欣赏景色。”居住在坪山河附近数十年的李先生评价道。

根据深圳市生态环境局的《2018年深圳市环境状况年度报告》，坪山河的水质有所改善。2017—2018年，坪山河综合污染指数下降了21.4%。河流综合污染指数是一种综合评估水体污染的方法，其计算公式为：

$$P=1/n\sum_{i=1}^{n}(C_i/S_i)$$

式中：P是河流综合污染指数；n是评价的指标数量；C_i是污染物i的实测浓度（mg/L）；S_i为标准中规定的污染物i的允许浓度（mg/L）。

原著参考文献

Interview with Professor Jun Zhai, technical leader of the design of the TW, Chongqing University, Chongqing, China. E-mail: *zhaijun@cqu.edu.cn*

Shenzhen Habitat Environment Committee. (2019). Annual report on the Environmental State of Shenzhen in 2018.

The Pingshan River comprehensive improvement project has completed 60% of the image progress (2018).

11.2

奥地利贝伦科格尔酒店（Bärenkogelhaus）的两级复合垂直流人工湿地

项目背景

奥地利贝伦科格尔酒店（Bärenkogelhaus）的垂直流人工湿地（VFTW）系统是第一个为了提高脱氮效果而建造的最高配置的两级复合垂直流人工湿地系统（Langergraber et al.，2008）。该系统是为位于施泰尔马克州（Styria）海拔1168m的贝伦科格尔山顶的贝伦科格尔酒店建造的。贝伦科格尔酒店有70个座位可供就餐，16个房间可供住宿，同时也是一个热门景点，特别是在周末和公共假期，很多人前来打卡游玩。

技术汇总表见表11-3。

作者

冈特·朗格莱伯（Günter Langergraber）

奥地利维也纳1190慕斯街18号维也纳自然资源与生命科学大学卫生工程和水污染控制研究所

［Institute of Sanitary Engineering and Water Pollution Control, University of Natural Resources and Life Sciences（BOKU）, Vienna, Austria］

联系方式：guenter.langergraber@boku.ac.at

NBS 类型

- 垂直流人工湿地

位　置

- 奥地利

贝伦科格尔（Bärenkogel）

米尔茨楚施拉格县（Mürzzuschlag）

处理类型

- 两级复合垂直流人工湿地，二级处理

成　本

- 45 000欧元（2010年）

运行日期

- 2010年4月至今

面　积

- 设计规模：人口当量（p.e.）为40
- 垂直流人工湿地面积：2 × 50m^2

表 11-3　技术汇总表

来水类型	
生活污水	
设计参数	
入流量（m^3/d）	2.5（设计流速）
人口当量（p.e.）	40
面积（m^2）	100（每级 $50m^2$）
人口当量面积（m^2/p.e.）	2.5
进水参数	
BOD_5（mg/L）	560
COD（mg/L）	1015
TSS（mg/L）	151
TN（mg/L）	65.3
NH_4-N（mg/L）	50.8
出水参数	
BOD_5（mg/L）	3
COD（mg/L）	20
TSS（mg/L）	4
TN（mg/L）	19.2
NH_4-N（mg/L）	0.06
成本	
建设	总额：约 45 000 欧元；人均 1150 欧元
运行（年度）	总额：约 1700 欧元；每年每人 42 欧元

设计和建造

根据兰杰格拉布（Langergraber）（2014）介绍，该人工湿地的设计服务人口当量（p.e.）为40，人均面积为$2.5m^2$（设计有机负荷量为32g $COD/m^2/d$），水力负荷为2500L/d。两级复合垂直流人工湿地的滤床是接续运行的，并间歇性地流入预处理过的污水。两级复合垂直流人工湿地的表面积均为$50m^2$，给水都是通过虹吸管完成的，单次给水量为580L。一级垂直流人工湿地滤床的50cm主层由颗粒度为2~4mm的沙子组成，二级垂直流人工湿地滤床的50cm主层由颗粒度为0.06~4mm的沙子组成。两个垂直流人工湿地的滤床体均有一个10cm的砾石顶层（4~8mm），其上种植芦苇。两个垂直流人工湿地的滤床体底部均有20cm的砾石（8~16mm）排水层，在此处第一层的排水层被浸没（见图11-8和图11-9）。该垂直流人工湿地于2009年秋季建造，并在2010年4月餐厅重新开业时开始运行。2010年，贝伦科格尔酒店每周连续开放5天（周一和周二休息）。2010年底，业主停止租

（a）一级垂直流人工湿地

（b）二级垂直流人工湿地

图11-8　2012年的一级垂直流人工湿地和二级垂直流人工湿地（投运后约2年）

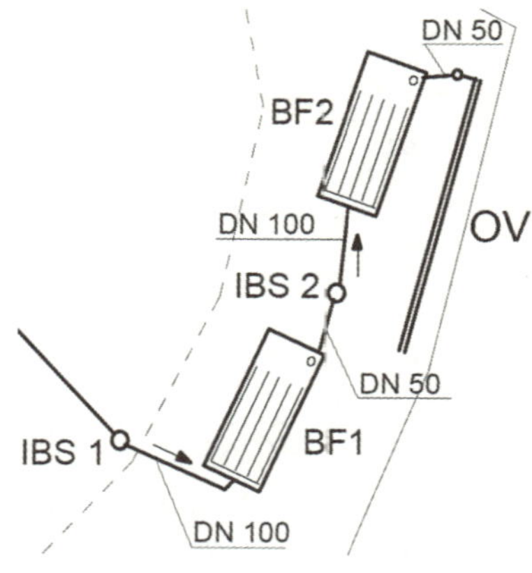

图11-9　设计示意图

BF1— 一级湿地滤床；BF2— 二级湿地滤床；IBS1— 一级湿地间歇性给水井；IBS2— 二级湿地间歇性给水井；OV—渗滤床

赁合同，从那时起，贝伦科格尔酒店只在特殊活动时间开放。第一次活动是在2011年7月举行的。夏季，贝伦科格尔酒店几乎每个周末都会开放，其他季节大约每月一次。

进水或处理类型

两级复合垂直流人工湿地的进水是酒店的生活污水。在奥地利，由于所有的污水处理厂都需要具备硝化处理能力，因此仅可以应用间歇性给水的垂直流人工湿地（Langergraber et al.，2018）。对于贝伦科格尔酒店来说，出水的最大污染允许浓度限值为 BOD_5 25mg/L，COD 90mg/L，NH_4-N 10mg/L（只有当出水温度高于12℃时）。处理过的出水可以使用滤床进行过滤。

处理效率

在3年监测期间，两级复合垂直流人工湿地的所有出水浓度都符合奥地利法规的要求（BOD_5为25mg/L，COD为90mg/L，NH_4-N为10mg/L）。两级复合垂直流人工湿地出水的NH_4-N浓度非常低。冬季，测得的出水NH_4-N最大浓度低于0.5mg/L。在整个监测期间，COD的去除率可达到要求（85%）。在进水浓度很低的时间段内，BOD_5的去除率低于要求的95%，测量的出水浓度低于检测限值（BOD_5为3mg/L）（见表11-4）。此外，在不进行再循环的情况下，两级复合垂直流人工湿地的脱氮率可以达到70%以上。进出水浓度及污染物去除率见表11-4。

表11-4 进出水浓度及污染物去除率

（Langergraber et al.，2014）

	持续运行至2010年10月的中位数（N=10）				2011年7月至2013年6月运行的中位数（N=39）			
参数	BOD_5	COD	NH_4-N	TN	BOD_5	COD	NH_4-N	TN
进水（mg/L）	560	1015	50.8	65.3	149	346	56.6	66.0
一级垂直流人工湿地出水（mg/L）	49	147	13.9	16.1	7	46	15.9	19.2
最终出水（mg/L）	3	20	0.06	19.2	3	12	0.03	16.6
去除率（%）	99.4	98.0	99.88	70.5	98.0	96.0	99.92	74.4

运行和维护

常规的运行和维护工作包括定期检查系统（例如，虹吸管的运行状态），每周取样和自检出水氨氮浓度（使用试纸）。由于两级复合垂直流人工湿地系统的负荷量普遍较低，因此初级污泥只需要2~3年去除1次即可。

此外，政府要求每年进行两次外部监测。实施监测的外部委托公司签订一份湿地系统维护合同，安排专业人员每年检查两次，这样可以及早解决潜在的运行问题。

成本

投资成本约为36 500欧元（不包括增值税），包括设计、施工和补贴。此外，业主需要进行约200h工作（包括砍伐树木在内的准备工作）。总的运行和维护成本约为每年1700欧元，包括每年两次外部监测（每年460欧元，包括维护合同），每2~3年清除一次污泥（每次600欧元），以及业主每年工作200h进行常规检查和自检。业主的工作时间按每小时50欧元计算。

协同效益

生态效益

经过两级复合垂直流人工湿地处理过的污水的水质很好，可以直接排入地下。在该系统投入使用之前，餐厅的污水会被收集到污水池，通过车运到山谷中的市政污水处理厂。

社会效益

两级复合垂直流人工湿地处理系统位于贝伦科格尔酒店的停车场旁边，此处放置了一个宣传栏，简要解释湿地的功能，特别是两级复合垂直流人工湿地系统。这一方式有助于提高人们对该技术的认识，并且了解在贝伦科格尔酒店这样的地方进行污水处理的重要性。

经验教训

问题和解决方案

总之，两级复合垂直流人工湿地达到了良好的污水处理效果。除了考核要求，其设计使得无须再循环就能达到70%以上的稳定脱氮率。与其他处理生活污水的混合人工湿地相比，氮的去除率较高（Canga et al.，2011；Vymazal，2013）。

尽管设计负荷较低，但是两级复合垂直流人工湿地表现出了良好的处理效果。在第一个月的几个周末出现高水力负荷和有机负荷的情况下，其去除率依然非常高。在高水力负荷事件中还体现了湿地系统的高韧性（可视为处理能力恢复力超出一般负荷）。同时，COD和NH_4-N的出水浓度没有明显增加。

原著参考文献

Canga, E., Dal Santo, S., Pressl, A., Borin, M., Langergraber, G. (2011). Comparison of nitrogen elimination rates of different constructed wetland designs. *Water Science & Technology*, **64**(5), 1122–1129.

Langergraber, G. Pressl, A., Kretschmer, F., Weissenbacher, N. (2018). Small wastewater treatment plants in Austria – technologies, management and training of operators. *Ecological Engineering*, **120**, 164–169.

Langergraber, G., Pressl, A., Haberl, R. (2014). Experiences from the full-scale implementation of a new 2-stage vertical flow constructed wetland design. *Water Science & Technology,* **69**(2), 335–342.

Langergraber, G., Leroch, K., Pressl, A., Rohrhofer, R., Haberl, R. (2008). A two-stage subsurface vertical flow constructed wetland for high-rate nitrogen removal. *Water Science & Technology*, **57**(12), 1881–1887.

Vymazal, J. (2013). The use of hybrid constructed wetlands for wastewater treatment with special attention to nitrogen removal: a review of a recent development. *Water Research*, **47**(14), 4795–4811.

11.3

乌干达马塔尼（Matany）医院的垂直流人工湿地

项目背景

马塔尼医院建于20世纪70年代，旨在为卡拉莫贾（Karamoja）地区的居民提供医疗和保健服务。卡拉莫贾地区是该国一个极其偏远、极不发达、相对不安全的地区，也是乌干达东北部的一个干旱或半干旱地区。从10月至次年4月，该地区会经历两个雨季和一个严重的旱季。12月和次年1月是最干燥的月份，通常会有强风。

马塔尼医院的日常用水由医院西边的一口井提供，污水集中收集到西北方向约400m处的一个氧化塘进行部分处理。旱季，该地区的人们用氧化塘的水喂牲畜，有时甚至将其作为饮用水直接饮用，由此带来巨大的健康风险。与此同时，马塔尼医院管理部门计划通过建立一个水果种植园来减少对姆巴勒（Mbale）水果运输的依赖，该水果种植园将使用污水处理厂处理过的污水进行灌溉。

垂直流人工湿地（见图11-10和图11-11）通过对乌干达莫罗托博科拉县马塔尼医院的污水进行处理和将处理过的污水回用于灌溉树木来解决上述问题。

NBS 类型

- 垂直流人工湿地（VFTWs）
- 气候：半干旱
- 区域：乌干达北部

处理类型

- 使用垂直流人工湿地进行二次处理

成　本

- 78 000 欧元

操作日期

- 1998 年至今

面　积

- 1100m^2

可处理 40kg BOD_5/d

作者

马库斯·莱奇纳（Markus Lechner）
奥地利魏特拉生态圣俱乐部
（EcoSan Club, Weitra, Austria）
联系方式：markus.lechner@ecosan.at

图11-10　竣工后的垂直流人工湿地（Markus Lechner, 1999）

图11-11　竣工2年后的垂直流人工湿地（Markus Lechner, 2001）

垂直流人工湿地的设计基本条件包括：处理系统应尽量少消耗能源；出水回用于灌溉；不需要降低营养物质浓度；出水BOD_5浓度应低于50mg/L（这样可以防止地下水污染，减少潜在的腐烂可能性，降低对环境的影响）。

设计的基础主要是低能耗，唯一实用的解决方案是建立自然处理系统。为了减少接触污水的风险，最好设计一个没有开放水面的系统，垂直流人工湿地（VFTW）是最好的选择。

垂直流人工湿地是一个种满植被的滤床，通过底部排水。机械给水系统将污水从上面定量加到表层，通过垂直流人工湿地过滤基质垂直向下流到底部，并收集到排水管中。

由于没有足够的可用（保护）土地，以及直接接触未经处理的污水可能会带来感染风险，因此不可能直接将未经处理的污水用于灌溉。

技术汇总表见表11-5。

表 11-5 技术汇总表

来水类型	
生活污水	
设计参数	
入流量（m^3/d）	50
人口当量（p.e.）	700（60 g BOD_5）
面积（m^2）	1100
人口当量面积（m^2/p.e.）	1.76
进水参数	
BOD_5（mg/L）	750
COD（mg/L）	1350
TSS（mg/L）	750
出水参数	
BOD_5（mg/L）	5.2
COD（mg/L）	108
TSS（mg/L）	缺乏数据
大肠杆菌（菌落形成单位，CFU/100mL）	2×10^2~3×10^2（抽样期为 2004—2006 年）
成本	
建设	78 000 欧元
运行（年度）	未知

设计和建造

垂直流人工湿地的表面积尺寸根据“一阶k-C*”面积模型确定（Kadlec and Knight，1996）。这个模型通常被认为是预测垂直流人工湿地中显示一级去除率的污染物出口浓度的最合适的动力学模型，最终计算结果为1100m（计算过程见附表）。

垂直流人工湿地表面被划分为3个面积为368m^2的垂直流（VF）滤床（每个尺寸为16m×23m）（见图11-12）。每个垂直流滤床之间的距离为3m。垂直流过滤系统的横截面

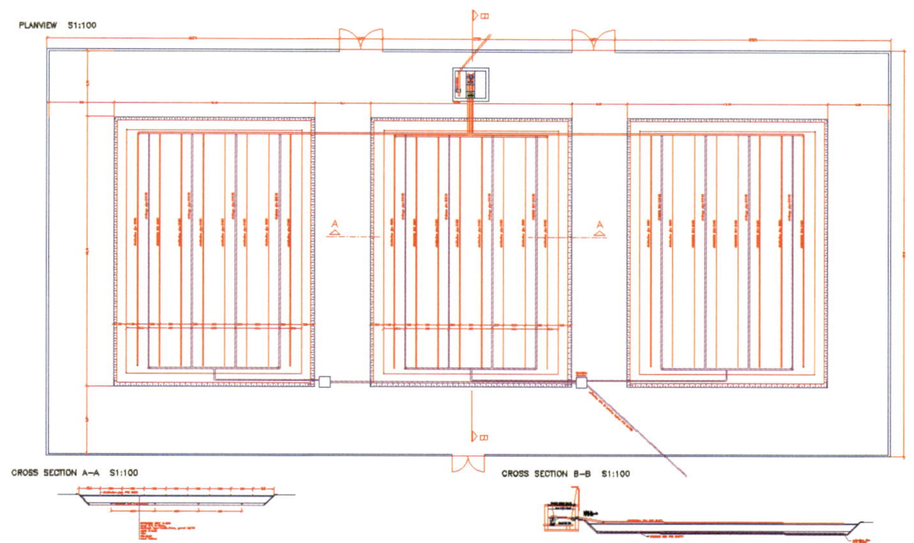

图11-12　垂直流人工湿地设计图纸（Markus Lechner, 1999）

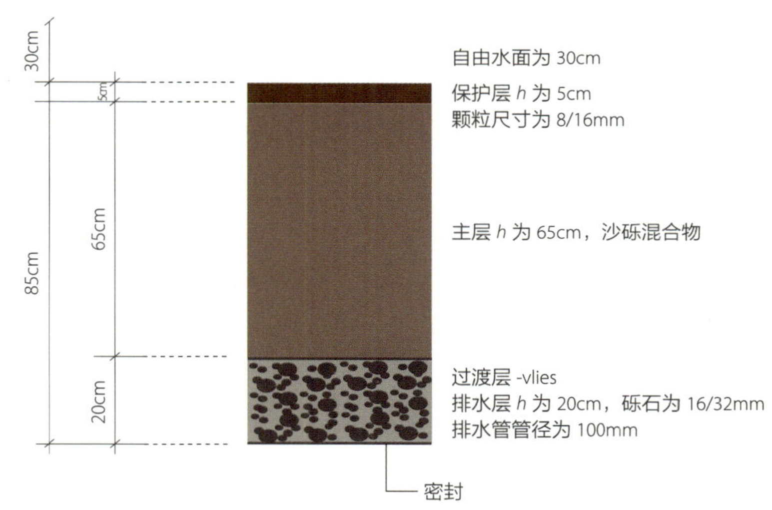

图11-13　垂直流过滤系统的横截面示意面（Hannes Laber and Markus Lechner, 1998）

示意图见图11-13。密封层使用聚乙烯或PVC塑料衬垫，厚度至少为1mm（防止啮齿动物和树根破坏衬垫）。在密封层外，铺设5cm的沙子。苗床边缘的坡度大约为1∶1，具体坡度取决于实际情况。场地规划示意图见图11-14。

为了减少流入的可沉降固体，并尽量减少垂直流滤床的堵塞风险，应设计一个沉淀池。假设沉淀池分为3个格栅，沉淀时间约为1d，可计算得出必要的体积约为50m^3。

考虑到每个人口当量（p.e.）每天有30g污泥，平均含水量为95%，假设污泥清除间隔为3个月，水深为2m，沉淀时间为1d，可计算得出水箱所需面积为25m^2。

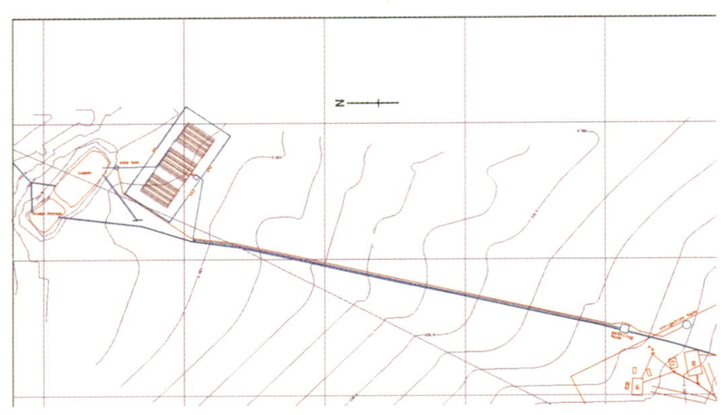

图11-14　场地规划示意图（MarkusLechner, 1998）

进水或处理类型

进水为马塔尼医院的污水。

垂直流人工湿地的实际设计规模为40m^3/d，相当于790人每天50L的用水量（220人为医院病人，440人为病人家属，130人为职工和访客）。该项目计划未来扩大到1140p.e.，但没有实现。在实际设计中，垂直流滤床的有机负荷为30kg BOD_5/d（设计的计算结果见附件）。

处理效率

在2004年6月至2006年3月期间，共采集6次样品，处理指标符合预期，满足乌干达所有相关法律要求（见表11-6）。

表11-6　乌干达排放标准（国家环境法规，1999）和测量的排放浓度（Miillegger and Lechner，2012）

参数	单位	乌干达法规	实测出水浓度		
			样本数量	平均值	标准差
COD	mg/L	100	6	86	48
BOD_5	mg/L	50	4	20	14
NH_4-N	mg/L	10	3	1.4	0.5
PO_4-P	mg/L	10	5	7.8	1.9
SO_4-S	mg/L	500	3	34.7	6.1
浊度	NTU	300	4	7.1	9.1
pH	—	6~8	5	7.1	0.7
EC	μS/cm	—	5	1550	147
温度	℃	—	4	25.8	2.1

运行和维护

运行和维护（O&M）手册提供了关于垂直流人工湿地的必要维护工作的详细信息，可为维护人员提供模板、说明和故障排除信息。马塔尼医院安排员工负责垂直流人工湿地系统的维护工作，坚持每日、每周、每月进行维护。

每日任务

- 温度和湿度。

1）测量给水系统顶部；

2）检查饮用水的水表；

3）记录水表读数。

- 污水计数器。

记录污水计数器读数。

- 给水系统。

1）检查功能；

2）检查计数器。

每周任务

- 污水管线：检查是否堵塞或损坏。
- 检查井：检查是否损坏。
- 检查室：检查堵塞情况、沉积物和流量。

每月任务

- 采集进水和出水样本，分析BOD_5、COD和NH_4-N。
- 检查垂直流人工湿地的入口处是否有固体沉积物。

除了这些定期任务，还需要每年清理一次化粪池，以确保垂直流人工湿地运行良好（Müllegger and Lechner，2011）。

成本

建设成本为78 000欧元（1998年），运行和维护成本没有单独计算，该项不详。

协同效益

生态效益

处理过的污水可回用于树木的灌溉。种植树木的主要目的是应对土壤流失、土壤条件退化等问题。使用处理过的污水灌溉的区域见图11-15。

社会效益

持续使用处理过的污水灌溉果树（见图11-15）可创造一些就业机会（灌溉、采摘等）。

图11-15　使用处理过的污水灌溉的区域

权衡取舍

每一次基础设施的改造和优化都需要大量资金，特别是长期的运行和维护。

经验教训

问题和解决方案

污水处理厂的运行和维护工作之所以能够维持良好状态是因为人们需要用其处理过的水进行灌溉。如同其他污水处理厂一样，如果没有协同效益如灌溉作为污水处理厂持续运行的动力，那么污水处理厂可能无法运作下去，因为法律标准没有得到严格执行，人们普遍缺乏对环境保护的敏感性，这些都无法促使人们主动在运行和维护方面投入资金。

原著参考文献

Brix, H. (1994). Functions of macrophytes in treatment wetlands. *Water Science and Technology* ***29****(4)*, 71–78.

Kadlec, R. H., Knight, R. L. (1996). Treatment Wetlands. CRC Press, Boca Raton, FL, USA.

Lechner, M. (2000). Wastewater treatment for reuse. In: Proceedings of the 26th WEDC Conference, Dhaka, Bangladesh.

Müllegger, E., Lechner, M. (2011). Constructed wetlands as part of EcoSan systems: 10 years of experiences in Uganda. In: Kantawanichkul, S. (ed.): IWA Specialist Group on Use of Macrophytes in Water Pollution Control, newsletter No. 38 (June), pp. 23–30.

Müllegger, E., Lechner, M. (2012). Comparing the treatment efficiency of different wastewater treatment technologies in Uganda. *Sustainable Sanitation Practice*, No **12**, 16–21.

National Environment Regulations (1999). Standards for Discharge of Effluent into Water or on Land. Statutory Instruments Supplement No.5/1999, Kampala, Uganda.

附件

$$A=\frac{Q}{k}[\ln(C_i-C^*)-\ln(C_o-C^*)]$$

式中：A为面积（m^2）；Q为污水量（m^3/d）；k为一阶平均速率常数（m/d）；C_i为进水浓度（mg/L）；C_o为出水浓度（mg/L）；C^*为本底浓度（mg/L）。

对两种不同水质（BOD_5）的进水面积进行计算：

cout=50mg/L BOD_5；

cout=100mg/L BOD_5；

选择的设计参数$C^*=3$和$k=0.13$m/d（Brix，1994）。

所需的表面积为：

$A=1063m^2$；

$A=785m^2$。

TSS的流出浓度使用两个值：

cout=25mg/L TSS；

cout=50mg/L TSS。

所需的表面积为：

$A=1059m^2$；

$A=805m^2$。

假设，所需的净化率为50mg BOD_5/L，选择所需表面积为1100m^2，相当于1.76m^2/p.e.（1p.e.=60g BOD_5/d和q=80L/d）。

附表　最终配置和预留升级的设计参数

平均水量 $40m^3/d$（实际）
平均水量 $50m^3/d$（未来）

	PE		与下水道的联系	BOD_5	给水 [g/(PE·d)]	通过沉淀来减少 实际 [g/(PE·d)]	通过沉淀来减少 未来 [g/(PE·d)]	ETP 的总负荷 实际（g/d）	ETP 的总负荷 未来（g/d）
1	病人	220	连接	1	48	33.6	33.6	7392	7392
2	病人家属	440	连接	2	48	33.6	33.6	14784	14784
3	职工和访客	130	连接	3	60	60	42	7800	5460
	实际	790						29976	
4	工作人员	250（60 个家庭）	尚未连接	4	48		33.6		8400
5	未来扩编	100（20 个家庭）	尚未连接	5	48		33.6		3360
	未来	1140							39396

N	给水 [g/(PE·d)]	通过沉淀来减少 实际 [g/(PE·d)]	通过沉淀来减少 未来 [g/(PE·d)]	ETP 的总负荷 实际（g/d）	ETP 的总负荷 未来（g/d）
1	9.6	6.72	6.72	1478.4	1478.4
2	9.6	6.72	6.72	2956.8	2956.8
3	12	12	8.4	1560	1092
				5995.2	
4	9.6		6.72		1680
5	9.6		6.72		672
					7879.2

第 12 章
法式垂直流人工湿地

作 者 卡萨丽娜 · 通德拉（Katharina Tondera）
法国维勒班市F-69625法国国家农业食品与环境研究院水回用研究所
（INRAE, REVERSAAL, F-69625 Villeurbanne, France）
联系方式：katharina.tondera@inrae.fr

阿纳克莱托 · 里佐（Anacleto Rizzo）

意大利佛罗伦萨维亚拉马尔莫拉路51号易迪拉公司
（Iridra Srl, Via La Marmora 51, 50121 Florence, Italy）

帕斯卡 · 莫尔（Pascal Molle）
法国维勒班市F-69625法国国家农业食品与环境研究院水回用研究所
（INRAE, REVERSAAL, F-69625 Villeurbanne, France）

概 述

法式垂直流人工湿地（French VFTW）（见图12-1）是一种特殊配置的垂直流人工湿地（VFTW），由两个连续的垂直流人工湿地和不同的过滤介质组成。针对温带气候专门设计具体的操作方案——交替在3个一级滤床和2个二级滤床上进水——允许在通过一个简单的过滤装置后对原始污水进行处理。特别需要指出的是，用于处理原始污水的一级滤床通常也被称为法式芦苇床（FRB）。污泥在表面堆积并矿化，法式芦苇床的孔隙大小允许在10~15年内不清除沉积物（最大为20cm）的情况下运作。二级滤床通常是经典的垂直流滤床（VF），是法国常见的滤床，但它可以被其他湿地滤床取代，以满足特定环境的水质规定（例如，用于反硝化的水平水槽，HF）。近年来，法式垂直流人工湿地逐步发展，也适用于热带地区。

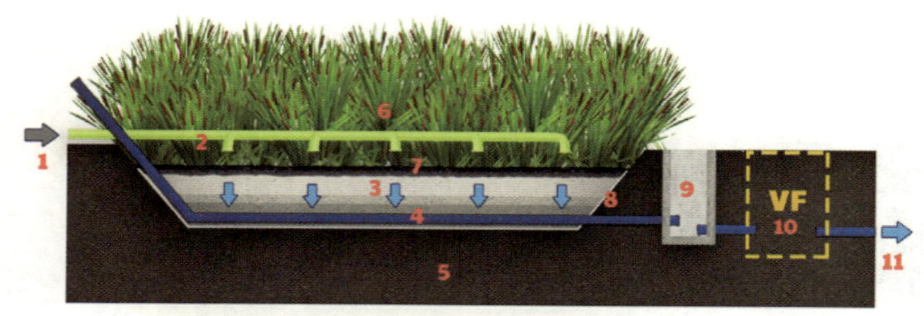

图12-1 法式垂直流人工湿地示意图

1—进水口；2—加水系统；3—多孔介质层；4—排水系统；5—原土层；6—植物；7—污泥层；8—防水膜；9—检修井；10—二级滤床；11—出水口

优点	缺点
● 污泥管理简便，原始污水给水简单（减少运行和维护成本） ● 可以在合流制和分流制系统中运行 ● 可以稳定抵抗污染负荷的波动 ● 没有蚊虫滋生的风险，没有特殊气味 ● 与水平流人工湿地（HF）相比，堵塞风险较小 ● 低能耗（通过重力作用供给） ● 在微观层面（建筑物）具有再利用潜力（冲厕、灌溉等） ● 污泥处理经济且能源使用率高 ● 高质量的产品和多样性的再利用方式 ● 具有较高的营养物质再利用的可能性	● 给水系统需要机械（虹吸管）或机电（泵）部件

协同效益

高	水资源再利用	污泥产量			
中	生物多样性（动物）	生物质产出			
低	生物多样性（植物）	碳汇	景观价值	娱乐	缓解暴雨峰值影响

与其他NBS的兼容性

根据出水质量目标，初级处理可与任何一种人工湿地系统相结合。

案例研究

在本书中

- 摩尔多瓦奥尔黑市的法式垂直流人工湿地；
- 法国沙莱克斯人工湿地：处理生活污水和雨水的法式系统人工湿地；
- 法国陶皮尼埃人工湿地：热带地区生活污水的不饱和或饱和法式垂直流人工湿地。

运行和维护

每日维护

- 检查分批给水系统是否正常运行，过滤器是否需要更换（每周 2 次）
- 定期清洗粗粒筛
- 清理杂草（每月 1 次）
- 检查有机沉积物高度，修剪芦苇（在热带气候，植物的维护频率可能更高）（每年 1 次）

特殊维护

- 第一个生长季节需要清理杂草
- 至少每 10~15 年清除一次沉积层

故障排除

- 如果过滤系统的水力负荷持续过载，则一级滤床易堵塞

NBS 技术细节

进水类型

- 生活污水

处理效率

- COD >90%
- BOD_5 ~93%
- TN 20%~60%
- NH_4-N 60%~90%
- TP 10%~22%
- TSS >90%

要　求

- 净面积要求：每人 $2m^2$
- 电力需求：可通过重力流运行，否则需要配备水泵

其他

- 温带气候：3 个一级滤床（给水 3.5d，间隔 7d）和 2 个二级滤床（给水 3.5d，间隔 3.5d）间歇性给水（进水）
- 热带气候：2 个一级滤床（给水 3.5d，间隔 3.5d）

原著参考文献

Dotro, G., Langergraber, G., Molle, P., Nivala, J., Puigagut, J., Stein, O.R., von Sperling, M. (2017). Treatment wetlands. Biological Wastewater Treatment Series, Volume 7, IWA Publishing, London, UK, 172 pp.

Molle, P., Lombard Latune, R., Riegel, C., Lacombe, G., Esser, D., Mangeot, L. (2015). French vertical-flow constructed wetland design: adaptations for tropical climates. *Water Science & Technology*, **71**(10), 1516–1523.

Morvannou, A., Forquet, N., Michel, S., Troesch, S., Molle, P. (2015). Treatment performances of French constructed wetlands: results from a database collected over the last 30 years. *Water Science & Technology*, **71**(9), 1333–1339.

Paing, J., Guilbert, A., Gagnon, V., Chazarenc, F. (2015). Effect of climate, wastewater composition, loading rates, system age and design on performances of French vertical flow constructed wetlands: a survey based on 169 full scale systems. *Ecological Engineering*, **80**, 46–52.

Rizzo, A., Bresciani, R., Martinuzzi, N., Masi, F., (2018). French reed bed as a solution to minimize the operational and maintenance costs of wastewater treatment from a small settlement: an Italian example. *Water*, **10**(2), 156.

NBS 技术细节

设计标准

- 一级滤床（FRB）：≥30cm 过滤层（砾石，2~6mm），10~20cm 过渡层（砾石，5~15mm），20~30cm 排水层（砾石，20~60mm）
- 二级滤床（VF）：≥30cm 过滤层（沙，0~4mm），10~20mm 过渡层（砾石，4~10mm），20~30cm 排水层（砾石，20~60mm）
- 水力负荷（HLR）：运行过程中，滤床最多负荷雨水 $1.8m^3/m^2/d$，干燥天气 HLR $0.37m^3/m^2/d$
- 有机负荷率（OLR）：一级滤床最大负荷 350 g $COD/m^2/d$
- 总固体悬浮物（TSS）：一级滤床最大负荷 150 $g/m^2/d$

常规配置

- FRB-VF（法式方案 - 两级滤床）
- FRB-HF
- FRB-HF 无水面人工湿地（FWS-TW）

气候条件

- 为温带和热带气候优化配置

12.1

摩尔多瓦奥尔黑市（Orhei municipality）的法式垂直流人工湿地

项目背景

奥尔黑市有一个旧的大功率污水处理厂（WWTP）位于山顶，成本非常高，需要将生活污水在处理前用泵抽上来（见图12-2和图12-3）。这个污水处理厂现已不再能有效地处理整个城市的污水。正因如此，摩尔多瓦政府在世界银行的资助下进行相关的可行性研究，决定使用法式垂直流人工湿地（French VFTW）将之取代。世界银行的顾问将湿地（TWs）与其他技术（活性污泥、序批式反应器和渗滤装置）进行了比较，最终根据当地经济可负担的最高水价将运行成本降到最低的原则，选择了法式垂直流人工湿地。奥尔黑市的法式垂直流人工湿地的设计和施工监督由世界银行推动并资助，并由Posch & Partners（奥地利）、SWS Consulting、Iridra and Hydea（意大利）组成的国际合资企业施工。项目的实施由欧盟、摩尔

NBS 类型

- 法式垂直流人工湿地（法式湿地）

位　置

- 摩尔多瓦奥尔黑市

处理类型

- 使用法式芦苇床（FRBs）和垂直流人工湿地进行初级和二级处理

成　本

- 340 万欧元（2013 年）

操作日期

- 2013 年至今

面　积

- 5hm^2（净面积）

作者

法比奥·马西（Fabio Masi）

阿纳克莱托·里佐（Anacleto Rizzo）

里卡多·布雷西亚尼（Ricardo Bresciani）

意大利佛罗伦萨维亚拉马尔莫拉路51号易迪拉公司

（IRIDRA Srl, via Alfonso La Mamora 51, Florence, Italy）

联系方式：阿纳克莱托·里佐，rizzo@iridra.com

多瓦环境部和世界银行共同资助，建设由项目实施单位招标，中标者为德国合资企业黑旦特-生桓（Heilit - BioPlanta）。

技术汇总表见表12-1。

图12-2　奥尔黑市法式垂直流人工湿地污水处理厂位置示意图（47° 22′ 15.85″ N，28° 46′ 49.47″ E）

（a）场景图

（b）鸟瞰图

图12-3　奥尔黑市法式垂直流人工湿地污水处理厂

表 12-1　技术汇总表

来水类型	
生活污水、小型工厂污水（例如，果汁厂）	
设计参数	
入流量（L/s）	现有：平均 1000m^3/d；峰值 1900m^3/d（2013—2015 年监测数据） 未来：2100~2700m^3/d（设计值）
人口当量（p.e.）	最高可达 20 000（设计参数）
面积（m^2)	一级法式芦苇床（FRB）：17 956 二级垂直流人工湿地：16 992 合计：34 948
人口当量面积（m^2/p.e.)	一级法式芦苇床 (FRB)：0.90（设计值） 二级垂直流人工湿地：0.85（设计值） 合计：1.75（设计值）
进水参数	
BOD_5（mg/L）	106（平均值——监测数据）
COD（mg/L）	222（平均值——监测数据）
TSS（mg/L）	583（平均值——监测数据）
NH_4-N（mg/L）	47（平均值——监测数据）
大肠杆菌（菌落形成单位，CFU/100mL）	10^6（设计值）
出水参数	
BOD_5（mg/L）	15（平均值——监测数据）
COD（mg/L）	32（平均值——监测数据）
TSS（mg/L）	23（平均值——监测数据）
NH_4-N (mg/L)	16（平均值——监测数据）
大肠杆菌（CFU/100mL）	$<5\times10^3$（设计值）
成本	
建设	3 387 000.00 欧元
运行（年度）	85 000.00 欧元

设计和建造

奥尔黑市法式垂直流人工湿地占地面积为5万m^2，采用法式系统的原理进行设计，由两级净化装置组成：第一级是法式芦苇床（FRBs），入水为污水原水，可去除大部分TSS、COD和氨；第二级是垂直流人工湿地，可优化处理过程并完成硝化作用。有4条平行工作的双阶段处理流水线，每条流水线的法式芦苇床和垂直流人工湿地面积为4489m^2和4248m^2。根据法式系统的指导方针和概念，唯一的预处理阶段是去除沙砾阶段，没有传统的初级处理，如化粪池或英霍夫化粪池。预处理过的污水被送至两个中间带有泵站的1200m^3的平衡池。设置平衡池的目的是更好地分配每日峰值和季节峰值，特别是工业污水的峰值。平衡池配有混合器和曝气装置，可以进行一定程度的预曝气，并配备4台离心式潜水泵，以独立供给每条管道的第一级法式芦苇床。4个泵站用来自第一级法式芦苇床的污水为第二级垂直流人工湿地供水；每个泵站有4台离心式潜水泵，交替为每个垂直流人工湿地供水，并安装一个带有次氯酸钠的氯化装置，用于紧急消毒（见图12-4）。最后的抽水系统将处理过的污水排放到鲁特河（Raut River）的一条支流。

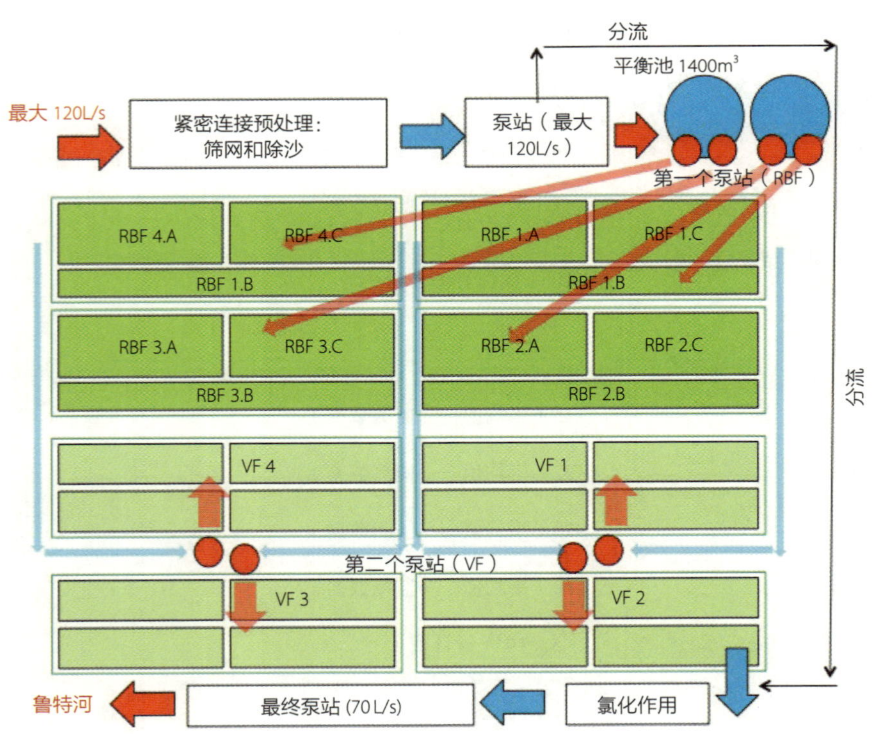

图12-4　奥尔黑市法式垂直流人工湿地污水处理厂示意图

进水类型或处理

法式垂直流人工湿地旨在为奥尔黑市服务，该市有33 300名居民，还有一些小型工厂（例如，果汁厂）。在采样活动期间（2013年11月—2015年3月），由于将奥尔黑市所有居民的生活污水收集到法式垂直流人工湿地污水处理厂的工作尚未完成，因此污水处理厂接收的水量低于设计值，平均水力负荷为（1014 ± 275）m^3/d，峰值为1926m^3/d。根据摩尔多瓦的相关法律，该污水处理厂必须遵守以下排放规则：TSS小于35mg/L，COD小于125mg/L，BOD_5小于25mg/L。由于尾水没有被归类为对富营养化敏感的污水，因此没有关于氨氮参数的排放限制。尽管如此，奥尔黑市法式垂直流人工湿地的设计依然考虑了减少接收水体的氨负荷规则。

处理效率

第一级法式芦苇床在去除悬浮物、COD和BOD_5方面效率很高（根据监测的平均值，悬浮物、COD和BOD_5的去除率分别为89%、73%和73%），全年都可达到要求的污水质量标准。第二级垂直流人工湿地的贡献也不可忽视（根据监测的平均值，悬浮物、COD和BOD_5的去除率分别为63%、44%和42%）。至于氨的去除，第一级法式芦苇床的去除率尚可接受（32%，基于平均值），第二级垂直流人工湿地是去除氨氮的一个重要步骤，平均硝化率高达44%。此外，奥尔黑市法式垂直流人工湿地在非常低的温度下也能满足出水的水质标准（监测期间最低气温为–27℃），表现出能够持续有效去除TSS、COD和BOD_5的作用，而且不受季节影响。但是，在冬季，硝化作用会受到部分抑制。

运行和维护

所有的运行和维护工作都由没有经过专业训练的人员完成，可分为常规维护和特殊维护。

常规维护工作的目的是保持项目设施有效运作，主要内容包括：

- 检查混凝土结构；
- 为钢结构涂漆和润滑；
- 平整和修复道路；
- 检查发动机的油位和润滑油；
- 检查电气保护和绝缘性能；
- 检查护坡是否有侵蚀和冲刷损害问题；
- 目视检查杂草、植物健康或虫害问题。

当任一设施损坏时，应进行特殊维护。

成本

总支出为3 387 156.13欧元，包括以下项目：

- 土方工程；
- 人工湿地建设（填充介质、衬垫、土工织物、植物）；
- 初级处理单元；
- 均衡池和主泵站；
- 氯化池；
- 二级泵站；
- 管道工程；
- 建筑物；
- 外排泵站；
- 出水管道；
- 道路、停车场和绿化；
- 栅栏和大门；
- 电气工程。

运行费用估计为每年85 000欧元，包括以下项目：

- 能耗（约30 000欧元/a）；
- 人员薪酬（约30 000欧元/a）；
- 附加的操作、监测和维护工作（取样、簧片和绿色维护等，约25 000欧元）。

奥尔黑市法式垂直流人工湿地由欧盟、摩尔多瓦环境部和世界银行共同出资建设。

协同效益

奥尔黑市法式垂直流人工湿地没有设计多种功能，它作为本书的一个研究案例，主要展示了NBS如何在中等程度范围和大范围内建造。当然，法式垂直流人工湿地可以实现一些协同效益，包括耦合水–能源–食物等要素关系。此外，其规模使得这些协同效益具有很大的潜在影响。

社会效益

奥尔黑市法式垂直流人工湿地的次表层种植的是澳大利亚葭莩，每年的收割量约70t（$2kg/m^2$）（Avellan et al.，2019）。这种衍生品可被大量应用于沼气生产，构成水和能源的耦合关系。在能量方面，收割的生物质能每年转化的能量值为1260GJ（18MJ/kg）（Avellan et al.，2019）。另外，通过收割和加工芦苇，可以额外获得几种产品（见图12-5）。

图12-5　法式芦苇床获取的各类生物质产品

奥尔黑市法式垂直流人工湿地使用的是经典的法式系统，即第一级法式芦苇床，第二级垂直流人工湿地。该系统排放的是硝化污水，即富含营养物质（硝酸盐和磷）的水，可以用于施肥。第一级法式芦苇床已经形成的高硝化阶段（Millot et al.，2016）可以提供更紧凑的解决方案。实际情况是，如果污水处理厂与施肥再利用相结合，那么只能使用单一的法式芦苇床（Masi et al.，2018）。在这种情况下，必须注意当地法规对回用处理过的污水的病原体含量的要求。此外，出于对能源的考量，建议将处理过的污水回用于不可食用的作物或生物质（如短轮种植作物）。

权衡取舍

奥尔黑市法式垂直流人工湿地的设计只考虑了水质目标，无须对其进行利弊权衡。若考虑到两种已确定的潜在协同效益，即营养物回收和生物质的能源回收，则可能会出现以下潜在的权衡取舍：处理系统应邻近回用地点（即位于施肥的作物或厌氧硝化器附近），但土地价值和投资成本较高。

为满足当地再利用的消毒标准，投资成本较高，土地占用较多，但其在不同的再利用类型（如加工食品或非加工食品）中可能有所不同。

经验教训

问题和解决方案

（1）在发展中国家将污水处理的运行和维护成本降至最低。

世界银行的顾问对人工湿地与其他常见系统（活性污泥、序批式反应器和渗滤器）进行比较后，选择法式垂直流人工湿地处理技术，以当地经济状况最大的可承受水价将运行成本降到最低。之所以选择法式系统是因为传统的初级处理（化粪池或英霍夫化粪池）具有年际成本和随之而来的初级污泥的管理成本（Rizzo et al.，2018）。

（2）理想状态下NBS的最大规模。

目前，利用湿地处理大中型城镇生活污水的主要限制因素与一些关于NBS的最大规

模的普遍看法有关。事实上，许多指南都指出，利用湿地处理污水是中小型社区的最佳选择之一。然而，从理论方面看，除了土地的可用性和成本，二级和三级处理的应用没有规模上限。奥尔黑市法式垂直流人工湿地的案例证实，当土地可用且成本允许时，湿地系统应用于城市污水处理没有任何上限。经过适当规划，大型城市也可以采用NBS，这样可以最大限度地减少灰色基础设施（如下水道系统）的建设，而且能够节省运行和维护成本。此外，城市也可开辟空间建设几个功能性绿地。

（3）低温气候。

人工湿地（TWs）的另一个主要问题是不适合在寒冷的气候下使用。奥尔黑市法式垂直流人工湿地的案例证实，法式垂直流人工湿地在寒冷气候下对TSS、COD和BOD_5的去除率没有下降。如果在寒冷季节需要高硝化作用，那么可以采用适当的解决方案（如保温）。（关于寒冷气候下法式芦苇床去除率的更多信息见参考文献Proust-Boucle et al., 2015）

用户反馈或评价

水务公司（Apa Canal）对奥尔黑市法式垂直流人工湿地的低运行和维护成本及其全年表现非常满意。

原著参考文献

Avellán, T. and Gremillion, P. (2019). Constructed wetlands for resource recovery in developing countries. *Renewable and Sustainable Energy Reviews*, 99, 42-57.

Masi, F., Bresciani, R., Martinuzzi, N., Cigarini, G. and Rizzo, A. (2017). Large scale application of French reed beds: municipal wastewater treatment for a 20,000 inhabitants town in Moldova. *Water Science and Technology*, **76**(1), 68–78.

Masi, F., Rizzo, A. and Regelsberger, M. (2018). The role of constructed wetlands in a new circular economy, resource oriented, and ecosystem services paradigm. *Journal of Environmental Management*, **216**, 275–284.

Millot, Y., Troesch, S., Esser, D., Molle, P., Morvannou, A., Gourdon, R. and Rousseau, D.P. (2016). Effects of design and operational parameters on ammonium removal by single-stage French vertical flow filters treating raw domestic wastewater. *Ecological Engineering*, **97**, 516–523.

Prost-Boucle, S., Garcia, O. and Molle, P. A. (2015). French vertical-flow constructed wetlands in mountain areas: how do cold temperatures impact performances? *Water Science and Technology*, **71**(8), 1219–1228.

Rizzo, A., Bresciani, R., Martinuzzi, N. and Masi, F., (2018). French reed bed as a solution to minimize the operational and maintenance costs of wastewater treatment from a small settlement: an Italian example. *Water*, **10**(2), 156.

12.2

法国沙莱克斯（Challex）人工湿地：处理生活污水和雨水的法式系统人工湿地

项目背景

用于处理生活污水的法式垂直流人工湿地系统在法国的应用已十分普遍（迄今为止，已有5000多家污水处理厂在应用），它可以进行深度碳处理和硝化处理，平均出水浓度和去除率为TSS 17mg/L（93%），TKN 11mg/L（84%），COD 74mg/L（87%）（Morvannou et al.，2015）。尽管这种人工湿地系统最初是为分流制污水管道设计的，但莫利（Molle）等（2005）开展的工作表明，其在雨天接受高水力负荷时表现出较好的稳定性。法国的指导方针为，进行人工湿地设计时须考虑暴雨事件（Molle et al.，2006），但是水力限制没有规定，很难实施优化设计。技术汇总表见表12-2。

作者

阿尼娅·莫凡诺（Ania Morvannou）

帕斯卡·莫尔（Pascal Molle）

法国维勒班市F-69625法国国家农业食品与环境研究院水回用研究所

（INRAE, REVERSAAL, F-69625 Villeurbanne, France）

联系方式：帕斯卡·莫尔，pascal.molle@inrae.fr

NBS 类型 (NBS)

- 法式垂直流人工湿地（French VFTWs）

位　置

- 法国安省（Ain）沙莱克斯

处理类型

- 法式垂直流人工湿地提供初级和二级处理

成　本

- 施工成本：184.75 万欧元
- 运行成本：每年每人口当量（p.e.）5~10 欧元

操作日期

- 2010 年至今

面　积

- 第一级：2580m^2
- 第二级：1425m^2
- 总面积：4000m^2
- 容量：2000 人口当量（p.e.）

表 12-2 技术汇总表

来水类型	
生活污水和雨水	
设计参数	
入流量（m^3/d）	301
人口当量（p.e.）	2000
面积（m^2）	4000
人口当量面积（$m^2/p.e.$）	2
进水参数	
BOD_5（mg/L）	317
COD（mg/L）	797
TSS（mg/L）	397
TKN（mg/L）	80
出水参数	
BOD_5（mg/L）	12
COD（mg/L）	30
TSS（mg/L）	4.3
TKN（mg/L）	7
成本	
建设	总额：1 847 500 欧元；人均 923.75 欧元
运行（年度）	每年每人 5~10 欧元

沙莱克斯污水处理厂（见图12-6）位于法国罗讷-阿尔卑斯地区，毗邻罗讷河，于2010年4月投入使用，专门用于处理覆盖60hm^2生活集水区的合流污水，其目的是在同一单元中处理湿润和干燥天气下的流量。该污水处理厂由瑟普（SCIRPE）公司建造。研究工作由法国国家农业食品与环境研究院（INRAE）（前身为Irstea）承担，主要在2013年路易斯·阿里亚斯（Luis Arias）的博士研究期间进行。这项研究的主要目的是确定湿地长期的水力特性，定量研究降雨事件的接受限值，并确定法式垂直流人工湿地在湿润

和干燥天气条件下的处理设计规则。出于研究目的，设计改变了运行参数（流量分布、交替、积水的水平等），以及不同位置的安装监测设备，以便进行水力性能的在线监测。

图12-6 沙莱克斯污水处理厂位置示意图（46° 10′ 31.7″ N，5° 59′ 2.9″ E）

设计和建造

根据法国的指南，污水处理厂由两个垂直流人工湿地组成，设计表面积为平均每人 $2m^2$（Molle et al.，2005）。第一级由3个平行的单元组成（$861m^2$），用于接收原水（进行污泥和污水处理）。第二级由2个平行的单元组成（$712.5m^2$）（见图12-7）。所有过滤单元深度都是0.8m。它们由不同层的砾石材料（第一级）或沙砾材料（第二级）组成，粒径从上而下增大。滤床内部配有不透水层（防渗膜），还设有排水或曝气管道，可促进过滤器底部的曝气。与经典的法式垂直流人工湿地的不同之处在于其设计时考虑了暴雨事件。

首先，污水处理厂的入口处装有一个分流器。对于流量低于标称旱季流量（$100m^3/h$）8倍的入水，经筛网（10mm）和给水系统（给水系统和给水管道）过滤。对于流量高于标称旱季流量8倍至 $3600m^3/h$ 的入水，多余的污水通过雨水给水系统过滤。污水经过筛网（100mm和40mm）和沙砾层后，再通过第一级系统一侧的通道不均匀地溢出到滤床上。对于流量大于 $3600m^3/h$ 的原水，污水处理厂的上游有一个联合污水处理厂的溢流口，可保护该污水处理厂免受这些极端暴雨事件的影响。

其次，增加自由水面空间（指过滤系统的地形表面和自由水面之间的垂直距离），使得第一级系统的顶部可以留存多余的水。第一级系统的有机沉积层可作为水力限制器使用（发挥调蓄功能，避免极端天气因水过多而损坏系统）（Molle，2014）。在极端事件中，第一级系统临时发挥类似调蓄池的功能，使水流在一段时间内保持平稳状态，并确保由过滤系统处理。缓冲区可以使水面自由空间在过滤系统表面以上50~70cm之间调整。在过滤系统的对面，通过一个溢流口调整自由水位，从而保护过滤系统免受过多积水的影响。通过这种方式，下暴雨时，雨水可以留存。

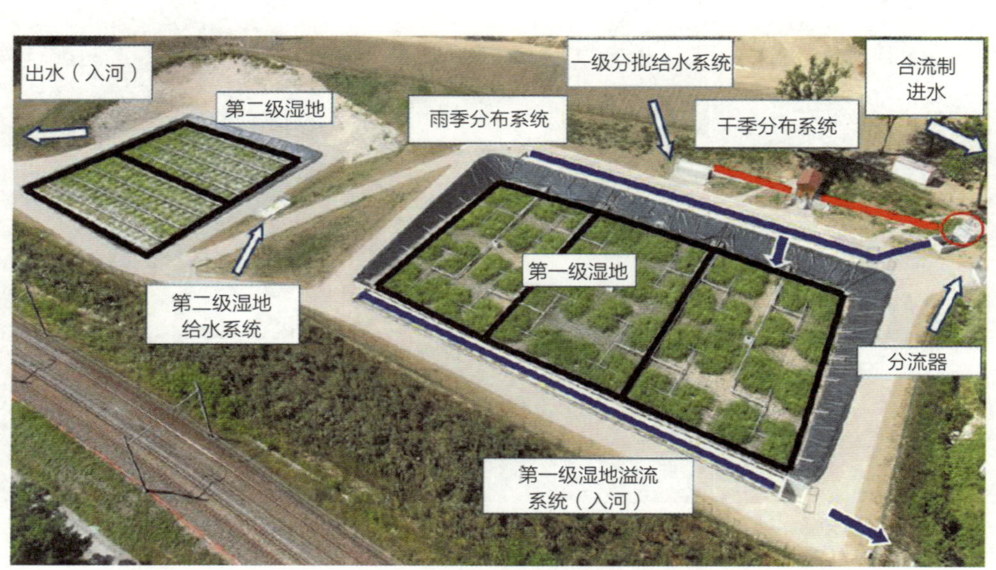

图12-7 沙莱克斯污水处理厂结构示意图

最后，给水期间和非给水期间的过滤系统的交替使用不仅由时间决定（第一级为3.5/7d，第二级为3.5/3.5d），而且还根据给水期间的累积水力负荷决定。如果水流通过正常的给水系统，并在给水期间产生1.8m的累计水力负荷，那么过滤系统会自动交替使用，以利于过滤系统再次补充氧气。

进水或处理类型

法式垂直流人工湿地接收2000人口当量的生活污水，以及由合流系统（总长14km）收集的不透水区域的雨水。区域每年的平均降水量约为820mm。冬季是一年中水力最强的时期，频繁出现强降水（高达40mm/d），这使得污水处理厂的进水量达到5500m^3/d（是名义旱季流量的18倍）。入水的颗粒物含量很高，主要成分是碳，这可能与沙莱克斯村高坡度和短距离的污水系统有关。NH_4-N和NK的比率略低于法国小型社区的常规值（约0.74）。COD和BOD_5的比值表明，污水完全可以被生物降解。

处理效率

监测数据表明，即使在高达2.26m/d的水力负荷下（设计值6.5倍），整个系统也没有出现任何问题。无论水力负荷如何，悬浮固体和化学需氧量的去除率都是相似的，尽管由于暴雨事件产生的污染物负荷变化很大，但这表明该系统适用于广泛的水力负荷。总凯氏氮（TKN）的去除率受水力负荷影响更大。在降雨事件中，TKN的去除性能是不同的。污水处理厂对TSS、COD和TKN的去除率分别为98%、93%和91%。过滤系统的缓冲作用可以解释其高去除率。第一级和第二级的去除率与在80多个不同的法式系统中观察到的水平相当。COD和TSS的出口浓度分别低于30mg/L和4.3mg/L。这些稳定的处理性能突出了该污水处理厂在应对过度水力负荷时的抗污染负荷波动。就TKN而言，该污水处理厂可以在出口处始终将TKN浓度降低到7.4mg/L以下。这表明污水处理厂在去除TKN方面具有一定稳定性。在两年半的连续水力监测中，污水处理厂有50%的时间出现水力过载。运行中的过滤系统承受的最大水力负荷为5.32m/d，而观察到的事件中只有不到1%超过额定水力负荷（3.48m/d）的10倍。由此可见，法式垂直流人工湿地在暴雨事件中表现出了较强的抗负荷波动能力。

运行和维护

在不超过2000人的小型社区，法式垂直流人工湿地是一个受欢迎的污水处理方案，因为它不需要额外的能源支持（当坡度高时），并且维护需求较低。这种对需求和成本的低要求使得垂直流人工湿地在投资成本可以得到补贴的法国小型社区具有吸引力。维护任务为每周两次，包括处理系统的检查和控制（雨天清洁过筛系统，控制过筛和进水系统，控制过滤器之间的交替衔接，等等）。植物（澳大利亚葭草）需要每年收割一次，有机沉积层需要每10~15年清除一次，这些沉淀物可以回用于农业土地。

成本

成本包括土方工程、材料、设备、自动化和监控控制与数据采集（SCADA）系统、场地布局、过滤器，以及处理性能控制系统，总成本为1 847 500欧元，运行成本为每年每人5~10欧元。

协同效益

生态效益

通常情况下，用于处理生活污水的法式垂直流人工湿地没有足够大的面积来增加生物多样性，但是可以为当地动物提供替代栖息地。沙莱克斯污水处理厂的主要生态作用

是其稳健的处理性能，可避免雨天溢流。由此可见，生态效益是该污水处理厂对水体质量的积极影响。

社会效益

沙莱克斯垂直流人工湿地操作简单，社区可以自己维护。此外，这里也是沙莱克斯居民休闲活动的好去处。

问题和解决方案

经过分析，即使在高水力负荷条件下，法式垂直流人工湿地也没有出现任何问题。一级系统和二级系统的处理率与在400多个不同的法式垂直流人工湿地中观察到的水平相当（Morvannou et al.，2015）。法式垂直流人工湿地设计中的边际调整（即使用更高的自由浮板和雨水进水通道）可以保证系统具有高有氧性能，还可以省去将合流管改造为分流管的高投资成本，这在某些情况下可能是个问题。

设计这个系统时需要了解管网的特性及其对雨天的动态响应。对沙莱克斯人工湿地的研究确定了污水留存的时间限制，以确保多孔介质有足够的被动曝气，避免堵塞和处理率降低。建议的污水留存时间限制是每日最大累计积水时间15.5h，最大连续积水时间7h。因此，过滤系统的表面和自由板可能需要对过滤系统进行水力模拟。阿里亚斯等（Arias et al.，2014）提出了一个可用于此类设计的模拟流量和积水的简化模型。

设计师需要了解雨水和地下水及冰雪融水对系统的影响之间的区别。雨水可以在短时间内到达污水处理厂（根据流域大小的不同，时间为几小时到一两天不等），而来自高水位的水或冰雪融化的水可以持续几个月。地下水或冰雪融水会影响过滤系统的功能，并可能导致过滤系统堵塞，需要在“晴天”设计中考虑这一点，运行中的过滤系统限制为0.7m/d。

影响雨水设计的本地化参数与流域的不透水率及气候条件有关。流域坡度或雨期的变化可能导致雨水流速增加，从而增加过滤系统的滞留时间。为了克服这些问题，本地化的设计研究至关重要，可以进行以下调整。

对于降雨频率较低但降雨强度较大的气候类型，设计方面的调整比较简单，在一级系统上建造0.7m的自由浮板，同时保持一级系统的过滤面积为1.2~1.5m²/p.e.，二级系统的过滤面积为0.8~1m²/p.e.。

对于降雨频率较高但降雨强度较低的气候类型，设计方面的调整重点是在一级系统上设置0.7m的缓冲区，一级系统的过滤面积为1.5m²/p.e.，二级系统的过滤面积为1m²/p.e.。

原著参考文献

Arias, L. (2013). Vertical-flow constructed wetlands for the treatment of wastewater and stormwater from combined sewer systems. PhD thesis. INSA Lyon/Irstea, Lyon, France. 233 pp.

Arias, L., Bertrand-Krajewski, J.-L., Molle, P. (2014). Simplified hydraulic model of French vertical-flow constructed wetlands. *Water Science and Technology*, **70**(5), 909–916.

Molle, P., Liénard, A., Boutin, C., Merlin, G., Iwema, A. (2005). How to treat raw sewage with constructed wetlands: an overview of the French systems. *Water Science and Technology*, **51**(9), 11–21.

Molle, P., Liénard, A., Grasmick, A., Iwema, A. (2006). Effect of reeds and feeding operations on hydraulic behaviour of vertical flow constructed wetlands under hydraulic overloads. *Water Research*, **40**(3), 606–612.

Morvannou, A., Forquet, N., Michel, S., Troesch, S., Molle, P. (2015). Treatment performances of French constructed wetlands: results from a database collected over the last 30 years. *Water Science and Technology*, **71**(9), 1333–1339.

12.3

法国陶皮尼埃（Taupinière）人工湿地：热带地区生活污水的不饱和或饱和法式垂直流人工湿地

项目背景

大多数热带岛屿的卫生设施，特别是小城市和农村地区的卫生设施，面临相同的问题：人口快速增长；劳动力有限；财政资源短缺；污泥管理解决方案较少；热带降雨模式导致天气多变。在这种情况下，与其他系统（连同额外的初级处理）相比，以原水为原料的法式垂直流人工湿地（French VFTWs）（Molle et al.，2005；Dotro et al.，2017）为污水处理提供了保障，同时为污泥管理提供了一种简单的解决方案。最近，在法国海外领土，如马提尼克岛，开展了适用于热带气候的法式垂直流人工湿地研究（Molle et al.，2015）。在标准设计中，湿地的尺寸取决于运行状态下滤床可接受

作者

雷米·伦巴德-拉图恩（Rémi Lombard-Latune）

帕斯卡·莫尔（Pascal Molle）

法国维勒班市F-69625法国国家农业食品与环境研究院水回用研究所

（INRAE, REVERSAAL, F-69625 Villeurbanne, France）

联系方式：帕斯卡·莫尔，pascal.molle@inrae.fr

NBS 类型 (NBS)

- 法式垂直流人工湿地（French VFTWs）和简易滴滤池（TF）

位　置

- 法国马提尼克岛迪亚曼特镇陶皮尼埃（Taupinière, Le Diamant, Martinique Island, France）

处理类型

- 采用热带地区生活污水的不饱和或饱和法式垂直流人工湿地，连接简易滴滤池进行污水的初级和二次处理

成　本

- 137 万欧元，人均 1522 欧元

操作日期

- 2014 年至今

面　积

- 一级处理系统：720m^2
- 二级处理系统（滴滤池）：116m^2
- 容量：900 人口当量（p.e.）

的有机负荷，即COD为350g/m^2/d（Dotro et al.，2017）。只使用一级系统的两个平行过滤池，交替给水3.5d，就可以构建一个每人口当量（p.e.）低于1m^{2}总表面积的小型经典热带方案。技术汇总表见表12-3。

表12-3　技术汇总表

来水类型	
生活污水	
设计参数	
入流量（m^3/d）	180
人口当量（p.e.）	900
面积（m^2）	836
人口当量面积（m^2/p.e.）	0.93（0.8VFTW+0.13TF）
进水参数	
BOD_5（mg/L）	482
COD（mg/L）	952
TSS（mg/L）	396
TKN（mg/L）	92
出水参数	
BOD_5（mg/L）	一级系统出水：31，出水：16
COD（mg/L）	一级系统出水：100，出水：41
TSS（mg/L）	一级系统出水：19，出水：7.5
TN（mg/L）	一级系统出水：29，出水：3.3
NH_4-N（mg/L）	一级系统出水：31，出水：29
成本	
建设	总额：1 370 000欧元；人均1522欧元
运行（年度）	每年每人7~10欧元

然而，仅有一级处理系统的垂直流人工湿地并不能实现完全的硝化作用，也不能实现完全的脱氮。在温带气候条件下，不饱和或饱和垂直流过滤池比标准的一级不饱和垂直流过滤池的效率更高，同时能促进饱和层的反硝化作用。在温带气候条件下，不饱和或饱和滴滤池比标准的单级不饱和滴滤池效率更高（Prigent et al.，2013；Silveira et al.，2015；Morvannou et al.，2017），而且可以促进饱和层的反硝化作用。改善总氮（TN）的去除率不是唯一的好处，因为反硝化过程也使用碳，而饱和区由于流速较低，可以捕获总悬浮固体（TSS）。实施再循环可以将TN的去除率提高到70%以上（Morvannou et al.，2017）。种植蝎尾蕉和风车草的陶皮尼埃不饱和或饱和法式垂直流人工湿地见图12-8。

图12-8　种植蝎尾蕉和风车草的陶皮尼埃不饱和或饱和法式垂直流人工湿地

在热带气候条件下，当地很难获取沙子，无法利用沙子建造法式垂直流人工湿地。为了保持整体紧凑性并提高其出水质量，不饱和或饱和垂直流人工湿地（US/S VFTW）可能是一个有效的解决方案。陶皮尼埃（马提尼克岛迪亚曼特镇）建造了一个大规模的污水处理厂。该污水处理厂基于不饱和或饱和垂直流人工湿地建造，并设立了一个作为滴滤池的紧凑立式石滤系统。该系统由克特拉姆（COTRAM）和森提（SYNTEA）建造，并由法国国家农业食品与环境研究院（INRAE）监测，以评估其在热带气候条件下的适应性和可靠性。

设计和建造

设计的总表面积低于1m²/p.e.，该系统由不饱和或饱和垂直流人工湿地作为一级处理系统和一个类似滴滤池的紧凑立式石滤系统的二级处理系统组成。

由于周边地区有几个住房项目，因此可将一级处理系统分为两条工作流线，第一年只运行一条工作流线。每条工作流线由两个平行单元（每个180m²）组成，分批接收原水（经过40mm的滤筛）。过滤器（或单元）交替进水：一个进水，另一个不进水，每周交替2次（进水和不进水的时间为3.5d或3.5d）。

过滤系统由以下几个装置组成（见图12-9）：一个40cm的非饱和顶层（2~4mm的砾石）和一个中间包含被动通气管的15cm的过渡层（11~22mm砾石），以及底部一个在40cm处达到饱和的40~60cm的排水层（20~40mm的豆砾石）。过滤池内有一个不渗透的薄膜（土工膜）。根据一项关于热带地区植物选择的具体研究（Lombard-Latune et al.，2017），滤床主要种植两种不同的植物，即蝎尾蕉和风车草。起初，滤床上也会种植纸莎草和鳞甲姜，但这两者没有很好地适应当地条件。

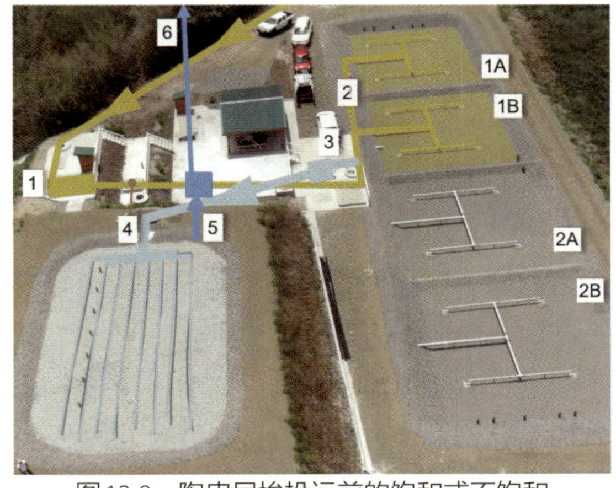

图12-9 陶皮尼埃投运前的饱和或不饱和法式垂直流人工湿地

（图片：Espace Sud）

1—原水到达分批流入进水系统（虹吸管）1，并被交替送往过滤池1A和1B或2A和2B；2—灰色的初级处理污水到达泵站；3—被送往简化的滴滤池；4—蓝色部分经过处理的污水被收集起来；5—再循环到泵站，其中一部分被排入水体

二级处理系统是一个简化的滴滤池（116m²，0.13m²/p.e.），由150cm的浮石组成，两个给水网络交替工作，因有再循环技术，故滴滤池可达到每天约1.5m的总水力负荷。分离的生物质积聚在滴滤池底部一个20cm深的倾析区，并在重力作用下，每天两次，每次3分钟被输送到法式垂直流人工湿地。

进水类型或处理类型

法式垂直流人工湿地主要处理生活污水。尽管观察到的数值变化很大，但所有数值仍然与在农村地区观察到的数值相当，而且可以通过生物进行降解。在3年研究期间进行的28次采样活动中，有6次与降雨事件有关。雨天记录的数据情况为：

- 降雨使得污水流量几乎翻倍（平均为1.85倍），在极端事件中可达到设计水力负荷的7倍；
- 雨天，污染物浓度下降，而负荷和标准偏差提高；
- 就TSS而言，旱季和雨季之间的TSS中的矿物在旱季和雨季差不多，这意味着径流携带的高浓度悬浮固体主要是矿物质，而COD浓度没有遵循相同的模式。

这些观察结果表明，一个分流制排水系统（污水和雨水分别由两套管网系统输送）会受到热带雨季的影响，邻近的国家气象站观测到的平均降雨量为1590mm/a。

处理效率

隆巴德·拉图恩（Lombard-Latune）等（2018）发表的文章研究了法式垂直流人工

湿地系统在极端条件下的性能可靠性和韧性。即使在热带气候条件下遇到高水力负荷变化，这个系统仍然具有较高的处理效率和可靠的性能，后面会进一步详细解释。文章还说明，在实验过程中，监测了系统在不同条件下的表现，观察了高有机负荷和液压负荷及特定的维修故障，广泛应用了有机负荷的评估（32%~164%）。当负荷较低（32%）时，同一个过滤池可连续供水几个月，模拟系统故障的情况（即无交替给水），目的是评估其行为和堵塞问题。尽管实验条件有这样的变化，但随着时间的推移，系统的处理效率仍很高，处理性能仍很稳定（BOD_5、COD、TSS和TKN的去除率都超过95%）。

当实验的水力负荷接近标准值时，不饱和或饱和垂直流人工湿地应保证COD、TSS、TKN、总氮的去除率分别为85%、90%、60%、50%，并且能降低到125mg/L、25mg/L、40mg/L、50mg/L。与法国大陆的不饱和或饱和体系相比，热带气候较高的温度增强了硝化和反硝化作用。

过载条件下的性能（标准BOD_5负荷的164%）可证实法式垂直流人工湿地受到一定影响，但碳和氮的去除率仍然不低，特别是在强烈的热带降雨事件之后。然而，在测试条件的范围内，该系统似乎对高液压和TSS负荷不敏感。

运行和维护

在2000人左右的小型社区中，法式垂直流人工湿地是一个受欢迎的解决方案，因为它不需要额外的能耗（当坡度足够高时），而且维护成本很低。低开发需求和低成本的特征使得法式垂直流人工湿地在只有投资成本得到补贴时才会对小型社区具有吸引力。在陶皮尼埃污水处理厂，滴滤池的建设需要一个泵站，因此需要额外的能源和特定的维护。

操作任务为每周巡视2次，检查和控制处理系统(控制过筛装置和其交替批量给水系统等）。每年或每两年清理一次植物（风车草或蝎尾蕉）。建议每年对饱和区部分进行冲洗，将沉积在不饱和或饱和垂直流人工湿地底部的污泥固体带回表面，这样可以避免系统堵塞。

在温带气候条件下，需要每10~15年去除一次有机沉积层。在热带气候条件下，观测结果显示（10年内监测的8种植物），没有证据表明在污水处理厂的运行周期（30年）内需要执行这项任务。温暖的气温明显增强了矿床层的矿化作用。

成本

陶皮尼埃污水处理厂的投资成本较高，主要有3个原因。第一，这是在马提尼克岛上实施的第二个法式垂直流人工湿地，也是第一个这种类型的湿地，缺乏很多建设方面的知识。第二，挖掘工作显示，岩石土壤难以处理。第三，污水处理厂是为了研究和示范目的而建造的，没有从成本的角度进行优化。然而，目前的配置可以监测每个处理阶段和再循环途径的流量和理化参数，这在常规操作条件下是不需要的。

投资成本包括土方工程、材料、设备、自动化和监控控制与数据采集（SCADA）系统、现场布局、过滤池稳定系统，以及处理性能控制系统，总成本为137万欧元，包括与研究实验相关的额外费用。

这些运行成本为每年每人7~10欧元。

协同效益

生态效益

通常，用于处理生活污水的垂直流人工湿地没有足够大的面积来增加生物多样性，但是可以为当地动物提供替代栖息地。陶皮尼埃污水处理厂的主要生态作用是其稳健的处理性能，即使在热带强降雨条件下，其处理性能也较稳定。因此，生态效益是其对水体水质的积极影响。

社会效益

陶皮尼埃污水处理厂可使学生了解不同层次的环境问题、生态工程及NBS。社区出于教育目的组织了多次访问。

此外，当地的水务办公室利用这个示范点来促进加勒比地区的发展项目，并接待了许多来参观的外国代表。

经验教训

问题和解决方案

陶皮尼埃污水处理厂的监测工作由法国的国外研究人员主导，是FS-VFTW适应热带气候的研究项目的重要组成部分。伦巴德·拉图恩（Lombard-Latune）和莫勒（Molle）（2017）完成了这项工作并修订了一份导则。

该项目在陶皮尼埃污水处理厂测试了不同的给水速率。在各种不同的有机负荷（32%~164%）下获得的结果表明，在热带气候条件下，该系统即使在几个月无交替进水和低负荷的失灵条件下也能提供稳定的出水质量。

该项目也研究了处理效果对高水力负荷的敏感性。在飓风马修（2016年9月）期间，应用的污水水力负荷达到2.3m/d，超过干旱天气标准水力负荷的6倍。然而，这一极端降雨事件对法式垂直流人工湿地造成的唯一后果是，某些物种在风雨过后未能恢复（纸莎草和鳞甲姜）。

陶皮尼埃污水处理厂同样测试了4种不同的植物，这是关于在热带气候条件下选择替代物种研究的全面实验阶段的一部分。选择的是陶皮尼埃的代表性物种风车草和蝎尾蕉。美人蕉也是一个很好的选择。不饱和或饱和垂直流人工湿地与简化的滴滤池结合可作为第二级处理系统，实验主要关注使用粗料的可能性，这些粗料在当地可轻易获得，可使处理系统在小于1m^2/p.e.时提供高性能的处理效果（BOD_5、COD、TSS和TKN的去除率大于95%及以上）。

一项研究比较了FS-VFTW与4种主要污水处理技术在法国海外领土的小型社区的可靠性（Lombard-Latune et al.，2020），对213家污水处理厂进行963个监测，这个抽样监测表明，FS-VFTW是最可靠的，并以90%~95%的频率实现了法国的所有监管目标。它对环境（降雨）和社会（维护能力）约束的能力是一个关键参数。

用户反馈或评价

负责环境卫生工作的地方政府部门非常赞赏法式垂直流人工湿地，因其与别的小容量（低于3000p.e）传统系统相比，表现出操作简单和可靠性高这两个优点，然而，这种系统在法国热带地区属于创新模式，运行和维护人员须接受良好的培训才能适应这种新系统。

原著参考文献

Dotro G., Langergraber G., Molle P., Nivala J., Puigagut J., Stein O., von Sperling M. (2017). Treatment Wetlands. Biological Wastewater Treatment Series, Volume 7. London, IWA Publishing., 184 pp.

Lombard-Latune R., Pelus L., Fina N., L'Etang F., Le Guennec B. and Molle P. (2018). Resilience and reliability of compact vertical-flow treatment wetlands designed for tropical climates. *Science of the Total Environment*, **642**, 208–2015.

Lombard-Latune R., Laporte-Daube O., Fina N., Peyrat S., Pelus L., Molle P. (2017). Which plants are needed for a French vertical-flow constructed wetland under a tropical climate? *Water Science and Technology*, **75**(8), p 1873.

Lombard-Latune R., Leriquier F., Oucacha C., Pelus L., Lacombe G., Le Guennec B., Molle P. (2020). Performance and reliability comparison of French vertical flow treatment wetlands with other decentralized wastewater treatment technologies in tropical climates. *Water Science and Technology*, **82** (8), 1701–1709.

Lombard-Latune R., Molle P. (2017). Constructed Wetlands For Domestic Wastewater Treatment Under Tropical Climate: Guideline To Design Tropicalized Systems. AFB publishing. 72pp.

Molle, P., Liénard, A., Boutin, C., Merlin, G., Iwema, A. (2005). How to treat raw sewage with constructed wetlands: an overview of the French systems. *Water Science and Technology* **51**(9), 11–21.

Molle P., Lombard-Latune R., Riegel C., Lacombe G., Esser D., Mangeot L. (2015). French vertical-flow constructed wetland design: adaptations for tropical climates. *Water Science and Technology*, **71**(10), 1516.

Morvannou, A., Forquet, N., Michel, S., Troesch, S., Molle, P. (2015). Treatment performances of French constructed wetlands: results from a database collected over the last 30 years. *Water Science and Technology* **71**(9), 1333–1339.

Morvannou A, Troesch S, Esser D, Forquet N, Petitjean A, Molle P. (2017). Using one filter stage of unsaturated/ saturated vertical flow filters for nitrogen removal and footprint reduction of constructed wetlands. *Water Science and Technology*, **76**(1), 124–133.

Prigent S., Paing J., Andres Y., Chazarenc F. (2013). Effects of a saturated layer and recirculation on nitrogen treatment performances of a single stage vertical flow constructed wetland (VFCW). *Water Science and Technology*, **68**(7), 1461–1467.

Silveira D. D., Belli Filho P., Philippi L. S., Kim B., Molle P. (2015). Influence of partial saturation on total nitrogen removal in a single-stage French constructed wetland treating raw domestic wastewater. *Ecological Engineering*, **77**, 257–264.

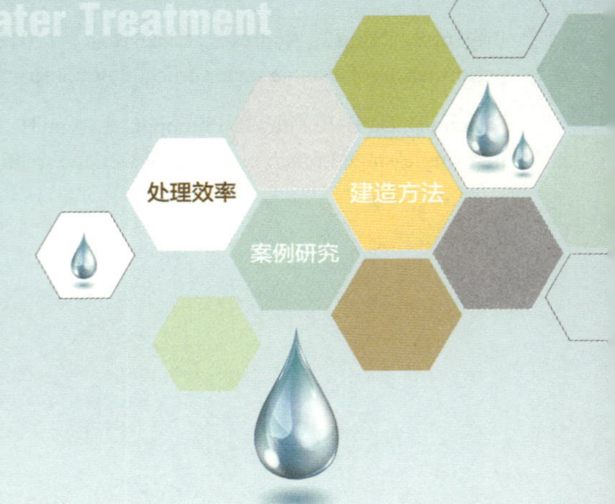

第 13 章 合流制管道溢流人工湿地

作　者　卡萨丽娜·通德拉（Katharina Tondera）
法国维勒班市F-69625法国国家农业食品与环境研究院水回用研究所
（INRAE, REVERSAAL, F-69625 Villeurbanne, France）
联系方式：katharina.tondera@inrae.fr

阿纳克莱托·里佐（Anacleto Rizzo）
意大利佛罗伦萨维亚拉马尔莫拉路51号易迪拉公司
（Iridra Srl, Via La Marmora 51, 50121 Florence, Italy）

帕斯卡·莫尔（Pascal Molle）
法国维勒班市F-69625法国国家农业食品与环境研究院水回用研究所
（INRAE, REVERSAAL, F-69625 Villeurbanne, France）

概　述

来自管道或者污水收集设施的合流制管道溢流污染可以通过合适的垂直流人工湿地（Vertical-flow Treatment Wetlands，VFTWs）进行处理，也称为合流制管道溢流人工湿地（Treatment Wetlands for Combined Sewer Overflows，CSO-TWs）（见图13-1）。不同国家的NBS可能有不同的配置。一般，合流制管道溢流人工湿地的特征是表层含有超过0.75m的惰性材料（沙或细砾石）。过滤层位于排水层的顶部，排水层由砾石组成，可过滤颗粒物，以及污染物的非生物和生物吸附物质。过滤层顶部的空间允许储存和处理溢流水体。

有机化合物和铵的氧化可保护地表水体，在进水过程中通过排水管的被动曝气促进地表水体氧化。对于覆盖植物，温和气候条件下通常使用的是芦苇。

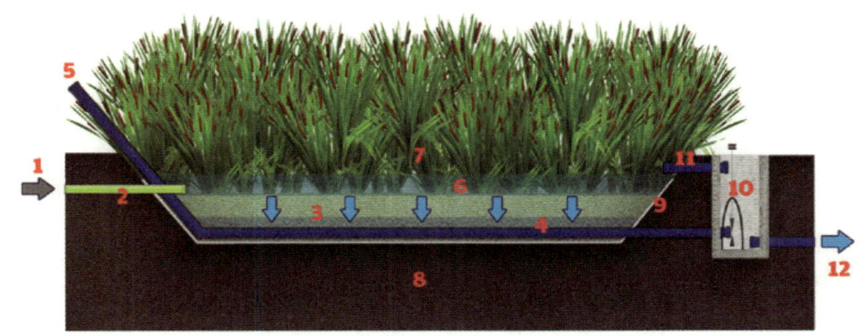

图 13-1 合流制管道溢流人工湿地示意图

1—进水口；2—加水系统；3—多孔介质层；4—排水系统；5—通风管；6—合流制管道溢流水位；7—植物；8—原土层；9—防水层；10—带阀检查井；11—溢流口；12—出水口

优点	缺点
● 目前最可靠、最全面的合流制管道溢流处理方法 ● 低能耗（通过重力作用供给） ● 没有蚊虫滋生的风险，没有特殊气味 ● 不需要处理生物质（如果处理反而会适得其反） ● 可以稳定抵抗污染负荷的波动	● 长期干旱会损坏过滤器，每年需要维护至少 10 次 ● 合流制管道溢流污染的随机负荷可能会导致满载处理能力低于处理城市污水的人工湿地 ● 需要特定的设计和专业的知识

协同效益

高	水资源再利用	缓解暴雨峰值影响		
中	生物多样性（动物）	生物质产出		
低	生物多样性（植物）	碳汇	景观价值	娱乐

与其他NBS的兼容性

可结合自由水面人工湿地（Free Water Surface Treatment Wetland，FWS-TW）和水平流人工湿地（Horizontal-Flow Treatment Wetland，HFTW）使用，从而提高脱氮能力。自由水面人工湿地作为景观使用时还具有生物多样性功能。

案例研究

在本书中：

- 德国肯顿的合流制管道溢流人工湿地；
- 意大利戈尔拉马焦雷水上公园的合流制管道溢流人工湿地。

运行和维护

常规维护

- 清理初级处理池或格栅收集器
- 每月控制（管理）进水结构（可能因水压造成损坏）和出水竖井（形成铁沉淀或生物膜）
- 维护过滤器表面，以防动物或杂草进入
- 每 5 年进行一次植物根部排水管维护

特殊维护

- 第一个生长季：在过滤层蓄水，用于植物种植

NBS 技术细节

进水类型

- 管道溢流中的生活污水（去除总污染物后）

处理效率

- COD* >60%
- BOD_5 ~94%
- NH_4-N 50%~90%
- TP** 15%~50%
- TSS >80%
- 指示菌 大肠杆菌≤1~3log_{10}

* 取决于事件的负荷；COD 值尽可能大于 90%

** 随着过滤器中滞留的总负荷增加而减少

要　求

- 净面积要求：具体要求取决于集水区面积和估计的微细固体负荷（目前建议的最大值为 $7kg/m^2/a$）或水力负荷（$40\sim60m^3/m^2/a$）
- 电力需求：可通过重力流运行，否则需要为泵供电

设计标准

- NH_4-N：每次最大值为 $5g_N/m^2$
- HLR：过滤应在 48h 后以 $0.01\sim0.05L/m^2$ 的流速完成（具体取决于处理目标）
- TSS：最低 $4kg/m^2/a$，最高 $7kg/m^2/a$

常规配置

- 合流制管道溢流人工湿地 - 水平流人工湿地
- 合流制管道溢流人工湿地 - 自由水面人工湿地

气候条件

- 到目前为止，合流制管道溢流人工湿地仅适用于有规律降雨的大陆性气候，在热带或亚热带气候，其有效性仍然需要测试

原著参考文献

Masi F., Bresciani R., Rizzo A., Conte G. (2017) Constructed wetlands for combined sewer overflow treatment: ecosystem services at Gorla Maggiore, Italy. *Ecological Engineering*, **98**, 427–438.

Meyer, D., Molle, P., Esser, D., Troesch, S., Masi, F. Dittmer, U. (2013). Constructed wetlands for combined sewer overflow treatment—comparison of German, French and Italian approaches. *Water*, **5**(1), 1–12.

Pálfy, T.G., Gerodolle, M., Gourdon, R., Meyer, D., Troesch, S., Molle, P. (2017). Performance assessment of a vertical flow constructed wetland treating unsettled combined sewer overflow. *Water Science & Technology*, **75**(11), 2586–2597.

Rizzo, A., Tondera, K., Pálfy, T.G., Dittmer, U., Meyer, D., Schreiber, C., Zacharias, N., Ruppelt, J., Esser, D., Molle, P., Troesch, S., Masi, F. (2020). Constructed wetlands for combined sewer overflow treatment: a state of the art review. *Science of the Total Environment*, **727**, 138618.

Tondera, K. (2019). Evaluating the performance of constructed wetlands for the treatment of combined sewer overflows. *Ecological Engineering*, **137**, 53–59.

13.1

德国肯顿（Kenten）合流制管道溢流人工湿地

项目背景

在合流制管道溢流人工湿地中，管道系统和与其连接的污水处理厂（Wastewater Treatment Plants，WWTPs）的容量始终受限于某个设计参数。例如，参数是在没有降雨的情况下日平均流量的两倍，即所谓的非降雨天气流量。如果超过此容量，那么污水和雨水的混合物（混合污水）一定会在管道网络的某些点位处未经处理直接排入地表水。为防止这种情况发生，传统方法是收集管道溢出物并在降雨过后将其重新收集至污水处理厂。然而，超过相应容量后，预沉淀的稀释污水也会排入地表水。合流制管道溢流人工湿地（CSO-TWs）可以通过提供溢流污水的快速处理及额外的存储容量来解决这一问题。

技术汇总表见表13-1。

NBS 类型

- 合流制管道溢流人工湿地（CSO-TWs）

位　置

- 德国贝格海姆埃尔夫特河（Bergheim，Erft）
- 温和气候

处理类型

- CSO-TWs 的二级处理

成　本

- 930 000 欧元（总成本）
- 具体成本：221 欧元 /m^2

操作日期

- 2005 年至今

面　积

- 表面积：2200m^2
- 储存容量：~4200m^3

作者

卡萨丽娜·通德拉（Katharina Tondera）
法国维勒班市F-69625法国国家农业食品与环境研究院水回用研究所
（INRAE, REVERSAAL, F-69625 Villeurbanne, France）
豪斯特·巴克斯帕勒（Horst Baxpehler）
德国贝格海姆D-50126埃尔夫特水协会6栋
（Erftverband, Am Erftverband 6, D-50126 Bergheim, Germany）
联系方式：katharina.tondera@inrae.fr

表 13-1　技术汇总表

来水类型	
城市居民区和工业区的混合污水	
设计参数	
入流量	根据具体情况确定；最大容量约 4200m^3
人口当量（p.e.）	—
面积（m^2）	2200
人口当量面积（m^2/p.e.）	—
进水参数	
BOD_5（mg/L）	—
COD（mg/L）	12~138（过滤后的 COD）
TSS（mg/L）	23~90
出水参数	
BOD_5（mg/L）	—
COD（mg/L）	6~29（过滤后的 COD）
TSS（mg/L）	＜检测限值 24
大肠杆菌（菌落形成单位，CFU/100mL）	—
成本	
建设	总额：930 000 欧元；人均 221 欧元 /m^2
运行（年度）	约 5000 欧元

德国肯顿的CSO-TWs位于贝格海姆（Bergheim）的郊区，贝格海姆·肯顿污水处理厂（Bergheim-Kenten WWTP）对面。在建设CSO-TWs之前，主要由贝格海姆·肯顿污水处理厂的两个雨水池储存来自污水管网的多余污水，并在降雨后将其排至污水处理厂进行处理。在持续降雨的情况下，蓄水池溢流水体排入埃尔夫特河。合流制溢流管道排放的污染物是引起河流生态问题的主要原因，并且与《欧洲水框架指南》的目标有冲突，因此埃尔夫特水协会（Erftverband）决定在2003年建设30多个CSO-TWs，包括肯顿的。

公共水务协会负责管理沿埃尔夫特河106.6km的1900km^{2}集水区以改善该河的水质。德国北莱茵威斯特伐利亚（North-Rhine Westphalia）环境部在十多年的时间里持续为本案例研究的CSO-TW的实施提供资金支持。

设计和建造

该CSO-TW于2003年开始设计，2005年开始运行，在几个没有预排放点的面积为2425hm^{2}的集水区应用。污水处理厂的设计进水流量为624L/s（54 000m^3/d）。CSO-TW位于两个蓄水池的下游，总容积为3600m^3。滤床实际上是一个垂直流过滤器，其沙层为0.75m（厚）的碳化沙，颗粒大小为0.063~2.0mm，在0.3m的排水层顶部种植芦苇，颗粒大小为2~8mm。过滤器表面积为2210m^2，储存容量约为4200m^3，高度约为1.9m。合流制管道系统是根据北莱茵威斯特伐利亚州指南（MUNLV，2003）设计的，该指南于2015年更新（MKULNV，2015）。滤床设计用于接收流入污水40m^3/m^2/a。关于德国CSO-TW设计和建造方面的更多信息可查看里佐等人的研究（Rizzo et al.，2002）。

CSO-TW（见图13-2）的过滤器有两个排水部分：一个靠近入口，另一个位于后部。该划分仅适用于地下区域，而表层区域是一个不间断的垂直滤床。将过滤后的水收集在两个排水部分中的一个，并通过流出设施泵送至接收水体。每次降雨过后，过滤层完全排水，从而使过滤层通过排水管通气，由此产生的好氧过程会导致被吸附物质的化学和生物转化，如铵和化学需氧物质。

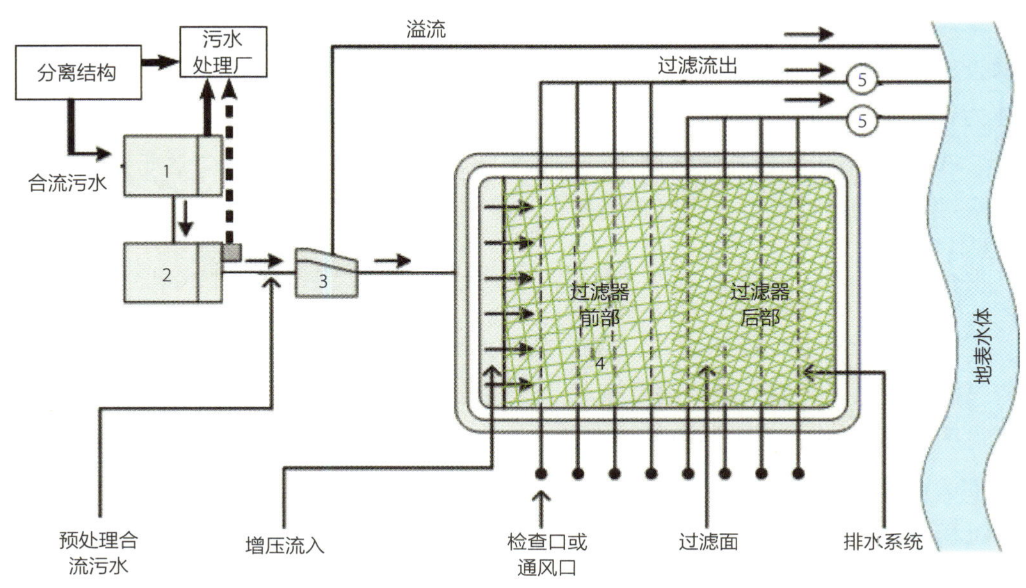

图13-2　合流制管道溢流人工湿地示意图（俯视图）

1—合流污水首次冲洗用短槽；2—合流污水后续冲洗用短槽；3—分流结构；
4—过滤器表面（上面有储存容量）；5—流出结构

永久蓄水不利于过滤材料保持干净和清洁效率。过滤速度受流出阀门限制，约为0.1m/h（$0.025L/s/m^2$），相当于在保留体积完全充满且孔隙空间为30%的情况下，需要约21h处理完。2012年，有研究项目对连接污水管网的管理进行了优化，之后过滤器的使用负荷频率有所提高（Lange et al.，2012）。

进水或处理类型

CSO-TW的来水是城市居民区和工业区的混合污水。雨水与污水的比例为4：1~100：1，具体数值取决于降雨强度。流入的各物质浓度差异很大：TSS为5~70mg/L；COD为30~270mg/L；NH_4-N在运行的前10年内测量的值为3~13.5mg/L。

处理效率

当地法律对CSO-TW的处理能力没有明确要求，不要求其处理水平符合排放标准。然而，由于《欧洲水框架指南》（European Water Framework Directive）推动溢流的强化处理（欧盟委员会，European Commission，2019），因此合流制管道溢流被认为是影响水体达到良好生态的主要原因之一。

过滤器前部的过滤过程使COD平均降到进水的75%，过滤器后部的过滤过程使其降到进水的63%，TSS降到进水的80%~90%。在流入期间，铵被吸附60%~86%。在两次过滤过程之间，滤床通过排水管充气。之后，吸附的铵被硝化，硝酸盐被释放到地表水中（Rizzo et al.，2020）。通过微生物工艺可提高COD和氨的去除率。

在系统运行7年和10年后，有两个研究项目对细菌、噬菌体和微污染物的去除进行了调查，结果表明，大肠杆菌和肠球菌分别减少到$1.1\log_{10}$和$1.3\log_{10}$，体细胞大肠杆菌噬菌体为$0.6\text{~}1.0\log_{10}$。不同微污染物的去除率因物质的性质及其生物降解性而异（Tondera et al.，2019）。对于细菌和微污染物，去除率随着时间的推移而下降。这是因为过滤材料无法通过微生物过程再生，所以磷酸盐在过滤材料饱和时会滞留。

运行和维护

定期检查所有自动控制设备，如过滤器表面的高度传感器，以及仪表，如泵。每月检查过滤器表面是否有动物地洞及杂草（特别是在长期干旱后）。河岸上的草需要定期修剪（见图13-3）。检查流出物中是否有铁沉淀，这样可确定过滤器中是否存在永久性淹没导致的厌氧条件。此外，新的德国国家指南（DWA，2019）建议每5年分析一次不同深度的沉积物和过滤材料，从而确定剩余的石灰石含量和重金属沉积物。

成本

项目初始成本为930 000欧元（总成本），包括以下费用：

- 规划费用约为100 000欧元；
- 土木费用约为710 000欧元；
- 机电设备费用约为120 000欧元。

图13-3 夏季的肯顿CSO-TW
（从前往后看的视角）

土地购买的费用不包括在内。

每年的运行和维护费用约为5000欧元，包括劳动力成本、能源消耗费用、景观美化费用（主要用于清理路堤和过滤器表面的杂草），以及电气和机械装置的清洁费用。

协同效益

生态效益

由于技术原因，湿地种植的是单一作物，除了植物叶片蒸腾和过滤器表面蒸发产生的蒸散冷却效应，其生态效益仅限于改善水质。

社会效益

出于安全考虑（流入期间的液压会对滤床上的人员造成威胁），CSO-TW需要被围起来，并在周围树立明确标识，将其划为合法的污水处理设施。由此可见，除了改善水质和减少溢流，CSO-TW没有其他社会效益。

权衡取舍

滤沙在当地可用，但其对磷酸盐和重金属的吸附能力有限，如有可能，最好混合使用具有较高吸附能力的不同材料（如氢氧化铁），但会增加很多成本。

经验教训

问题和解决方案

入口位于过滤层的短侧（见图13-2）。从理论上看，流入水体应迅速填满整个滤床的孔隙，然后进一步上升，同时从前到后覆盖整个过滤区域。然而，在实践中，只有在极少数情况下，流入水体才会立即渗透到过滤器前部并排入地表，没有完全覆盖过滤器后部。这导致过滤器前部的二级过滤层的过滤材料的吸附能力会更快耗尽。由于这是同一时期建造的许多CSO-TWs的共性问题，因此德国水务协会（DWA，2019）的新版国家指南修改了设计建议，将入口放置在过滤层的长侧，滤床分为多个子单元，在降雨较少期间以间歇方式调整恢复。

2012年，有一个研究项目优化了集水区污水管网的控制，使得肯顿地区的合流制系统可更频繁地处理溢流污染物。

2007年，持续的暴雨事件和多日的混合污水负荷，导致过滤器表面结成生物膜，从而出现堵塞问题。将缺氧条件下根茎存活不足区域的芦苇和生物膜去除，并在部分区域表面重新种植芦苇。控制系统因而得到调整：在一次过滤器完全充满污水之后，完全排空之前，混合污水不再导入过滤器。后续潜在溢流直接流入地表水体（见图13-2的分离结构3）。实施此操作后，过滤器在几周内完全恢复，没有再堵塞。

微污染物和细菌的去除率都在逐年下降（Tondera et al.，2019），这也解释了当过滤材料变得饱和时重金属和磷酸盐的滞留问题，是因过滤材料不能通过微生物过程再生。到目前为止，这些污染物还不是该特定场景的主要关注领域，但相关技术解决方案仍在持续研究。

用户反馈或评价

CSO-TWs是一种良好的景观，然而其周围巨大的围栏可能会令人感到不安。但是，因过滤器填充过程中水压较大，滤沙像流沙一样，故安装围栏是十分必要的。

CSO-TWs的清洁效率也比较高，特别是对微污染物的清洁效率。

原著参考文献

DWA (2019). Retentionsbodenfilteranlagen. (in German) Retention soil filter sites. DWA-A 178, German Water Association.

European Commission (2019). Evaluation of the Urban Waste Water Treatment Directive. SWD, Brussels.

Lange, M., Siekmann, T., Hüben, H., Bolle, F.-W., Dahmen, H., Kiesewski, R., Rohlfing, R., Gerke, S., Sohr, A., Hanss, H. (2012). Großtechnische Erprobung eines standardisierten Optimierungs-und Simulationswerkzeugs zur Online-Kanalnetzsteuerungam Beispiel des Einzugsgebiets der Kläranlage Kenten im Erftverbandsgebiet. *Large-scale testing of a standardised optimisation and simulation tool for online sewer network control in the catchment area of the Kenten wastewater treatment plant in the Erftverband region*. Final report, Ministry of Environment, Agriculture, Conservation and Consumer Protection of the State of North Rhine-Westphalia (eds.).

MKULNV (2015). Retentionsbodenfilter. Handbuch für Planung, Bau und Betrieb. *Retention Soil Filter-Planning, Construction, and Operation Manual*. Ministry of Environment, Agriculture, Conservation and Consumer Protection of the State of North Rhine-Westphalia (eds.).

MUNLV (2003). Retentionsbodenfilter. Handbuch für Planung, Bau und Betrieb (1. Aufl.). Retention Soil Filter- Planning, Construction, and Operation Manual. Ministry of Environment, Agriculture, Consumer Protection of the State of North Rhine-Westphalia, Düsseldorf (in German).

Rizzo, A., Tondera, K., Pálfy, T. G., Dittmer, U., Meyer, D., Schreiber, C., Zacharias, N., Ruppelt, J. P., Esser, D., Molle, P., Troesch, S., Masi, F. (2020). Constructed wetlands for combined sewer overflow treatment: a state-of-the-art review. *Science of the Total Environment* **727**, 138618.

Tondera, K., Koenen, S., Pinnekamp, J. (2013). Survey monitoring results on the reduction of micropollutants, bacteria, bacteriophages and TSS in retention soil filters. *Water Science and Technology* **68**(5), 1004–1012.

Tondera, K., Ruppelt, J., Pinnekamp, J., Kistemann, T., Schreiber, C. (2019). Reduction of micropollutants and bacteria in a constructed wetland for combined sewer overflow treatment after 7 and 10 years of operation. *Science of the Total Environment* **651**, 917–927.

13.2

意大利戈尔拉马焦雷（Gorla Maggiore）水上公园的合流制管道溢流人工湿地

项目背景

在伦巴第地区，雨季的合流制管道溢流（Combined Sewer Overflows，CSOs）处理是一个关键问题，因为有数千个合流制管道溢流排放点对地表水的总体污染有重要影响。为了解决这个问题，一项符合《欧洲水框架指南》（European Water Framework Directive）的区域法律（2006年3月24日）对合流制管道溢流排放的污染物进行限制。在一个价值较低的废弃杨树种植林建造合流制管道溢流人工湿地是其中一个方式。

与传统的单一基础设施解决方案（即一个流入池，可能还会加上一个干化滞留池）不同，多用途绿色基础设施可对合流制管道溢流进行全规模试验处理。此外，戈尔拉马焦雷（的合流制管道溢流人工湿地）是欧盟第七研发框架计划的27个研究案例之一，因此，有专家对合流制管道溢流人工湿地提供的生态系统服务进行研究。

NBS 类型

- 合流制管道溢流人工湿地

位　置

- 意大利伦巴第地区戈尔拉马焦雷

处理类型

- 使用合流制管道溢流人工湿地进行初级、二级、三级处理

成　本

- 820 000 欧元（2010 年）

操作日期

- 2014 年至今

面　积

- 水上公园 6hm^2
- 合流制管道溢流人工湿地 1.3hm^2

作者

阿纳克莱托·里佐（Anacleto Rizzo）
里卡多·布雷西亚尼（Ricardo Bresciani）
法比奥·马西（Fabio Masi）
意大利佛罗伦萨维亚拉马尔莫拉路51号易迪拉公司
（IRIDRA Srl, via Alfonso La Mamora 51, Florence, Italy）
联系方式：阿纳克莱托·里佐，rizzo@iridra.com

合流制管道溢流人工湿地由1个地下垂直流人工湿地（Vertical-Flow Treatment Wetland，VFTW）和1个用于深度处理的自由水面人工湿地（Free Water Surface Treatment Wetland，FWS-TW）组成。此外，利用绿色基础设施将废弃的杨树种植林改造为奥洛纳河（Olona River）附近的公园——戈尔拉马焦雷水上公园（见图13-4和图13-5）。而且，自由水面人工湿地还被设计为防洪滞洪区，具有一定的防洪功能，并增加了该地区的生物多样性。技术汇总表见表13-2。

图13-4　戈尔拉马焦雷水上公园位置示意图（VA – Italy）
（45° 39′ 53.90″ N，8° 53′ 9.71″ E）

（a）场景一　（b）场景二　（c）场景三　（d）场景四

图13-5　戈尔拉马焦雷水上公园实景图（VA–Italy）

表 13-2 技术汇总表

来水类型	
合流制管道溢流	
设计参数	
入流量（L/s）	垂直方向首次冲入流：640
人口当量（p.e.）	合流制管道集水区域人口：2017
面积（m^2）	第一阶段垂直流湿地：3840 第二阶段自由水面湿地：3174，可扩展至 7200，作为滞留池合计约 11 000（仅湿地表面）
人口当量面积（m^2/p.e.）	合流制管道溢流人工湿地的设计基于水力负荷，具体取决于当地的降水和管道情况
进水参数	
COD（mg/L）	394（2014 年 4 次抽样的平均监测数据）（Masi et al.，2017）
NH_4-N（mg/L）	16（2014 年 4 次抽样的平均监测数据）（Masi et al.，2017）
出水参数	
COD（mg/L）	41（2014 年4 次抽样的平均监测数据）（Masi et al.，2017）
NH_4-N（mg/L）	1（2014 年4 次抽样的平均监测数据）（Masi et al.，2017）
成本	
建设	820 510 欧元
运行（年度）	3500 欧元

设计和建造

合流制管道溢流人工湿地由下列部分组成（见图 13-6）：

（1）1 个合流制管道溢流分离室；

（2）1 个用于初步处理的网格化沉淀池；

（3）4 个用于二级处理（总表面积为 3840m^2）的垂直流人工湿地滤床，主要用于处理第一次流入的污水；

（4）1 个自由水面人工湿地（3174m^2），其具有多种作用：处理第一部分和第二部分污水；有助于增加生物多样性；可作为休闲区；充当水力扩展保留区（淹没表面积可扩展至7200m²）。

合流制管道溢流人工湿地的基础设施根据伦巴第的法规设计，小部分污水（17.5L/s）送至集中污水处理厂，首次流入的第一部分污水（640L/s）送至垂直流人工湿地滤床，第二部分污水（CSO高于640L/s）直接运送至自由水面人工湿地。该系统在重力作用下工作，理论水力保持时间为36h。

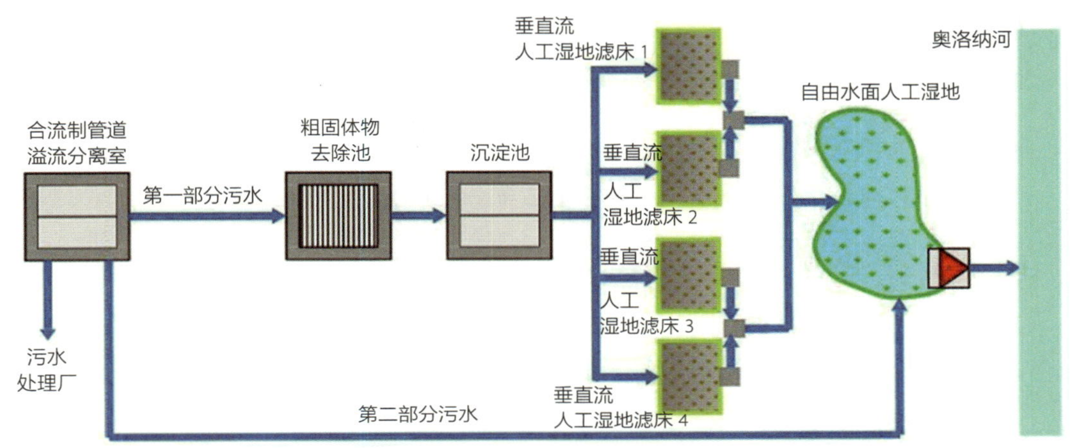

图13-6　戈尔拉马焦雷水上公园（Gorla Maggiore Water Park）合流制管道溢流人工湿地示意图（Masi et al.，2017）

进水或处理类型

合流制管道溢流人工湿地是一个为约2000人服务的管道系统。排水集水区的不透水表面积约为20hm²。

区域法律没有强制限制排放。合流制管道溢流人工湿地旨在通过减少排入奥洛纳河（Olona River）的固体、有机碳和氨污染物负荷来处理合流制管道溢流首次冲量（根据伦巴第法规，估计为987m³）。

处理效率

对合流制管道溢流人工湿地进行检测，包括2014年四季（冬季、春季、夏季和秋季）的4次完整抽样，结果表明，COD和NH_4^+的平均去除率分别为87%和93%。

运行和维护

所有的运行和维护工作都由没有经过专业训练的人员完成，可分为常规维护和特殊维护。常规维护工作的目的是保持项目设施有效运作，主要内容包括：

- 检查混凝土结构和初步处理设施情况（清除沙砾、污泥和沉淀池）；
- 为钢结构涂漆和润滑；

- 平整和修复道路；
- 检查护坡是否有侵蚀和冲刷损害问题；
- 目视检查杂草、植物健康或虫害问题。

当设施被损坏时，应进行特殊维护。

成本

基本建设费用为820 510欧元，包括以下项目：

- 土方工程；
- 人工湿地建设（填充介质、衬垫、土工布、植物）；
- 初步处理单元（沉沙池和沉淀池）；
- 管道工程；
- 人行道和自行车道；
- 新建绿地、树木和娱乐设施的景观美化；
- 栅栏和大门；
- 自动采样器和流量测量装置。

运营费用为每年3500欧元，包括以下项目：

- 能耗（最小估计，仅用于沙石运转）；
- 常规维护（采样、芦苇和景观维护）。

该处理设施由伦巴第地区提供资金。

协同效益

作为开放项目的一个研究案例，从生态系统角度对戈尔拉马焦雷水上公园进行评估，认定这是一种NBS的污水处理方式，而且通过多准则分析（MCA），可将其与灰色基础设施（初次冲洗池和干化滞留池）进行比较。多准则分析的参数由管理者、当地利益相关者和专家提出。协同效益以开放项目下的基于多准则分析的生态系统服务评估为基础（Liquete et al.，2016）。

防洪

自由水面人工湿地的合流制管道溢流人工湿地旨在实现与灰色基础设施一样的防洪功能（如干化滞留池）（Liquete et al.，2016）。利用详细的模型分析深入研究了NBS的防洪效果，显示峰值流量减少53%~95%，最大保留量约为8800m^3（Rizzo et al.，2018）。由此可见，水上公园在很大程度上有助于将戈尔拉马焦雷的水文响应状态从开发后（高峰和短持续时间）恢复到开发前（低峰和长持续时间）。

生态效益

自由水面人工湿地具有生物多样性的生态效益，可种植几种新型大型植物（香蒲、柳树、薄荷、鸢尾、金钱草）和大型漂浮植物（白睡莲、黄体裸眼、水性毛茛、毛茛和金鱼藻）。一位生物学家和一位生态学家通过比较干化滞留池中管理的草地（灰色基础设施）和NBS的野生动物多样性和丰富度，为多准则分析指标“支持野生动物”提供了专业意见。地表水体在生物多样性方面为NBS带来了明显的优势，与灰色基础设施的得分为40%相比，NBS的野生动物支持得分约为85%。NBS的多准则分析总分为80%，其中，20%归于“支持野生动物”指标。与灰色基础设施相比，绿色基础设施在生物多样性方面的贡献更多，灰色基础设施的总分仅为45%。

社会效益

戈尔拉马焦雷水上公园也是一个休闲公园，基础设施有河岸树木、绿色开放空间、步行道和自行车道，还可提供公共服务（如野餐桌、厕所和酒吧），由志愿协会维护。多准则分析考虑“改善人们的娱乐和健康”指标，该指标是根据访客或用户数量和访问频率估计的，并通过戈尔拉马焦雷发出的邮件调查进行评估。由于缺乏生物多样性和相关的教育设施，因此灰色基础设施的访问量较少，但周围的休闲公园仍然可以吸引游客。在娱乐方面，NBS的得分约为85%，而灰色基础设施的得分仅为40%。NBS的多准则分析总分为80%，其中，约15%由“娱乐”指标决定。与灰色基础设施相比，绿色基础设施（NBS）对社会效益贡献更大，灰色基础设施的总分仅为45%。

权衡取舍

为确保园区成功运营，可采用以下设计。

- 由于降雨模式随机，仅由合流制管道溢流（或雨水）供水的自由水面人工湿地可能面临较长的干旱期，因此夏季可能会出现蚊虫和气味问题，从而影响公园的娱乐价值。据此，奥洛纳河流量的最小部分被改道，以确保无降雨期间的自由水面人工湿地可进行连续水循环。
- 自由水面人工湿地还设计有滞留池，它需要的面积比仅为深度处理的合流制管道溢流冲洗池的面积更大。由于自由水面人工湿地的面积进一步增加，创建了平滑的斜坡，可确保公园使用的安全性。

经验教训

问题和解决方案

（1）随机进水负荷的现场处理。

NBS允许现场处理合流制管道溢流（污染），因为传统的解决方案（如活性污泥）不适用。现场处理可避免安装第一部分污水池，减少管道返回污水的流量，从而改善集中污水处理设施的功能。

（2）多用途解决方案。

使用NBS时，可在公共公园中布置处理设施，以解决用于改善奥洛纳河水质的处理设施在土地使用与娱乐用途之间的冲突问题。

（3）蚊虫和气味问题的控制。

奥洛纳河的部分流量被分流，可保证干旱期间自由水面人工湿地的连续水循环。

用户反馈或评价

对水上公园提供的生态系统服务的社会效益进行评估，结果表明社区居民对其非常认可，他们经常去水上公园，没有表现出对合流制管道溢流人工湿地的不满。

原著参考文献

Liquete, C., Udias, A., Conte, G., Grizzetti, B. and Masi, F. (2016). Integrated valuation of a nature-based solution for water pollution control. Highlighting hidden benefits. *Ecosystem Services*, **22**, 392–401.

Masi F., Bresciani R., Rizzo A. and Conte G. (2017). Constructed wetlands for combined sewer overflow treatment: ecosystem services at Gorla Maggiore, Italy. *Ecological Engineering*, **98**, 427–438.

Rizzo, A., Bresciani, R., Masi, F., Boano, F., Revelli, R. and Ridolfi, L. (2018). Flood reduction as an ecosystem service of constructed wetlands for combined sewer overflow. *Journal of Hydrology*, **560**, 150–159.

第 14 章 水平流人工湿地

作　者　阿纳克莱托·里佐（Anacleto Rizzo）
意大利佛罗伦萨维亚拉马尔莫拉路51号易迪拉公司
（Iridra Srl, Via La Marmora 51, 50121 Florence, Italy）
联系方式：rizzo@iridra.com

卡萨丽娜·通德拉（Katharina Tondera）
法国维勒班市F-69625法国国家农业食品与环境研究院水回用研究所
（INRAE, REVERSAAL, F-69625 Villeurbanne, France）

概　述

水平流人工湿地（HFTWs）（见图14-1）由砾石滤床组成，其上种植浮游式湿地植物，可促进水流通过其过滤介质。过滤介质完全被水浸透，可创造缺氧环境，维持地下水力

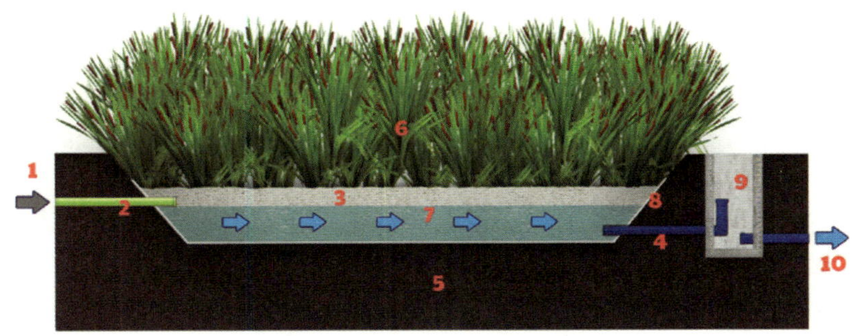

图14-1　水平流人工湿地示意图

1—进水口；2—加水系统；3—多孔介质；4—排水系统；5—原土层；6—植物；7—饱和水位；8—防水层；9—检修井；10—出水口

流动。颗粒物质通过沉淀或过滤保留，可溶物部分被非生物或生物吸收。残留的物质进一步在化学和生物过程中转化和降解，其中，生物过程为主要部分。根部区域为生物膜附着、氧气交换和维持水力流动提供了有利的条件。

优点	缺点
● 没有蚊虫滋生的风险 ● 坚固耐用，能处理液压系统的故障 ● 低能耗（通过重力作用供给） ● 可在分流制和合流制系统中运行 ● 在微观层面（建筑物）具有再利用潜力（冲厕、灌溉）	● 除处理性能和要求外，无其他缺点

协同效益

高	水资源再利用			
中	生物多样性（动物）	生物质产出		
低	生物多样性（植物）	碳汇	景观价值	娱乐

与其他NBS的兼容性

水平流人工湿地主要与垂直流人工湿地（VFTWs）结合使用，可提高氮去除率，但也可与自由水面人工湿地（FWS-TWs）和塘结合使用，具体可根据处理目标决定。

案例研究

在本书中：

- 意大利戈尔戈纳监狱的水平潜流人工湿地；
- 北马其顿共和国卡尔宾奇的水平流人工湿地；
- 捷克共和国切尔纳的水平流人工湿地。

运行和维护

常规维护

- 初级处理和污泥清除的控制率

特殊维护

- 第一个生长季节：杂草收割
- 至少每 10 年更换一次入口区的过滤材料

故障排除

- 气味：生物堵塞导致厌氧条件（产生气味问题）

NBS 技术细节

进水类型

- 初级处理后的污水
- 二级处理后的污水
- 灰水

处理效果

- COD　60%~80%
- BOD_5　~65%
- TN　30%~50%
- NH_4-N　20%~40%
- TP（长期的）　10%~50%
- TSS　>75%

要　求

- 净面积要求：每人 3~10m^2
- 电力需求：可通过重力流操作，否则需要为泵提供动力

设计标准

- 细砾石（5~15mm）

二级处理

- HLR：最高 0.02~0.05$m^3/m^2/d$
- OLR：最高 20gCOD/m^2/d
- TSS 负载：高达 10g TSS/m^2/d

三级处理

- HLR：最高 0.4$m^3/m^2/d$

常规配置

- 垂直流人工湿地 – 水平流人工湿地
- 水平流人工湿地 – 垂直流人工湿地
- 水平流人工湿地 – 自由水面人工湿地
- 自由水面人工湿地 – 水平流人工湿地

气候条件

- 适用于温暖气候，但也适用于寒冷气候和温带气候
- 经测试，也适合热带气候

原著参考文献

Dotro, G., Langergraber, G., Molle, P., Nivala, J., Puigagut, J., Stein, O. R., von Sperling, M. (2017). Treatment Wetlands. Biological Wastewater Treatment Series, Volume 7, IWA Publishing, London, UK, 172 pp.

Kadlec, R.H., Wallace, S., (2009). Treatment Wetlands 2nd edition, CRC Press, Boca Raton, FL, USA.

Langergraber, G., Dotro, G., Nivala, J., Rizzo, A., Stein, O. R. (2020). Wetland Technology: Practical Information on the Design and Application of Treatment Wetlands. IWA Publishing, London, UK.

Vymazal, J., Kröpfl erová, L. (2008). Wastewater Treatment in Constructed Wetlands with Horizontal Sub-Surface Flow. Springer.

14.1
意大利戈尔戈纳（Gorgona）监狱的水平潜流人工湿地

项目背景

1996年，戈尔戈纳监狱（Gorgona Penitentiary）（见图14-2和图14-3）（人口数量达400名）需要一个处理污水的系统。该系统的第一个目标是必须能够在没有专门技术援助的情况下发挥作用，第二个目标是解决缺水问题，这样就需要重复利用经过处理的水。人工湿地（TWs）是满足这些需求的最合适的污水处理技术。技术汇总表见表14-1。

NBS 类型
- 水平流人工湿地（HFTWs）

位　置
- 意大利托斯卡纳的戈尔戈纳岛（Gorgona Island）

处理类型
- 基于两个阶段的水平流人工湿地的二级处理系统

成　本
- 490 000 欧元

操作日期
- 1996 年至今

面　积
- 1350m^2

作者

李嘉图·布里斯卡尼（Ricardo Bresciani）

阿纳克莱托·里佐（Anacleto Rizzo）

法比奥·马西（Fabio Masi）

意大利佛罗伦萨维亚拉马尔莫拉路51号易迪拉公司

（IRIDRA Srl, via Alfonso La Mamora 51, Florence, Italy）

联系方式：阿纳克莱托·里佐，rizzo@iridra.com

图14-2　戈尔戈纳（Gorgona）水平潜流人工湿地位置示意图（LI，意大利）
（43° 25′ 51.50″ N，9° 54′ 13.43″ E）

（a）场景一

（b）场景二

图14-3　戈尔戈纳水平潜流人工湿地实拍图（LI，意大利）
（场景二拍摄于该人工湿地运行24年后的2018年）

表 14-1　技术汇总表

来水类型	
城市污水	
设计参数	
入流量（m^3/d）	20~80
人口当量（p.e）	400
面积（m^2）	共计 1350
人口当量面积（m^2/p.e.）	3.3
进水参数	
BOD_5（mg/L）	380（1998—2018 年平均监测数据）
COD（mg/L）	488（1998—2018 年平均监测数据）
TSS（mg/L）	95（1998—2018 年平均监测数据）
NH_4-N（mg/L）	37（1998—2018 年平均监测数据）
总氮（mg/L）	64（1998—2018 年平均监测数据）
大肠杆菌（菌落形成单位，CFU/100mL）	1 350 000（1998—2018 年平均监测数据）
出水参数	
BOD_5（mg/L）	108（1998—2018 年平均监测数据）
COD（mg/L）	154（1998—2018 年平均监测数据）
TSS（mg/L）	67（1998—2018 年平均监测数据）
NH_4-N（mg/L）	22（1998—2018 年平均监测数据）
总氮（mg/L）	44（1998—2018 年平均监测数据）
大肠杆菌（CFU/100mL）	28 400（1998—2018 年平均监测数据）
成本	
建设	490 834 欧元
运行（年度）	2000 欧元

设计和建造

戈尔戈纳水平潜流人工湿地由1个初级处理系统（格栅和双层沉淀池）和1个二级处理系统组成，包括两个阶段的水平潜流人工湿地（HFTW）（见图14-4）（两个平行滤床，串联1个湿草地，作为过滤器或缓冲区）。在夏季，可以直接对其取水灌溉。

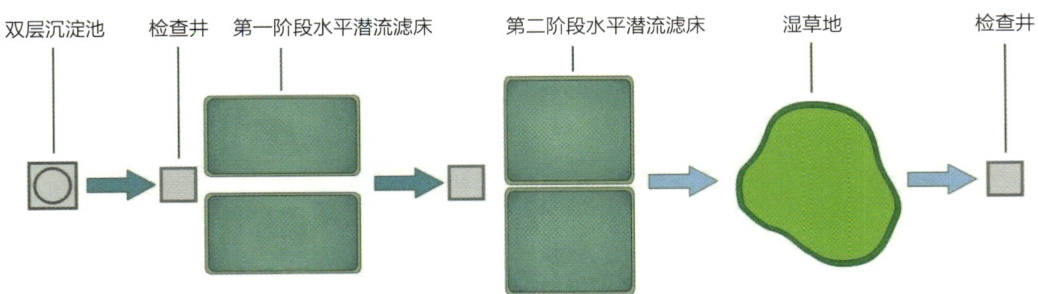

图14-4 戈尔戈纳（Gorgona）水平潜流人工湿地示意图

进水或处理类型

戈尔戈纳监狱可容纳400人，包括囚犯和看守人员。戈尔戈纳水平潜流人工湿地主要通过双层沉淀池处理污水，每天可处理该监狱产生的20~80m^3污水。

处理效率

戈尔戈纳水平潜流人工湿地通过运行和维护合同进行管控，该合同规定每年都需要检查处理系统的适用性。运行24年后，4个水平潜流单元仍然正常工作，符合意大利法律关于污水处理厂服务少于2000人的“适当处理”的要求（DL 152/06）。

运行和维护

由于运行和维护合同可保障戈尔戈纳水平潜流人工湿地正常运行，因此虽然经过24年，但其仍然可以正常工作，没有进行任何翻新，而且运行和维护成本非常低。

所有的运行和维护工作都由没有经过专业训练的人员完成，可分为常规维护和特殊维护。常规维护工作的目的是保持项目设施有效运作，主要内容包括：

- 检查混凝土结构；
- 为钢结构涂漆和润滑；
- 平整和修复道路；
- 检查发动机油位和润滑油；
- 检查电气保护和绝缘性能；

- 检查护坡是否有侵蚀和冲刷损坏问题；
- 目视检查杂草、植物健康或虫害问题。

成本

基础建设费用为490 834欧元，包括以下项目：

- 土方工程；
- 人工湿地建设（填料、衬垫、土工布、植物）；
- 初级处理单元（双层沉淀池）；
- 管道工程；
- 建筑物；
- 道路和景观美化；
- 栅栏和大门；
- 泵站和泵。

运行和维护费用约为每年2000欧元，包括以下项目：

- 人工；
- 特殊维护（采样、芦苇和景观维护）。

该设施的一部分建设资金由意大利司法部资助。

协同效益

水资源再利用

经过24年的观察，回收再利用处理后的污水没有造成任何公共卫生问题。处理后的污水用于灌溉室外菜园也是为囚犯规定的改造活动之一。

权衡取舍

选择人工湿地的单元配置不仅是为了满足排放标准，而且也是为了解决在岛屿条件下遇到的空间问题。

经验教训

问题和解决方案

适当的设计、运行和维护可以增加NBS的使用寿命。

水平潜流人工湿地的使用寿命主要受堵塞因素影响。根据指南和科学论文，水平潜流人工湿地在非正常情况下的预期寿命是7~10年。由于堵塞问题，填充介质应在8~10年后进行翻新。戈尔戈纳监狱的水平潜流人工湿地表明，保守的尺寸、适当的填充介质和简单有效的维护可以延长（湿地）寿命。类似的长期运行的案例可查阅更多文献（Vymazal，2018）。长期运行的一个关键点是适当进行维护，而戈尔戈纳监狱持有的合同为其成功长期运行提供了保障。鉴于此，有类似处理设施的长期运行需求时，建议与人工湿地公司的专家签订运行和维护合同。

用户反馈或评价

戈尔戈纳监狱的水平潜流人工湿地因其成本低和维护简单而得到人们的高度赞赏。此外，囚犯经常使用处理过的污水，没有发现任何安全问题。

原著参考文献

Vymazal, J. (2018). Does clogging affect long-term removal of organics and suspended solids in gravel-based horizontal subsurface flow constructed wetlands? *Chemical Engineering Journal*, **331**, 663–674.

14.2

北马其顿共和国卡尔宾奇（Karbinci）的水平流人工湿地

项目背景

卡尔宾奇（Karbinci）的利姆诺韦特（Limnowet）人工湿地是由斯洛文尼亚利姆诺斯（Limnos）于2017年设计的，主要处理位于欧洲北马其顿共和国布雷加尔尼察河（Bregalnica River）岸边卡尔宾奇（Karbinci）镇的生活污水。

布雷加尔尼察河是该国重要的水资源，但已受到生活和工业污水与农业径流的严重污染。卡尔宾奇地区70%的建筑与污水处理系统相连，污水直接排入布雷加尔尼察河，对其造成严重污染。在国际资助组织的支持下，北马其顿共和国政府

NBS 类型

- 水平流人工湿地（HFTWs）

位置及气候

- 北马其顿共和国的卡尔宾奇（Karbinci）

地中海或巴尔干半岛

处理类型

- 水平流人工湿地的二级处理

成　本

- 550 000 欧元

运行日期

- 2017 年至今

面　积

- 4 个（设施）滤床的总面积 2760m²

作者

阿伦卡·穆比·扎拉兹尼克（Alenka Mubi Zalaznik）
提·尔哈维茨（Tea Erjavec）
马丁·弗霍夫谢克（Martin Vrhovšek）
安雅·波托卡尔（Anja Potokar）
乌尔沙·布罗德尼克（Urša Brodnik）
卢布尔雅那1000波德林巴斯基31号利姆诺斯有限公司
（LIMNOS Ltd.，Podlimbarskega 31，1000 Ljubljana）
联系方式：阿伦卡·穆比·扎拉兹尼克，info@limnos.si

决定实施各种污水处理方案。对于分散的小村庄，在污水排放到河流之前，须采用水平流人工湿地（HFTW）对其进行处理。技术汇总表见表14-2。

表14-2 技术汇总表

来水类型	
生活污水	
设计参数	
入流量（m^3/d）	285
人口当量（p.e）	1100
面积（m^2）	2760
人口当量面积 (m^2/p.e.)	2.5
滤床类型	
水平流动滤床	1（床）×600m^2 2（床）×750m^2 1（床）×660m^2
污泥干化芦苇滤床	4（床）×75.65m^2
成本	
建设	550 000 欧元
运行（年度）	约 5000 欧元

设计和建造

该水平流人工湿地于2017年设计并实施，位于距离卡尔宾奇（Karbinci）村庄400m的地方，周围都是农田。它由4个水平流动滤床（1个过滤床，2个处理滤床，1个深度处理滤床）组成，总表面积为2760m^2，服务约1100人。这些滤床以防水层和砾石（颗粒尺寸为1~80mm）为过滤介质，种植的是普通芦苇。由于地势平坦，因此水被泵入173m^3的沉淀池，并通过重力作用流过4个滤床。处理过的污水排入布雷加尔尼察河。

在水平流人工湿地旁边（见图14-5和图14-6）设立4个处理污泥的芦苇滤床，这样可在现场生产稳定的堆肥，减少污泥处理的处置成本。污泥干化芦苇滤床可对化粪池中产生的稳定污泥进行厌氧处理。

图14-5 施工阶段的水平流人工湿地
（利姆诺斯有限公司档案，Limnos Ltd.）

图14-6 运行两年后的水平流人工湿地
（利姆诺斯有限公司档案，Limnos Ltd.）

进水或处理类型

水平流人工湿地接收经物理预处理的生活污水。

处理效果

根据2017年的一次采样数据，水平流人工湿地可有效去除有机物质（见表14-3），这也符合马其顿法律要求。法律没有要求去除营养素。

表 14-3 卡尔宾奇利姆诺韦特水平流人工湿地的处理效果

参数	进水（mg/L）	出水（mg/L）	处理率（%）	法律要求（mg/L）
BOD_5	163	18	89	25
COD	273	43	84	125

运行和维护

卡尔宾奇水平流人工湿地的运营和管理由一家水务公司负责。调试后，设计公司利姆诺斯有限公司向业主提供运行和维护指南，主要工作包括：

- 检查初级处理并定期将累积的污泥清除至污泥干化芦苇滤床，以避免垂直流滤床堵塞；
- 每周检查入流管道；
- 常规维护粗格栅板，每周目视检查收集污水和固体废弃物的粗格栅板和容器；
- 常规维护双层沉淀池，每月目视检查储水设施；

- 每周常规维护泵站；
- 控制流量和水位：每周目视检查进水和出水流量，每月现场目视检查水位；
- 常规维护管道和通风井：每年根据需要（至少两次）清理管道和通风井；
- 在新的植被季节开始前，以及每年秋季或春季开始时，清理湿地植物。

成本

污泥干化芦苇滤床的设计和建造成本为550 000欧元，该项目完全由瑞士政府资助（State Secretariat for Economic Affairs, SECO）。

运行和维护成本约为每年5000欧元。

协同效益

生态效益

由于卡尔宾奇水平流人工湿地可有效处理生活污水，并改善布雷加尔尼察河的水质，因此增加了该地生态系统的生物多样性和稳定性。此外，没有关于生态效益的其他数据。

社会效益

生活污水的处理改善了卡尔宾奇的社会经济条件，并显著降低了饮用水源和周围环境受到污染的风险。利用水平流人工湿地处理污水不仅可以改善环境教育，还能提高公民的环境保护意识。

权衡取舍

社区没有重大的权衡取舍。水平流人工湿地位于一个农业价值较低的区域，该区域曾受洪水侵袭。为了防止洪水再次来袭，应抬高水平流人工湿地的地基。招标条件包括：设备应能够在无持续供电的情况下运行；水平流人工湿地的污水处理可以在没有电源的情况下运行，仅需要用电将水抽到所需高度即可，之后通过重力作用流动。

经验教训

问题和解决方案

资金捐赠者（瑞士政府，在制定可行性研究后）根据村庄的大小和位置决定水平流人工湿地的实施。在故障修理责任期内，与运营商、市政当局和当地居民沟通，以防止滥用设备，对其造成损坏。除了复杂的许可程序，建设必须合规，所有材料和资源也都须具备可获得性。

用户反馈或评价

水平流人工湿地已经使用了几十年，经过适当维护，一直运行顺利。卡尔宾奇当地的公共事业公司在2年的故障修理责任期内学习了如何运营湿地，而且每6个月由技术专家进行一次现场培训。

市政当局因获得了一个简单、有效、可持续的污水处理设施而感到自豪。

当地农民获得了关于污泥再利用的信息，即污泥干化芦苇滤床的污泥每隔10年及以上可进行土地利用。

14.3

捷克共和国切米纳（Chmelná）的水平流人工湿地

项目背景

切米纳（Chmelná）村庄的水平流人工湿地是捷克共和国第二个完整的人工湿地。它建于1991年，虽然当时关于人工湿地的信息较少，但令人吃惊的是，其依据居然是1990年在英国剑桥举行的人工湿地会议上发表的关于人工湿地的设计、运行和维护指南。

切尔纳位于贝内索夫（Benešov）区，在中欧最大的饮用水库的集水区内，为布拉格（Prague）和附近几个城市提供饮用水。该村庄位于布拉格东南约60km处，有142名居民。村庄里有一个合流管道系统，污水不仅会被雨水稀释，而且还会被附近农田排放的水稀释。当污水被过度稀释时，利用活性污泥系统（传统污水处理系统）处理有些困难，因为这些系统中的（移动）细菌只有更集中才会更好地发挥作用。对于过度稀释的污水，细菌被固定在生物膜中处理，效果会更好，这是

NBS 类型

- 水平流人工湿地（HFTWs）

位　置

- 捷克共和国切米纳（Chmelná）

处理类型

- 两个平行的水平流人工湿地的二级处理

成　本

- 建设成本：800 000 捷克克朗

运行日期

- 1992 年至今

面　积

- 两个滤床的总面积为 706m^2+ 预处理设施规模（沉沙池、双层沉淀池）

作者

让·维马扎（Jan Vymazal）

捷克共和国布拉格捷克生命大学环境科学部

（Czech University of Life Sciences Prague, Faculty of Environmental Sciences, Czech Republic）

联系方式：vymazal@fzp.czu.cz

水平流人工湿地处理的一种情况。由此可见，水平流人工湿地对处理污染物非高度集中的污水是一个很好的选择。切米纳水平流人工湿地（见图14-7和图14-8）于1991年秋季开始建设，1992年夏季投入使用。技术汇总表见表14-4。

图14-7　切米纳（Chmelná）水平流人工湿地位置示意图（49° 38′41.7″ N，14° 59′ 31.7″ E）

图14-8　切米纳水平流人工湿地实景图

表 14-4　技术汇总表

来水类型	
市政污水，合流污水	
设计参数	
入流量（m^3/d）	65.85（1993—2018 年的平均值）
人口当量（p.e）	150
面积（m^2）	706
人口当量面积（m^2/p.e.）	4.71
进水参数（1993—2018 年的平均值）	
BOD_5（mg/L）	89
COD（mg/L）	185
TSS（mg/L）	64
大肠杆菌（菌落形成单位，CFU/100mL）	—
出水参数（1993—2018 年的平均值）	
BOD_5（mg/L）	6.1
COD（mg/L）	36.7
TSS（mg/L）	5.3
大肠杆菌（CFU/100mL）	—
成本	
建设	800 000 捷克克朗 1992 年 23 000 美元，1992 年人均 153 美元 2020 年达到 120 000 美元，人均 800 美元
运行（年度）	1500 美元

设计和建造

切米纳水平流人工湿地由预处理设施（水平沙井和双层沉淀池）和两个平行的水平地下流动层组成（见图 14-9）。实际上，这些水平地下流动层是串联排列的（一个接一个），但它们同时进水（污水同时进入）。过滤材料为碎石（粒径为4~8mm）。第一层水平地下流动层误种植了高羊茅（芦苇金丝雀草），而第二层水平地下流动层特意种植芦苇（普通芦苇）。目前，第一层水平地下流动层被澳大利亚紫草、荨麻（刺荨麻）和少量高羊茅覆盖。第二层水平地下流动层种满了澳大利亚紫草。

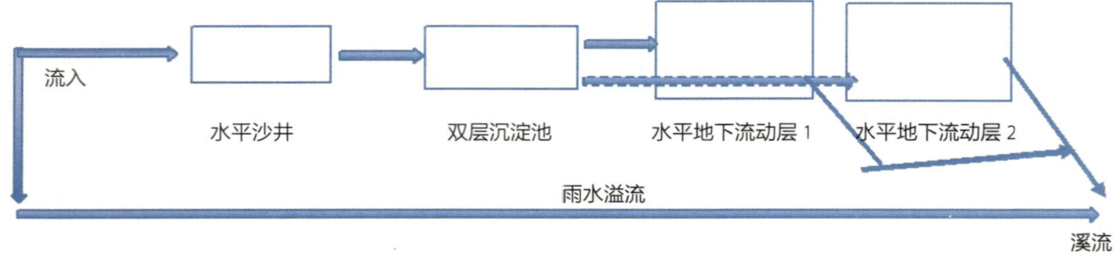

图14-9　切尔纳水平流人工湿地示意图

进水或处理类型

水平流人工湿地治理来自切米纳村庄的城市污水、径流雨水和周围农田的排水，之后被排放到水平流人工湿地以下约400m处的一条小溪。在捷克共和国，法律要求，将处理过的污水排放到接收水体中时，参数必须低于出水的特定标准，包括BOD_5、COD和TSS（这些参数适用于相当于人口当量小于500p.e.的污水处理厂）。这些参数可达到的限值为BOD_5 30mg/L，COD 100mg/L和TSS 30mg/L。

处理效率

自1992年实施以来，水平流人工湿地的处理效果一直不错。尽管进水的浓度波动很大，但出水的浓度一直非常稳定。在27年的运营中，其处理率甚至有一些提高。

运行和维护

自1992年以来，水平流人工湿地一直没有进行过任何翻新活动，过滤材料（碎石粒径为4~8mm）从未更换过。维修人员每季度抽取进水和出水的样本，并在认证实验室进行分析。每天使用校准的汤普森（Thompson）过流堰在出水处测量水流。偶尔不定期收割植被，并将其用于堆肥。

成本

1992年，在建设水平流人工湿地时，其建造、材料和运输成本都很低。在捷克共和国，由于40%~60%的成本用于过滤材料和运输，因此在20世纪90年代初，水平流人工湿地的成本为活性污泥等传统污水处理系统成本的30%~50%。目前，水平流人工湿地成本等于传统污水处理系统的平均成本。

水平流人工湿地项目于1992年开始建设时，资金完全来自捷克共和国农业部的“恢复农村”项目。目前，政府资金支持占总成本的80%，剩余的20%是小村庄建设污水处理系统的主要障碍，因为他们的预算太少，无法支付这些费用。

此外，运营费用由该村庄承担，这在捷克共和国是一种常见情况。每年的运行和维护费用约为1500美元，包括分析费用（每年4次流入和流出的水体测试）、预处理维护费用（清理过滤设施、捕沙器和双层沉淀池）及管理湿地的兼职人员费用。

协同效益

生态效益

在水平流人工湿地建成前，当地居民处理污水只能用化粪池，但其处理性能往往较差，而且有的化粪池会出现泄漏问题。村庄位于一个相对陡峭的斜坡上，在村庄下方有一个被污水污染的天然小池塘。在降雨期间，径流会进入小池塘。自水平流人工湿地建设以来，草地已成为动物的健康栖息地。

社会效益

水平流人工湿地对该村庄居民有益，而且他们不必支付治理费用。此外，水平流人工湿地还可以提高当地居民对其优点和积极效果的认识，社区中的许多人通过该湿地了解了污水是如何处理的。

权衡取舍

由于这个村庄及其周围都位于一个饮用水库的集水区内，接收从水平流人工湿地排放的水的河流直接进入水库，因此河流水质是人们关心的主要问题。通过2014—2017年连续3年的监测，发现处理过的水对河流或水库的整体质量没有实质性的影响，所有参数均保持在同一类别水质参数范围内。

经验教训

问题和解决方案

自1992年建成以来，水平流人工湿地系统一直运行良好。这是捷克共和国一个先进系统，是水平流人工湿地处理能力及处理高度稀释的城市污水的典范。该系统还证明了这种类型的人工湿地的寿命。如果水平流人工湿地的负荷低于10g $BDO_5/m^2/d$和15g $TSS/m^2/d$，那么系统就不会出现严重堵塞问题，并且在过去20年中，其处理性能一直比较稳定。

用户反馈或评价

迄今为止，尽管水务当局不太认可水平流人工湿地，但当地人们对其非常满意。作为一个成功的应用系统，其有助于使水务部门和环境部相信这种类型的污水处理设施的可行性。

原著参考文献

Cooper, P. F. (ed.). (1990). European design and operation guidelines for reed bed treatment systems. Prepared by the EC/EWPCA Emergent Hydrophyte Treatment Expert Contact Group. Water Research, Swindon, UK.

Vymazal, J. (1996). Constructed wetlands for wastewater treatment in the Czech Republic: the first 5 years experience. *Water Science and Technology*, **34**(11), 159–164.

Vymazal, J. (1999). Removal of BOD5 in constructed wetlands with horizontal sub-surface flow: Czech experience. *Water Science and Technology*, **40**(3), 133–138.

Vymazal, J. (2002). The use of sub-surface constructed wetlands for wastewater treatment in the Czech Republic: 10 years experience. *Ecological Engineering*, **18**, 633–646.

Vymazal, J. (2011). Long-term performance of constructed wetlands with horizontal sub-surface flow: ten case studies from the Czech Republic. *Ecological Engineering*, **37**, 54–63.

Vymazal, J. (2018). Does clogging affect long-term removal of organics and suspended solids in gravel-based horizontal subsurface flow constructed wetlands? *Chemical Engineering Journal*, **331**, 663–674.

Vymazal, J. (2019). Is removal of organics and suspended solids in horizontal sub-surface flow constructed wetlands sustainable for twenty and more years? *Chemical Engineering Journal*, **378**, 122117.

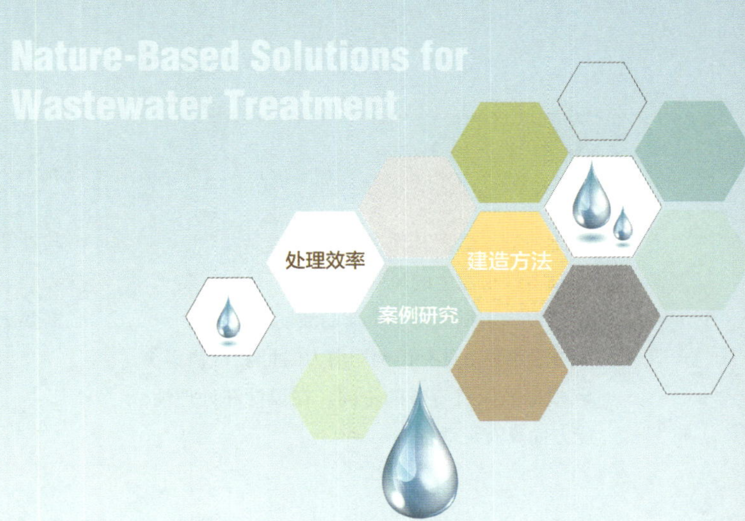

第 15 章 曝气人工湿地

作　者　阿纳克莱托·里佐（Anacleto Rizzo）
意大利佛罗伦萨维亚拉马尔莫拉路51号易迪拉公司
（Iridra Srl, Via La Marmora 51, 50121 Florence, Italy）
联系方式：rizzo@iridra.com

概　述

曝气人工湿地是一种先进的人工湿地类型，由于氧气的可用性更高，因此可以更有效地去除污水中的污染物。曝气人工湿地是一种地下潜流系统，通过适当的空气分配系统从下方进行机械曝气。该系统非常适合处理高有机物负荷的污水，并可最大限度地减少人工湿地的用地压力（见图 15-1）。

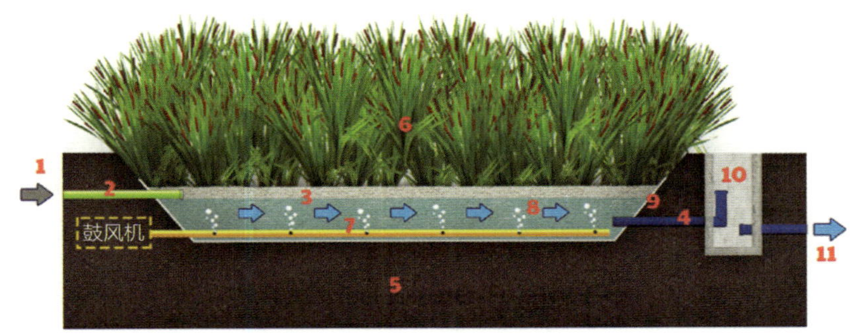

图 15-1　曝气人工湿地示意图

1—进水口；2—加水系统；3—多孔介质；4—排水系统；5—原土层；6—植物；7—曝气系统；8—饱和水位；9—防水层；10—常规检查井；11—出水口

优点	缺点
• 土地需求低于其他 NBS 方式 • 没有蚊虫滋生的风险 • 可以稳定抵抗污染负荷的波动 • 在建筑物中具有再利用潜力（冲厕、灌溉等） • 根据鼓风机容量的不同，在设计和处理性能方面具有灵活性	• 与被动人工湿地系统相比，需要用到更精细的技术 • 需要额外的能源消耗和运行维护成本

协同效益

高	水资源再利用				
中	生物质产出				
低	生物多样性（动物）	生物多样性（植物）	碳汇	景观价值	娱乐

与其他NBS的兼容性

即使间歇曝气可以达到总氮的出水水质目标，当需要更高的总氮去除率时，曝气人工湿地还可以与反硝化阶段（例如，水平流或自由水面人工湿地）结合使用。

案例研究

在本书中：

- 强化人工湿地：法国塔尔瑟奈的强制曝气系统；
- 美国明尼苏达州华盛顿县圣克罗伊马林的杰克逊草甸曝气水平潜流人工湿地。

其他

- 美国、英国、比利时和意大利都有许多类似的成功经验。

运行和维护

月度维护

- 控制一级处理和污泥去除率
- 收割芦苇
- 检查分配系统和曝气系统的功能
- 检查预处理泵轴（污泥界面）、进水结构、过滤层和出水结构；检查过滤器上面或里面的水的流动和均匀分布情况
- 必须从过滤器中去除入侵植物和杂草

特殊维护

- 从技术角度看，系统更为复杂，可能需要熟练的工人来操作鼓风机和强制曝气系统

故障排除

- 气味：在生物堵塞导致的厌氧条件下发生

NBS 技术细节

进水类型

- 一级处理后的污水
- 灰水

处理效率

- COD >90%
- TN（间歇曝气的最大值） 15%~60%
- NH_4-N >90%
- TP 20%~30%
- TSS 80%~95%
- 指示菌 大肠杆菌≤2~3log_{10}

要　求

- 净面积要求：人均 0.5~1m^2
- 电力需求：0.1~0.2（kW·h）/m^3

设计标准

- OLR：（最大）100g COD/m^2/d

常规配置

- 单级
- 曝气人工湿地 + 自由水面人工湿地

气候条件

- 温暖气候较理想，但也适用于寒冷气候

原著参考文献

Dotro, G., Langergraber, G., Molle, P., Nivala, J., Puigagut, J., Stein, O., Von Sperling, M. (2017). Treatment Wetlands. IWA Publishing, London, UK.

Headley, T., Nivala, J., Kassa, K., Olsson, L., Wallace, S., Brix, H., van Afferden, M., Müller, R. (2013). *Escherichia coli* removal and internal dynamics in subsurface flow ecotechnologies: effects of design and plants. *Ecological Engineering*, **61**, 564–574.

Kadlec, R. H., Wallace, S. (2009). Treatment Wetlands. CRC Press, Boca Raton, FL, USA.

Langergraber G., Dotro G., Nivala J., Rizzo A., Stein O. (editors) (2019). Wetland Technology: Practical Information on Design and Application of Treatment Wetlands, pp. 5–9. IWA Publishing, London, UK.

Nivala, J., Boog, J., Headley, T., Aubron, T., Wallace, S., Brix, H., Mothes, S., van Afferden, M., Müller, R.A. (2019). Side-by-side comparison of 15 pilot-scale conventional and intensified subsurface flow wetlands for treatment of domestic wastewater. *Science of the Total Environment*, **658**, 1500–1513.

Rous, V., Vymazal, J., Hnátková, T. (2019). Treatment wetlands aeration efficiency: a review. *Ecological Engineering*, **136**, 62–67.

Uggetti, E., Hughes-Riley, T., Morris, R.H., Newton, M.I., Trabi, C.L., Hawes, P., Puigagut, J., García, J. (2016). Intermittent aeration to improve wastewater treatment efficiency in pilot-scale constructed wetland. *Science of the Total Environment*, **559**, 212–217.

15.1

强化人工湿地：法国塔尔瑟奈（Tarcenay）的强制曝气系统

项目背景

人工湿地系统可以有效处理生活污水，由于基本不会因占地产生问题，因此法国的农村地区经常使用该技术。然而，对于需要更大处理能力的情况，或者工厂改建的情况，新建污水处理厂会面临可用空间不足的问题。严格的出水要求强化了这个问题，因而需要多种类型和多级湿地联合进行处理。在这种情况下，强化人工湿地似乎是一个很好的选择，同时也可降低建设成本（使用材料更少）。

塔尔瑟奈（Tarcenay）污水处理厂（老池塘）（见图15-2）需要扩大规模并进行改造，以满足更高的出水要求。在这种情况下，一个具有强制曝气（Rhizosph'air）的单级人工湿地系统应运而生（见图15-3），主要通过含有磷灰石的除磷过滤器进行污水处理。强制曝气工艺由圣提亚（Syntea）、自然华莱士（Naturally Wallace）和黎特兰（Rietland）发明并获得专利，由1个接收污水原水的垂直不饱和过滤器和1个带有强制曝气的水平饱和过滤器组成。

NBS 类型

- 曝气人工湿地

位　　置

- 法国杜布斯（Doubs）塔尔瑟奈

处理类型

- 使用部分饱和的法式垂直流芦苇滤床进行一级、二级和三级处理，强制曝气并处理污水原水

成　　本

- 建设：强制曝气滤床 545 000 欧元 + 除磷过滤器 285 000 欧元

运行日期

- 2016 年 10 月至今

面　　积

- 湿地面积（仅强制曝气过滤器）：1400m^2

作者

斯蒂芬妮·普罗斯特-布克勒（Stéphanie Prost-Boucle）
帕斯卡·莫尔（Pascal Molle）
法国维勒班市F-69625法国国家农业食品与环境研究院水回用研究所
（INRAE, REVERSAAL, F-69625 Villeurbanne, France）
联系方式：帕斯卡·莫尔，pascal.molle@inrae.fr

这是一个可以接收污水原水的单级人工湿地，设计规模为1400人口当量，标称日流量为293m^3，出水要求BOD_5为15mg/L，COD为90mg/L，TSS为20mg/L，凯氏氮为15mg/L，磷为1.5mg/L。尽管对TN没有要求，法国国家农业食品与环境研究院（INRAE）（前身为法国国家环境暨农业科技研究院，IRSTEA）还是在2018年和2019年对其进行了监测，旨在优化曝气周期，提高TN处理性能。技术汇总表见表15-1。

图15-2　塔尔瑟奈污水处理厂位置示意图

图15-3　2019年6月，塔尔瑟奈污水处理厂的人工湿地曝气场景图

（摄影：INRAE）

表 15-1　技术汇总表

来水类型		
生活污水		
设计参数		
入流量（m^3/d）	293	
人口当量（p.e.）	1400	
面积（m^2）	1400	
人口当量面积（m^2/p.e.）	1	
进水参数		
流量（m^3/d）	75~100	
BOD_5	39kg/d	430mg/L
COD	62kg/d	736mg/L
TSS	36kg/d	430mg/L
KN	8kg/d	91mg/L
TP	1.05kg/d	12mg/L
出水参数	**强制曝气阶段之后**	**除磷过滤器之后**
BOD_5（mg/L）	4	3
COD（mg/L）	28	28
TSS（mg/L）	5	3
KN（mg/L）	13	13
TN（mg/L）	19	19
TP（mg/L）	5.6	0.5
成本		
建设	强制曝气滤床 545 000 欧元 + 除磷过滤器 285 000 欧元	
运营（每年）	7~10 欧元 /p.e./a	

设计和建造

强制曝气系统包括两个处理阶段（见图15-4）：第一个阶段是垂直的自由排水过滤器，第二个阶段是带有强制曝气的基本水平布置的饱和过滤器。其上种植芦苇，可以接收污水原水（设置4cm过滤网）。强制曝气系统从底部注入空气，使氧气在到达第一个阶段之前通过饱和过滤器，这样不仅可以向饱和层供应氧气，而且增加了不饱和层和堆积在上面的有机沉积层的曝气。由于空气的供应，因此该有机沉积层的矿化速度更快。与法国的标准系统相反，强制曝气系统只有两个过滤器是并行设置的。

曝气系统由30cm深的过滤层细砾石（过滤器顶部）、10cm深的过渡层砾石和105cm深的饱和层粗砾石（过滤器底部）组成。该系统表面积大小取决于排水系统的类型（分流制或合流制），以及收集的雨水或地下水等来源的水量。表面积的大小为每人口当量0.8~1.2m^2。

图15-4　强制曝气系统示意图

［由圣提亚（Syntea）提供］

进水或处理类型

强化人工湿地接收由合流制排水系统收集的1400人口当量的生活污水和雨水。典型生活污水的COD与BOD_5比值为2.0 ± 0.5，这说明污水完全可以生物降解（容易被细菌或其他生物体分解）。

在进入强化人工湿地系统之前，污水先通过一个40mm的筛网，然后进入批量配水系统（虹吸管），该系统将污水分配到过滤器，进而处理污水和污泥。这一过程可以参考法国标准人工湿地系统（Molle et al.，2005）。

处理效率

法国国家农业食品与环境研究院对强化人工湿地进行了为期2年的研究。除了评估其性能，还确定了间歇曝气对TN去除率的影响。由于污水处理厂未满负荷运行，因此需要通过使用部分过滤器人为地将表面负荷提高到标准负荷。

无论试验何种曝气模式，强化人工湿地对COD、BOD_5和TSS的处理性能均保持在较高水平且效果稳定。在每天4个阶段共曝气12h的情况下，硝化作用发挥完全，但由于缺乏碳源，因此反硝化作用水平很低。为提高TN去除量，每天的曝气时间需要更短。当曝气设置为每天4个阶段共3h时，可获得不同的性能观测结果（见表15-2）。

由于强化人工湿地系统对溶解磷的处理率不高，因此可使用磷灰石过滤器固定磷以达到出水的水质目标。

表 15-2 塔尔瑟奈污水处理厂的处理性能表

水力负荷	0.28m/d				
强制曝气	3h/d，白天分为4个阶段				
参数	BOD_5	COD	TSS	KN	TN
可处理负荷	150g/m²/d	230g/m²/d	150g/m²/d	29gN/m²/d	29gN/m²/d
进水浓度	530mg/L	810mg/L	530mg/L	100mgN/L	100mgN/L
出水浓度	4mg/L	28mg/L	3mg/L	13mgN/L	19mgN/L
性能（产量）	99%	97%	99%	87%	82%

运行和维护

本案例的运行和维护方法与标准的法式垂直流人工湿地（French VFTWs）类似，包括每周两次巡视，主要检查和控制处理系统（检查及分批处理配水系统、交替使用过滤器等)。每年收割一次植物(芦苇),每10~15年清理一次有机沉积层以便将土地用于农业。该系统结构紧凑($1m^2$/p.e.),这意味着每年的收割耗时比标准系统少。

此外,强制曝气系统比标准人工湿地系统需要更多电力和专业维护知识,而且机械设备的操作还需要一位电气机械师。

成本

强化人工湿地的成本包括土方工程、材料、设备、自动化及数据系统与监视控制系统(Scada system)和场地布局。强制曝气滤床的总成本为545 000欧元,除磷过滤器的总成本为285 000欧元。

运营成本为每年每人7~10欧元。

协同效益

生态效益

通常,用于处理生活污水的垂直流人工湿地没有足够大的面积来增加生物多样性,但是可以为当地动物提供替代栖息地。塔尔瑟奈强化人工湿地的主要生态作用是高水平的处理性能,其生态效益体现在对水质的积极影响方面,而且这类水体是养鱼的良好水体,可供周边居民钓鱼。此外,由于强化人工湿地布局紧凑,因此改造时保留了原污水处理厂的两个池塘,可以为鸟类提供栖息地。

社会效益

强化人工湿地操作简单,可由社区管理。此外,为了发挥与绿色基础设施相关的教育和发展作用,强化人工湿地不仅可供学生参观,还可用来放羊以促进湿地上草木的可持续利用。

经验教训

问题和解决方案

塔尔瑟奈强化人工湿地发挥了其在小区域内应用的潜力,解决了特定的占地面积限制问题,而且一级紧凑型人工湿地证明了有效处理污水和污泥的可能性。

强化人工湿地去除碳和固体的性能较高且水平稳定。对于氮的去除,曝气循环可以适应从完全硝化到几乎完全去除TN的不同处理水平。针对去除碳和硝化作用的特定需求设定曝气水平,并考虑反硝化作用的氧气供应,对于优化TN的去除率至关重要。

此外,不同曝气周期的试验表明,强化人工湿地系统可以快速稳定地(在大多数时间)达到新的氧合速率。由此可见,该系统似乎很适合在灌溉中重复使用,因为灌溉所需出水的水质可能会随季节变化。此外，该系统可以通过改变曝气实现不同含氮水平的出水，从而向“按需处理”靠近了一步。

用户反馈或评价

塔尔瑟奈市政府对其良好的性能、在污泥综合管理和绿化等方面的表现，以及在生态环境方面的教育意义十分认可。

原著参考文献

Molle P., Liénard A., Boutin C., Merlin G., Iwema A. (2005). How to treat raw sewage with onstructed wetlands: an overview of the French systems. *Water Science & Technology* **51**(9), 11–21.

15.2

曝气水平潜流人工湿地：美国明尼苏达州华盛顿县圣克罗伊马林的杰克逊草甸（Jackson Meadow, Marine on St. Croix, Washington County, Minnesota, USA）

项目背景

杰克逊草甸是一个有64户住宅的村庄社区，位于明尼苏达州华盛顿县圣克罗伊马林（见图15-5和图15-6）。这些房屋占地约10hm^2，可以保护约80hm^{2}①土地作为永久专用开放空间。该社区面临的最大挑战是，在没有排水管网的条件下为小规模的住宅群开发污水处理系统，并且需要避免出现由标准化粪池系统造成的污染问题（NW Consulting，时间未知）。

作者

斯科特·华莱士（Scott Wallace）

美国明尼苏达州斯蒂尔沃特大自然华莱士咨询公司

（Naturally Wallace Consulting, Stillwater, Minnesota, USA）

丽莎·安德鲁斯（Lisa Andrews）

荷兰海牙LMA水务咨询公司

（LMA Water Consulting+, The Hague, The Netherlands）

联系方式：斯科特·华莱士，contact@naturallywallace.com

NBS 类型

- 曝气人工湿地

位　置

- 美国明尼苏达州华盛顿县圣克罗伊马林

处理类型

- 采用带有强制曝气滤床的水平潜流人工湿地进行二级处理

成　本

- 缺少相关信息

运行日期

- 1998 年至今

面　积

- 湿地处理单元：650m^2

① 原文单位有误。——译者注

图 15-5　杰克逊草甸位置示意图

（来源：谷歌地图）

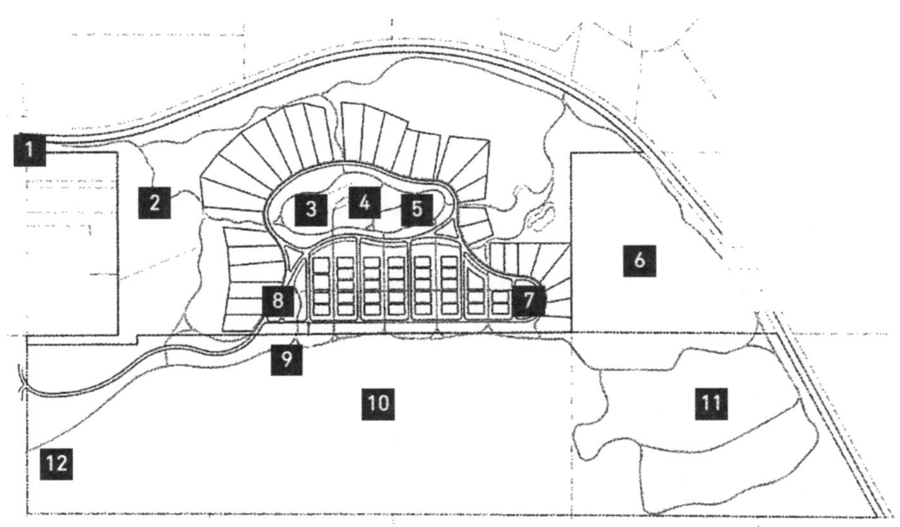

图 15-6　杰克逊草甸结构示意图

1—连接马林村的小径；2—马林村公园；3—已建成的人工湿地系统；4—开放空间；5—高点；6—开放式农业用地；7—绿地游戏空间；8—井房；9—蓝色苍鹭小路；10—保护地役权土地；11—空谷；12—通往威廉·奥布莱恩州立公园的小径

这对开发商来说是一个重大挑战。设计师、开发商和社区经过多次会议沟通，最终确定了一个解决方案，即安装两个曝气水平潜流人工湿地对生活污水进行预处理。曝气水平潜流人工湿地系统在处理污水的同时保留了社区的景观价值（Natural Systems Utilities，NSU，时间未知）。处理过的污水被输送到土壤渗滤系统（Wallace and Nivala，2005）。

杰克逊草甸没有采用传统的污水处理系统，而是使用两个高效的曝气水平潜流人工湿地。将其按照自然地形条件分隔，每天为32个家庭处理和回收总计21m^{3}的生活污水（NW Consulting，时间未知）。技术汇总表见表15-3。

表 15-3　技术汇总表

来水类型	
生活污水	
设计参数	
入流量（m^3/d）	21
面积（m^2）	650

设计和建造

杰克逊草甸（见图15-7）的设计目标为在土壤渗滤系统之前处理污水。污水先在一系列沉淀池（总体积为37.8m^3）中进行一级处理，然后在一个处理单元面积650m^2、砾石床厚45cm的水平潜流人工湿地完成二级处理。该系统用15cm厚的泥炭覆盖物进行隔热，

图15-7　杰克逊草甸航拍图（Wallace & Nivala，2005）

人工湿地滤床的水位低于泥炭层底部5cm。正是这5cm提供了额外的绝缘层，也被称为“空气间隙”。为了帮助硝化和去除BOD_5，在曝气水平潜流人工湿地单元内设置了内部曝气系统（Wallace，2001 in Wallace & Nivala，2005）。

进水或处理类型

首先，升降站按照设定的时间系统地将化粪池的污水注入一个650m^2的曝气水平潜流人工湿地单元。其次，在将污水排入地下土壤层之前，使用定量虹吸管将处理过的污水间歇性地送入曝气水平潜流人工湿地渗滤单元进行额外的深度处理（见图15-8）。曝气水平潜流人工湿地系统适合与恢复后的草原构成的景观融为一体，如同在全州存在过的湿地坑塘那样（NW Consulting，时间未知）。

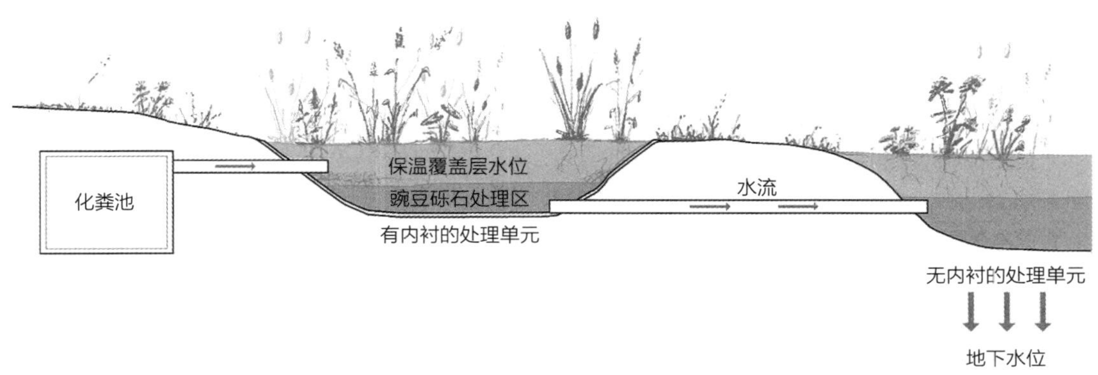

图15-8　杰克逊草甸的人工湿地系统示意图

处理效率

曝气水平潜流人工湿地系统使用的是一级和二级处理单元。二级处理单元具有化学吸收功能（Wallace, 2001）。该系统大大地增加了滤床内的好氧区，可促进植物根系生长，从而更有效地去除污染物（Wallace，2001）。

运行和维护

NSU的操作员会对重力收集系统进行监控，以确保流向处理场地的流量合适，一旦流到处理场地，化粪池中的固体水平会被定期记录，并根据需要协调化粪池的泵送情况。NSU的所有操作员都具有生物学和化学背景，能够根据采样结果准确评估处理率，并根据需要进行调节。NSU还管理与明尼苏达州污染控制局的报告和通信，以确保遵守所有的州级法规。这些工作都对环境有利，与杰克逊草甸的开发商及社区以保护为导向的愿景相匹配（NSU，时间未知）。

此外，NSU还提供以下服务：

- 根据HYDRUS软件对地下水丘进行模拟，确定处理系统对环境的影响；
- 每月合规抽样，提供许可报告；
- 地下水取样与检测；
- 养护湿地植物；
- 对天然处理成分进行防冻处理，避免结冰；
- 全天候紧急服务（NSU，2012）。

成本

缺少相关信息。

协同效益

生态效益

曝气水平潜流人工湿地系统可促使植物根系生长，并仿制该地区曾经存在的自然景观。

社会效益

“使用曝气水平潜流人工湿地技术和土壤渗滤方法可让发展社区和保护社区开放空间的目标得以同时实现。杰克逊草甸已经发展为一个可复制的社区保护样板，可以用于全国其他合理的住房开发项目。它提高了与自然环境融为一体的环境保护、建筑和自然处理系统的标准”（NSU，2012）。

经验教训

用户反馈或评价

杰克逊草甸开发项目因其在建筑、规划和环境保护方面的优势而获奖无数。自1998年以来，杰克逊草甸和其他开放空间的开发开辟了土地利用的新范式，使美国双子城地区（Twin Cities area）出现了40多个类似的开发项目（Wallace，2004）。

奖项

1999　美国建筑师学会国家荣誉奖；

1999　明尼苏达州环境倡议奖；

2001　美国景观设计师协会国家奖；

2004　木材设计奖（国家级）；

2005　美国建筑师学会城市设计奖（国家级）。

原著参考文献

Jackson Meadow (no date). Wetland Treatment System.

Natural Systems Utilities (2012). Jackson Meadows, Marine on St. Croix, Minnesota.

Natural Systems Utilities (no date) Natural Treatment Systems: Jackson Meadow, Minnesota.

Naturally Wallace Consulting (no date) Project: Jackson Meadow Factsheet.

Wallace, S., Nivala, J. (2005). Thermal response of a horizontal subsurface flow wetland in a cold temperate climate. International Water Association's Specialist Group on the Use of Macrophytes in Water Pollution Control. Newsletter No. 29.

Wallace, S. (2004). Engineered wetlands lead the way. Land and Water **48**(5), 13–16.

Wallace S. D. (2001). System for removing pollutants from water. (6,200,469 B1). Minnesota, USA. [Patent]

Wallace S. D., Parkin G. F., Cross C. S. (2001). Cold climate wetlands: design and performance. *Water Science and Technology* **44**(11/12), 259–26

第16章 往复式（潮汐流）人工湿地

作　者　莱斯利·L. 贝伦兹（Leslie L. Behrends）
美国阿拉巴马州佛罗伦斯潮汐流往复式湿地有限责任公司
（Tidal-flow Reciprocating Wetlands LLC, Florence, Alabama, USA）
联系方式：leslielbehrends@yahoo.com

概　述

往复式（潮汐流）人工湿地（见图16-1）由组合式的地下潜流处理单元组成。这些处理单元通过泵或空气提升装置反复注满和排空，从而在处理单元内创建好氧、缺氧和厌氧环境。这些模块化和可扩展处理单元的深度为1~3m。往复式注水和排水显著提高了BOD_5、悬浮固体、浊度、氨氮、硝酸盐氮和甲烷的去除效果。水处理泵可以集成紫外线灯来消除病原体。进水通过调节进出水循环的频率、深度和持续时间，优化氧化还原条

图16-1　往复式（潮汐流）人工湿地示意图

1—交替进水口；2—交替加水系统；3—多孔介质；4—水位；5—备用排水系统；6—交替出水口；7—植物；8—交替使用两个单元的水流；9—防水层；10—原土层

件，从而去除特定的污染物和难降解的化合物。此外，根部区域的好氧环境为使用陆生作物（如向日葵）进行特定物种的植物修复提供了条件。

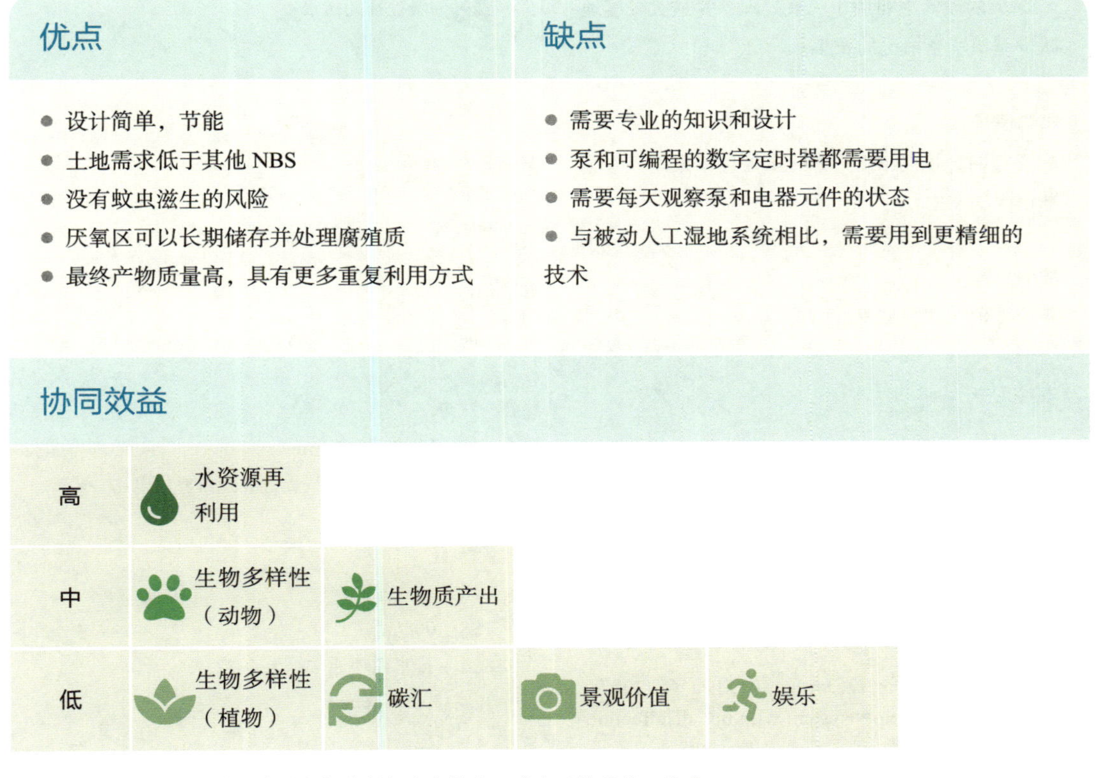

优点	缺点
• 设计简单，节能 • 土地需求低于其他 NBS • 没有蚊虫滋生的风险 • 厌氧区可以长期储存并处理腐殖质 • 最终产物质量高，具有更多重复利用方式	• 需要专业的知识和设计 • 泵和可编程的数字定时器都需要用电 • 需要每天观察泵和电器元件的状态 • 与被动人工湿地系统相比，需要用到更精细的技术

协同效益

高	水资源再利用			
中	生物多样性（动物）	生物质产出		
低	生物多样性（植物）	碳汇	景观价值	娱乐

注：其他类型的协同效益包括控制气味和蚊虫，减少甲烷排放，防洪。

与其他NBS的兼容性

往复式人工湿地可以独立处理生活和市政污水，也可以根据处理目标与其他NBS结合使用。

案例研究

在本书中：

- 美国夏威夷的往复式（潮汐流）人工湿地。

运行和维护

常规维护

- 暗渠的设计主要用于厌氧处理，并最大限度地减少基质堵塞情况的发生

特殊维护

- 必要时，用高浓度过氧化氢处理暗渠以减少堵塞情况的发生

故障排除

- 必要时，更换紫外线灯管

原著参考文献

Austin D. A., Nivala, J. A. (2009). Energy requirements for nitrification and biological nitrogen removal in engineered wetlands. *Ecological Engineering*, **35**(2), 184–192.

Behrends, L. L. (1999). Reciprocating Subsurface-flow Constructed Wetlands for Improving Wastewater Treatment. U.S. Patent 5,863,433, January 1999.

Behrends, L. L., Houke, L., Jansen, P., Shea, C. (2007). Integration of the Recip® system with u.v. disinfection for decentralized wastewater treatment and the impact on microbial dynamics. *Water Practice*, **1**(3), 1–14.

Langergraber, G., Dotro, G., Nivala, J., Rizzo, A., Stein, O. R. (2020). Wetland Technology: Practical Information on the Design and Application of Treatment Wetlands. IWA Publishing, London, UK,.

Nivala, J., Boog, J., Headley, T., Aubron, T., Wallace, S., Brix, H., Mothes, S., Van Aff erden, M., Muller, R. (2019). Side-by side comparisons of 15 pilot-scale conventional and intensifi ed subsurface flow wetlands for treatment of domestic wastewater. *Science of the Total Environment*, **658**, 1500–1513.

Pier, P. A., Behrends, L. L. (2010). Reciprocating wetlands for wastewater treatment: a commercial-scale demonstration, Oahu, Hawaii. In: 12th International Conference on Wetland Systems for Water Pollution Control, Venice, Italy, 4–8 October 2010, pp. 826–831.

NBS 技术细节

进水类型

- 经过一级处理的污水

处理效率

- COD　~89%
- BOD_5　86%~99%
- TN　47%~70%
- NH_4-N　83%~94%
- TP　20%~43%
- TSS　90%~99%
- 指示菌　大肠杆菌≤2~3$\log_{10}$

要　求

- 净面积要求：人均 3m^2
- 电力需求：泵或空气提升装置需要用电

设计标准

- BOD_5<100g/m^2/d
- TSS<100g/m^2/d
- 注水 - 排水循环通常每天 6~12 次
- 介质尺寸 8~16mm

常规配置

- 化粪池 – 往复式（潮汐流）人工湿地
- 污水贮留池 – 往复式（潮汐流）人工湿地
- 化粪池 – 往复式人工湿地 – 潜流人工湿地

气候条件

- 非常适合温暖的气候，同时也适合寒冷的气候
- 经测试，也适合热带气候，包括多米尼加、库拉索和夏威夷

美国夏威夷的往复式（潮汐流）人工湿地

项目背景

往复式人工湿地是潮汐流和注水-排水湿地的一个特殊形式和前身（Austin and Nivala，2009；Wu et al.，2011；Behrends and Lohan，2012），可以通过形成更多样的微生物膜和更广泛的可调节生物处理环境来加速并强化污水处理过程（Behrends 1999；Nivala et al.，2019）。其优点是分散、成本低、脱氮效果好，并可对处理过的污水进行再利用。污水再利用方式包括冲厕、对景观植物进行地下灌溉、对饲料作物进行灌溉、饵鱼养殖等。

田纳西河流域管理局的科学家开发了一种节能的往复式潜流人工湿地系统。该系统具有模块化特征并且可以扩展，能够强化好氧（有氧）和缺氧（无氧）处理过程（美国专利号5863433；

作者

莱斯利·L. 贝伦兹（Leslie L. Behrends）

美国阿拉巴马州佛罗伦斯潮汐流往复式湿地有限责任公司

（Tidal-flow Reciprocating Wetlands LLC,1070 Goshentown Road，Hendersonville Tn 37075，Florence, Alabama, USA）

联系方式：leslielbehrends@yahoo.com

NBS 类型

- 往复式（潮汐流）人工湿地

位　置

- 夏威夷瓦胡岛瓦希阿瓦（Wahiawa）

处理类型

- 使用成对的往复式人工湿地单元进行二级处理

成　本

- 沉淀池：146 000 美元；成对的往复式人工湿地单元：319 000 美元

运行日期

- 2000—2002 年，在美国国防部支持下进行全面技术示范

面　积

- 湿地面积：1505m^2；
- 湿地规模：1835m^3；
- 湿地处理能力：150L/m^2/d

Behrends，1999；Behrends et al.，2001）。在此设计基础上，美国国防部资助了一项商业规模的往复式人工湿地示范项目，已经运行并监测了两年，用来评估往复式人工湿地系统在城市生活污水分散处理方面的效果。

这个系统是按照227m^3/d的污水负荷设计的，相当于3d的水力停留时间。往复式人工湿地（见图16-2）位于夏威夷瓦胡岛瓦希阿瓦的北部，2000年12月正式开始运行，每周监测处理效果，持续了114周。

图16-2　处理城市污水的往复式人工湿地（位于夏威夷瓦胡岛瓦希阿瓦）

注：1．每个处理单元的大小为27.4m×27.4m×1.2m。

2．图中4组相对的泵井用于定时注水-排水往复操作。

3．出于美观及制作插花的考虑，处理单元种植了几种热带蝎尾蕉属植物。

营养物质、BOD_5、TSS、浊度和病原体的去除率根据污染物负荷、每天循环的次数和循环时间等变量来确定（Pier and Behrends，2010）（见表16-1）。

设计和建造

往复式人工湿地系统设置两个及以上连续的潜流人工湿地单元，填充级配砾石基质，每天连续、循环地交替注水、排水6~12次。微生物膜和植物根系每天在多次排水循环过

表 16-1　技术汇总表

来水类型		
生活污水		
设计参数		
入流量（m^3/d）	227	
人口当量（p.e.）	492①	
面积（m^2）	1 505	
人口当量面积（m^2/p.e.）	3.05	
进水参数		
BOD_5（mg/L）	130	
TSS（mg/L）	53	
NH_4-N（mg/L）	24.0	
NO_3-N（mg/L）	0.01	
TN（mg/L）	32.0	
TP（mg/L）	4.4	
出水参数	**（去除率 %）**	
BOD_5（mg/L）	6.3（95）	
TSS（mg/L）	6.9（87）	
NH_4-N（mg/L）	3.4（86）	
NO_3-N（mg/L）	6.6（–）	
TN（mg/L）	6.6（79）	
TP（mg/L）	2.5（43）	
NTU	3（96）	
大肠杆菌	>95	
成本		
建设	沉淀池	146 000 美元
	两个处理单元	319 000 美元
	合计	465 000 美元
年度运行费用	33 580 美元	

①基于人均 60gBOD_5 计算。

程中多次暴露于大气氧气中，使得往复过程的处理效率在被动曝气中得到加强。与传统的自由水面人工湿地相比，这种注水-排水工艺更节能（比活性污泥法低4倍）。而且在土地昂贵的地区，处理单元的深度可以增加到5m，从而显著减少用地压力（在数量级层面）（Austin and Nivala，2009）。

在刚启动时，污水中的原生微生物群落可快速在砾石基质和植物根系中繁殖。附着生长的微生物膜与砾石基质和植物根系紧密结合，从而减少微生物被冲刷的问题。此外，这些坚固的微生物膜本身就比较稳定，即使在极端的季节或温度条件下，也能抵抗水力和有机物的冲击。在排水循环过程中，微生物膜和植物根系周围的水薄膜在几秒钟内迅速充氧到接近饱和（Wu et al.，2011）。即使在长时间的排水循环过程中，基质也得以保持湿润，空气-微生物膜-植物根系之间界面上的气体快速交换，显著促进了有机物、氨氮，以及硫化氢、甲烷（一种效应显著的温室气体）等还原气体的氧化（Hennemann，2011）。此外，在随后全部往复循环过程中，微生物膜浸泡在缺氧环境的污水中，其还原条件接近微生物诱导的硫酸盐、硝酸盐和其他氧化物还原的最佳条件（Nivala et al.，2019）。处理单元底部的静止区则为碎屑、脱落的微生物膜和其他难降解有机物的持续厌氧处理提供了适宜环境。

在本案例中，往复式人工湿地设施包含1个污水截流管、1个就地浇筑的预处理化粪池（水力停留时间为2d）和2个挖掘而成的往复式处理单元，内衬有不透水膜，配备集成泵室和地下排水管道，并用1.2m的级配砾石基质回填。

在每个处理单元的底部附近安装用于控制泵室的穿孔暗渠，可以促使水从砾石基质快速流向泵室。此外，可使用一系列可编程的数字定时器来控制泵的开关。在第一个人工湿地单元附近安装一个PVC进水歧管，用于将污水分布到整个单元宽度上。同样，在第二个人工湿地单元顶部附近安装一个PVC出水歧管，便于排放处理过的污水，之后这些污水利用重力作用返回生活污水管。

运行和维护

每周进行日常维护的时间是5h，包括修剪绿地、为处理单元除草、对泵站和电子器件进行监控，以及向管理团队提供一份口头状况报告。

进水或处理类型

污水原水（227m^3）从现有的污水总管分流到一个容量为454m^3的固体沉淀化粪池，设计流量下的水力停留时间为2d。离开固体沉淀化粪池的水通过重力作用被引导到第一个处理单元中位于砾石基质顶部以下约0.3m处的进水总管。两个处理单元的设计处理能力最大为227m^3/d，相当于3d的水力停留时间。污水每天在处理单元之间来回泵送8次。

成本

商业规模的示范用地是免费的。投资成本总计为465 000美元，包括当地劳动力成本，以及围栏、固体沉淀化粪池和两个往复式处理单元及所有相关的管道和电子器件。每月平均运行和维护费用总计为2790美元，包括一个操作员的人工费用（521美元）、耗电费用（235美元）、符合性水质采样费用（433美元）、沉淀池中油脂或固体的去除费用（1500美元）和其他项（100美元）。由于生活污水中含有大量油脂，需要频繁去除，因此成本较高。

协同效益

生态效益

往复式人工湿地处理单元可持续处理BOD_5、TSS、浊度、氨氮、硝酸盐氮、总氮和病原体。虽然本案例没有进行监测，但在工业规模畜牧业（猪和奶制品）中使用的其他往复式人工湿地显示，与邻近的厌氧氧化塘相比，连续的好氧或缺氧环境可以持续减少平均95%的甲烷排放量（Hennemann，2011）。混合种植本地水生和陆生植物的处理系统提供了景观价值，额外吸收了营养物质，增强了蒸腾作用，还为昆虫、鸟类和其他本土野生动物提供了宝贵的生态区域。

社会效益

往复式人工湿地对能源的高效利用已得到证实，同时可以显著减少硫化氢等有害气体和甲烷、一氧化二氮等强效温室气体的排放（Hennemann，2011），减少蚊虫滋生的问题，并降低人类直接接触污水的机会。与表流人工湿地相比，往复式人工湿地的表面积显著减少，潮汐流显著抑制了蚊虫的发育。此外，专业设计的往复式人工湿地系统将水保持在砾石基质表面以下约10cm处，进一步阻止了蚊子和滤池蝇的滋生。此外，各种各样的陆生和水生植物可以美化景观，例如，黄花菜、美人蕉、鸢尾、白姜、梭子草、香蕉和葫芦科植物等。通过在处理过程中加入人工紫外线灯（Behrends et al.，2007），可以将处理过的污水用于冲厕、景观植物的地下灌溉、饲料作物的灌溉和饵鱼的水产养殖。今后，下一代的往复式人工湿地系统可作为水景观而被设置在办公大楼的中庭（Behrends and Lohan，2012）。

经验教训

问题和解决方案

从案例中可以看出，基质堵塞和慢性沉淀是主要问题。最靠近进水歧管的砾石基质被堵塞，最终会导致歧管附近的污水溢出，这是大多数（如果不是全部）在砾石基质上建立人工湿地的常见问题（Knowles et al.，2011）。然而，即使在严重堵塞的情况下，砾石基质堵塞似乎也不会降低该示范系统或其他高效运行的往复式人工湿地系统的处理效果（Behrends et al.，2007）。一些初步研究（Behrends et al.，2006）表明，使用浓缩过氧化氢可以缓解堵塞问题。此外，将进水引导到较大的暗渠系统可能有助于减轻砾石基质堵塞问题。下水道、化粪池和砾石基质中的油脂问题可以通过适当布置隔油池从源头进行控制，但需要对房主和餐厅经理进行宣传，并在适当的情况下引入新的建筑规范。

在最初的几个月里，总磷的平均去除率超过80%，但随着时间的推移，砾石基质上的吸附点位开始饱和，去除率下降到低于10%。这个结果与其他砾石基质的人工湿地研究一致。但是，在化粪池中投加含铁和铝的化合物可以使磷的去除率高达95%（Jowett et al.，2018）。

原著参考文献

Arendt, T., Ervin, M, Florea, D. (2002). Reciprocating subsurface treatment system keeps airport out of the deep freeze. In: *Proceedings of the Water Environment Federation*, **17**, 152–161.

Austin, D., Nivala, J. (2009). Energy requirements for nitrification and biological nitrogen removal in engineered wetlands. *Ecological Engineering*, **35**(2), 184–192.

Behrends, L. L. (1999). Reciprocating Subsurface-flow Constructed Wetlands for Improving Wastewater Treatment. US Patent 5,863,433, January 1999.

Behrends, L. L. Bailey, E., Houke, L., Jansen, P., Smith, S. (2006). Evaluation of non-invasive methods for removing sludge from subsurface-flow constructed wetlands. Part II. In: Proceedings of the 10th International Conference on Wetland Systems for Water Pollution Control, 23–29 September 2006, Lisbon, Portugal, pp. 1271–1282.

Behrends, L. L., Bailey, E., Ellison, G., Houke, L., Jansen, P., Smith S., Yost, T. (2002). Integrated waste treatment system for treating high strength aquaculture wastewater II. In: Proceedings of The Fourth International Conference on Recirculating Aquaculture, 18–21 July 2002, Roanoke, Virginia, USA.

Behrends, L. L., Bailey, E., Jansen, P., Brown, D. (2001). Reciprocating constructed wetlands for treating industrial, municipal, and agricultural wastewater. *Water Science & Technology*, **44**, 399–405.

Behrends, L. L., Houke, L., Jansen, P., Shea, C. (2007). Integration of the Recip® system with u.v. disinfection for decentralized wastewater treatment and the impact on microbial dynamics. *Water Practice*, **1**(3), 1–14.

Behrends, L. L., Choperena J. (2012). Tidal flow constructed wetlands (TFW), for treating and reusing high strength animal production wastewater. Paper number 121337669. American Society of Biological and Agricultural Engineers.

Behrends L. L. and Lohan, E. J. (2012). Tidal-Flow Constructed Wetlands: The Intersection of Advanced Treatment, Energy Efficiency, Aesthetics and Water Reuse. Water Conditioning and Purification, November 2012.

Behrends, L. L., Sikora F. J., Coonrod H. S., Bailey E., Bulls M. J. (1996). Reciprocating subsurface-flow wetlands for removing ammonia, nitrate, and chemical oxygen demand: potential for treating domestic, industrial, and agricultural wastewater. In: Proceedings of the Water Environment Federation, 69th Annual Conference & Exposition, Dallas, Texas, 5–9 October 1996, Vol. 5, pp. 251–263. Water Environment Federation.

Hennemann, S. M. (2011). Water and air quality performance of a reciprocating biofilter for treating dairy wastewater. Master's thesis, California Polytechnic State University, San Luis Obispo. 57 pp.

Jowett, C., Solntseva, I., Wu, L., James, C., Glasauer, S. (2018). Removal of sewage phosphorus by adsorption and mineral precipitation, with recovery as a fertilizer soil amendment. *Water Science & Technology*, **77**(8), 1967–1978.

Knowles, P., Dotro G., Nivala J., Garcia J. (2011). Clogging in subsurface-flow treatment wetlands: occurrence and contributing factors. *Ecological Engineering*, **37**(2), 99–112.

Nivala, J., Boog, J., Headley, T., Aubron, T., Wallace, S., Brix, H., Mothes, S., Van Afferden, M., Muller, R. (2019). Side-by side comparisons of 15 pilot-scale conventional and intensified subsurface flow wetlands for treatment of domestic wastewater. *Science of the Total Environment*, **658**, 1500–1513.

Pier, P. A., Behrends, L. L. (2010). Reciprocating wetlands for wastewater treatment: a commercial-scale demonstration, Oahu, Hawaii. In: Proceedings of the 12th International Conference on Wetland Systems for Water Pollution Control. Venice, Italy, 4–8 October 2010, pp. 826–831.

Sikora, F. J., Behrends L. L., Brodie G. A., Bulls M. J. (1996). Manganese and Trace Metal Removal in Successive Anaerobic and Aerobic Wetlands. Proceedings America Society of Mining and Reclamation, pp. 560–579.

Wu, S., Austin, D., Zhang, D., Dong, R. (2011). Evaluation of a lab-scale tidal-flow constructed wetland performance: oxygen transfer capacity, organic matter, and ammonium removal. *Ecological Engineering*, **37**(11), 1789–1795.

第 17 章 人工湿地中的反应介质

作　者　弗洛伦特·查扎伦茨（Florent Chazarenc）
法国维勒班市F-69625法国国家农业食品与环境研究院水回用研究所
（INRAE, REVERSAAL, F-69625 Villeurbanne, France）
联系方式：florent.chazarenc@inrae.fr

概　述

在人工湿地中，可以通过使用反应介质来提升除磷效率（见图17-1），原理是使用了对正磷酸根离子有益的介质。反应介质可以用在过滤器内部，也可以用在过滤器下游没有种植物的反应滤床中，这样一旦饱和则可直接更换反应介质。反应介质有3类：天然岩石（磷灰石、铁矿石）；工业副产品（钢渣、水泥窑）；专为除磷设计的人工介质（例如，Filtralite®）。

图17-1　人工湿地中的反应介质示意图

1—进水口；2—加水系统；3—反应介质；4—排水系统；5—原土层；6—植物；7—饱和水位；8—防水层；9—常规检查井；10—出水口

优点	缺点
● 低能耗（通过重力作用供给） ● 可以稳定抵抗污染负荷的波动 ● 在微观层面（建筑物）具有再利用潜力（冲厕、灌溉等） ● 提升除磷效率（出水总磷低于 1mg/L） ● 含磷的饱和介质可进行再生或用作肥料 ● 缓冲磷的峰值负荷	● 介质费用昂贵（高达 500 欧元 /t） ● 运营成本较高（更新反应介质） ● 去除率取决于正磷酸盐浓度，如果进水浓度低则去除率非常低 ● 会释放碱性物质和不良化学物质

协同效益

与其他NBS的兼容性

可以在任何潜流人工湿地系统内或任何NBS的下游实施。

运行和维护

常规维护

- 检查出水 pH 值（尤其是工业副产品和强碱性化合物）
- 每月检查污水中的正磷酸根浓度；检查过滤器内外的水流及均匀分布情况
- 务必清除过滤器中的植物和杂草（如果未种植）
- 检查是否堵塞（运行 1~2 年后进行示踪试验）

特殊维护

- 一旦反应介质中的磷饱和，则要更换反应介质或运行新的反应介质过滤器

故障排除

- 检查堵塞、出水 pH 值高、进水浓度低时去除率低等问题

NBS 技术细节

进水类型

- 一级处理后的污水
- 二级处理后的污水

处理效率

- TP　　50%~99%

要　求

- 应用单层的选定反应介质并保持均匀的水力传导率
- 反应介质的容量为 1~15g P/kg
- 电力需求：可使用重力流，否则使用水泵需要用电

设计标准

- 水力负荷率：0.2~1$m^3/m^2/d$
- 建议采用饱和水平流，也可使用饱和垂直流
- 一般建议水力停留时间为 1d（若反应介质不同，则停留时间也不同，从几小时到几天不等）
- 为降低堵塞风险，应避免使用尺寸过于微小的反应介质；对于反应性很强的反应介质，5~15mm 是最佳尺寸；对于天然岩石，尺寸可以更小（约 1mm）

常规配置

- 垂直流人工湿地—自由水面人工湿地—水平流人工湿地

气候条件

- 更适合在温带和热带气候使用

原著参考文献

Barca, C., Troesch, S., Meyer, D., Drissen, P., Andreìs,Y., Chazarenc, F. (2013). Steel slag fi lters to upgrade phosphorus removal in constructed wetlands: two years of fi eld experiments. *Environmental Science and Technology* **47**(1), 549–556.

Vohla, C., Kõiv, M., Bavor, H. J., Chazarenc, F. and Mander, Ü. (2011). Filter materials for phosphorus removal from wastewater in treatment wetlands – a review. *Ecological Engineering* **37**(1), 70–89.

Nature-Based Solutions for Wastewater Treatment

第 18 章 自由水面人工湿地

作　者　罗伯特・吉尔哈特（Robert Gearheart）
美国加利福尼亚州95518阿克塔湿地研究所；阿克塔洪堡州立大学
（Humboldt State University, Arcata, California 95518, USA; Arcata Marsh Research Institute）
联系方式：rag2@humboldt.edu

概　述

自由水面人工湿地（FWS-TW）像一个自然湿地（见图18-1），一般水深为0.5~1m。很多种类的水生植物及湿地植物（例如，浮水植物、挺水植物、沉水植物）可以组合应用于湿地水域。各种各样的植物成为生物膜的物理基质，植物本身具有吸收氮和磷的作用。植物生物量大部分位于根系。随着植物衰老，腐殖质和凋落物堆积在水体底部，形成腐殖质层，并影响湿地物质的内部循环。

图18-1　自由水面人工湿地示意图

1—进水口；2—加水系统；3—多孔介质；4—生根培养基；5—原土层；6—不同水位下的各种水生植物
7—水位；8—深水区；9—防水层；10—常规检查井；11—出水口

优点	缺点
● 低能耗（通过重力作用供给） ● 可以稳定抵抗污染负荷的波动 ● 可以在合流制和分流制系统中运行 ● 建设成本低于潜流人工湿地	● 潜在的蚊虫栖息地 ● 处理能力随季节变化

协同效益

高	生物多样性（植物）	生物多样性（动物）	生物质产出	景观价值	水资源再利用
中	防洪	碳汇	娱乐	授粉	
低	温度调节				

注：其他协同效益包括水资源再利用：间接生活用水，农业和水产养殖的再用水；环境教育，娱乐，淡水区域的水禽迁徙，地下水补给。

与其他NBS的兼容性

自由水面人工湿地可以作为所有其他类型的人工湿地和稳定塘之后的系统使用。作为污水处理的终端，自由水面人工湿地具有提高公众对自然系统认知的作用。

案例研究

在本书中：

- 美国加利福尼亚州阿克塔的自由水面人工湿地；
- 瑞典用于污水三级后处理的两个自由水面人工湿地；
- 意大利杰西用于三级处理的自由水面人工湿地。

其他：

- 美国佛罗里达州泰特斯维尔蓝鹭垦区和湿地区；
- 美国加利福尼亚州的阿克塔市；
- 美国俄勒冈州的费恩希尔湿地；
- 美国得克萨斯州达拉斯特里尼提河湿地链；
- 美国得克萨斯州达拉斯约翰朋克湿地中心东福克湿地项目。

运行和维护

每月维护

- 仅需取水样和清洗堰。如有必要，在最大流量或降雨期间调整堰

每年维护

- 清理或重新种植植被
- 管理蚊虫
- 检查堰

特殊维护：故障排除

生物生长过量

- 使用综合的最佳管理方法
- 必须去除多余的物质，如有需要，在下列情况下应重新种植湿地植物：
  - 沉淀或絮凝的总悬浮固体累积量大
  - 植被碎屑和衰老植被累积量大
  - 碎屑和植物造成堰水头损失

原著参考文献

Arcata Marsh Research Institute (2020).

Crites, R. W., Middlebrooks, E. J., Bastain, R. K., Reed, S. (2014). Natural Wastewater Treatment Systems, 2nd Edition. CRC Press, Boca Raton, Florida, USA.

Dotro,G. et al. (2017). Treatment Wetlands, Volume 7. Biological Wastewater Treatment, IWA Publishing UK

Humboldt State University, CH2M-Hill, PBS&J Phoenix, AZ. (1999). Free Water Surface Wetlands for Wastewater Treatment-A Technology Assessment, USEPA and USDI-BLM, and ET.

Kadlac, R. (2009). Comparison of free surface wetlands and horizontal wetlands. *Ecological Engineering*, **35**, 159–174.

Kadlec, R. H. and Wallace, S. (2009). Treatment Wetlands. CRC Press, Boca Raton, Florida, USA.

Ynoussa, M., et al. (2017). HomeGlobal Water Pathogen Project. Part Four. Management of Risk from Excreta and Wastewater Sanitation System Technologies. Pathogen Reduction in Sewered System Technologies, UNESCO.

NBS 技术细节

进水类型

- 二级处理后的污水
- 灰水

处理效率

COD	41%~90%
BOD_5	~54%
TN	30%~80%
NH_4-N	~73%
TP	27%~60%

要　求

- 净面积要求：3~5m^2/ 人
- 电力需求：可利用重力作用运行，某些情况下需要泵供能
- 植物管理：每年 2~3 周
- 清淤：每 10~15 年 1 次

设计标准

- 使用针对目标污染物的 P-k-C* 方法（例如，BOD_5, TN, TP)（Kadlec and Wallace，2009）
- 对于三级处理，水力停留时间应为 12~24h
- 土方工程、水生植被种植、混凝土工程、小型管道水力控制应符合要求

常规配置

- 在化粪池（带有污水泵的化粪池）后配置一系列的自由水面人工湿地系统
- 在氧化池后配置一系列的自由水面人工湿地系统
- 在氧化沟或曝气的氧化塘后配置一系列的自由水面人工湿地系统
- 在开放水域和植被区域布置不同种类的多个单元（布局很重要）

气候条件

- 自由水面人工湿地适用于大多数气候条件（寒冷气候、沙漠干旱气候、中等降雨气候等）
- 在超过 1200mm/a 的高降雨量区域受限

18.1

美国加利福尼亚州阿克塔（Atcata）的自由水面人工湿地

项目背景

阿克塔市的人口数量为18 000人，位于加利福尼亚州西北部洪堡湾的东北海岸。经过30多年的持续运行，阿克塔污水处理厂（AWTF）（见图18-2）证明自由水面人工湿地（FWS-TW）系统是一种成本效益可行并对环境无害的污水处理方式。除了满足城市的污水处理需求，自由水面人工湿地的自然系统还为野生动物提供栖息地，为太平洋迁徙路线上的鸟类提供避难所，为公众提供多种娱乐用途（环保署，1993）。

阿克塔的自由水面人工湿地系统是一个城市流域修复项目的基础（见图18-2）。在阿克塔污水处理厂建设自由水面人工湿地系统前，阿克塔市被要求实施试点项目，以表明其人工湿地系统排放到洪堡湾的水可达到：①可靠且有效地满足排放要求；②不减少或消除海湾现有的任何有益用途；

NBS 类型

- 自由水面人工湿地（FWS-TWs）

位　置

- 美国加利福尼亚州西北部阿克塔市

处理类型

- 二级和三级处理分别采用氧化池和自由水面人工湿地

成　本

- 70 万美元（仅为湿地）
- 560 万美元用于一级处理硬件升级

运行日期

- 1984 年至今

面　积

- 整个污水处理厂和开放空间：300acre（$1.2km^2$）
- 湿地面积：40acre（$0.16km^2$）

作者

罗伯特·吉尔哈特（Robert Gearheart）
美国加利福尼亚州阿克塔洪堡州立大学
（Humboldt State University, Arcata, California）
联系方式：rag2@humboldt.edu

③增强和增加海湾的有益用途。海湾新增的有益用途是淡水湿地栖息地、环境教育，以及用于与湿地和海湾相关的研究（Gearheart，1988）。技术汇总表见表18-1。

表 18-1 技术汇总表

来水类型	
生活污水、市政污水和少量工业废水	
设计参数	
入流量（m^3/d）	年均值 8740
人口当量（p.e.）	22 100
面积（m^2）	1 214 000
人口当量面积（m^2/p.e.）	55
进水参数	
BOD_5（mg/L）	平均 195
COD（mg/L）	未知
TSS（mg/L）	平均 226
出水参数	
BOD_5（mg/L）	平均17
COD（mg/L）	平均55
TSS（mg/L）	平均 14
大肠杆菌（菌落单位，CFU/100mL）	氯消毒前平均 33
成本	
建设	污水处理厂为 560 万美元（1983 年价格），自由水面人工湿地为 70 万美元
运行（年度）	约 250 000 美元 每年每人 15 美元

图18-2　位于洪堡湾边的阿克塔污水处理厂、自由水面人工湿地系统和野生动物保护区
（左边是强化湿地和河口湖，右边是氧化池和人工湿地，两条城市河流在此汇入海湾）

设计和建造

阿克塔市的污水经过处理后，通过复杂的路径排入洪堡湾，包括几个相邻的池塘、湿地和沼泽（见图18-3）。污水处理厂（WWTP）同时使用物理和自然处理工艺处理8700m^3/d的城市污水。该污水处理厂有1个标准的初级处理系统和1个自由水面人工湿地系统。34hm^2的自由水面人工湿地系统由2个10hm^2的氧化塘、6个4.5hm^2的人工湿地（TWs）和3个4.2hm^2的强化湿地（EWs）组成，用于进行二级处理后的深度处理，此处被加州鱼类和野生动物部门列为野生动物保护区。

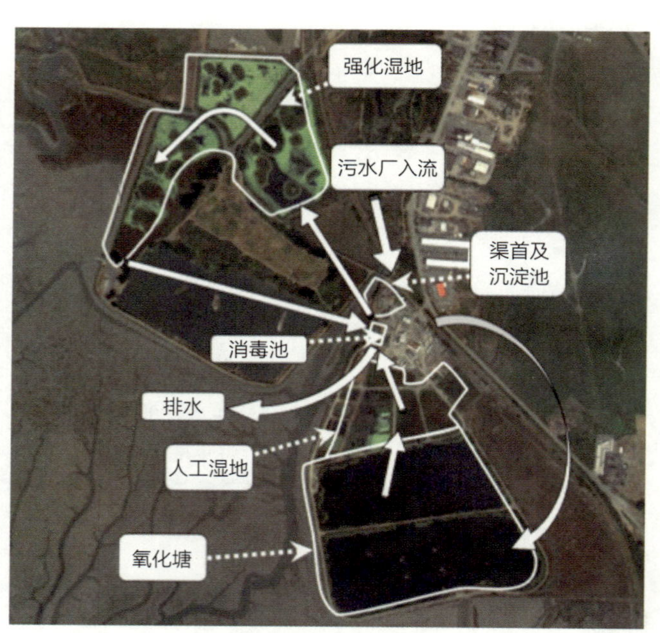

图18-3　阿克塔市污水处理流程示意图
（该系统中的水流复杂，所有工艺基本都在同一流程中运用，而且分布较广，需要利用泵站）

兼性氧化塘的深度为3.6m，通常为串联运行，在水位控制下，有一定的能力减轻冬季高流量负荷（并维持一定的水文条件）。自由水面人工湿地接收氧化塘来水，与其并行运行，水力停留时间为3d。这些自由水面人工湿地中，只有挺水植物能够作为一个具有澄清功能的单元来沉淀和分解来自氧化塘的藻类细胞。

进水或处理类型

自由水面人工湿地系统由初沉池接收进水，主要用来沉淀BOD_5和TSS约为150~180mg/L的污水。自由水面人工湿地中的固体物沉淀、可溶性BOD_5和氨被分解，而总BOD_5和可溶性BOD_5经过自由水面人工湿地系统后都降低到自然环境值，特别是在强化湿地中（Rodman，2018）。阿克塔污水处理厂中的氮主要通过植物和藻类吸收氨氮及有机固体沉降去除。在自由水面人工湿地和强化湿地中很容易发生反硝化作用。

处理效率

美国污染物排放许可要求阿克塔自由水面人工湿地排放标准下降到BOD_5和TSS为30mg/L，pH值为6~8.5，大肠杆菌小于24MPN/100，游离氯残留为零，以及某些毒性限值。其他要求为，满足85%或以上的去除率，BOD_5和TSS每天总排放量不超过576Ib（约261kg）的排放限值（设计流量为$8700m^3/d$）。消毒和除氯是污水处理过程的最后步骤。消毒后的污水排放到洪堡湾或强化湿地。

自由水面人工湿地有效地减少了BOD_5、TSS和营养物，其去除率随季节变化。每年雨季（11月至次年4月），污水收集系统有高入流和高入渗的特点。这个特点会导致进水BOD_5浓度稀释，使其很难达到标准去除率。氨氮的去除也是季节性的，主要是春季和夏季（4—9月）。

运行和维护

由于气候的季节性变化，自由水面人工湿地的运行方式需要不断调整。由于耗氧溶解物（沉积的BOD_5）释放，一年中有两个时期（晚春和晚秋）需要调整堰的负荷，以及来自氧化塘、人工湿地和强化湿地的各种混合负荷。在降水和来水引起的高入流期间，提高堰以适应增加的流量，使水文过程不同步，短期储存水量几天后需要降低堰来放流。

成本

阿克塔自由水面人工湿地系统是一个利用现有空间建设的项目，这样可免去因增加人工湿地和强化湿地带来的任何土地购置成本。项目建设的初始成本为60万美元。迄今为止，该项目的总投资成本为100万美元。这些成本并不包括未来的系统升级费用。

自由水面人工湿地自建设以来，又进行了几次投资。主要的工程项目是1984年安装的泵站，将出水运送回污水处理厂进行氯消毒和脱氯，费用为15万美元。2013年，其中一个氧化池被改造为两个人工湿地，改造成本约为20万美元。另外，需要建造重力管道和输送管道，将人工湿地的水输送至强化湿地。最初，4个进水堰将氧化塘的水输送到人工湿地。随着人工湿地的建造，又安装了2个铝制且可调节的进水堰，改善湿地的水力条件。1984年，每座进水堰的造价约为2.5万美元。人工湿地有12座不可调节的止水堰，每座止水堰都是固定的，不需要进行任何管理操作。由于所有增加的堰都是由城市工作人员建造的（自营工程），因此劳动力成本未知，材料成本少（混凝土和木制叠梁）。运行和维护成本主要是污水泵送和人工成本。污水提升成本取决于处理池输送水量，以及将尾水从强化湿地送回消毒和排放点的量。这两种泵都在高流量、低水头条件下运行，可最大限度地降低能耗。自由水面人工湿地系统的最低运营要求为0.75个全职工作当量，相当于每年约为6万美元。工作人员的职责包括系统取样、实验室分析和报告撰写。

协同效益

生态效益

自由水面人工湿地是阿克塔湿地和野生动物保护区的重要组成部分。众所周知，迁徙季节可吸引成千上万只水鸟来到此处。在保护区及周边发现了超过300种鸟类，包括白鹭、鱼鹰、鸣禽和猛禽。尽管目前尚不清楚保护区中是否存在潜在的鱼类物种，但保护区及周边为无脊椎动物提供了栖息地。污水处理单元为生活污水提供了一种有效的自然过滤方式，并为水鸭、蹼鸡、秧鸡、苍鹭和白鹭提供了重要的食物来源和栖息地。自由水面人工湿地周围的河岸区域还为其他物种提供了栖息地，包括蹼鸡和秧鸡。

自由水面人工湿地内的大型植物具有碳汇效益。根据已发表的关键大型植物物种的生物质生产数据，估计每年形成碳汇21 000kg，24年来累计形成碳汇120 000kg（Burke，2009）。

社会效益

除了上述重要的栖息地价值，阿克塔污水处理厂还作为阿克塔湿地和野生动物保护区的一部分，为人们提供了重要的娱乐功能和接触自然的区域。该野生动物保护区横跨3个强化湿地，包括盐沼、潮汐泥滩和草原高地，还包括8.7km长的步行道和自行车道，以及一个每年服务超过15万名游客的服务中心。保护区的步行道和自行车道提供娱乐功能，而服务中心和解说标志可帮助公众了解强化湿地相关的生态效益（Carol，1999）。由城市基金资助的一名兼职协调员和来自阿克塔湿地之友的志愿者们通过实地考察和培训提供一些扩展服务（FOAM，2018）。阿克塔市因其成就获得多个奖项及认可，该保护区在当地居民生活中占有重要地位。

权衡取舍

历史上，氧化塘和强化湿地区域是动植物生活的潮汐泥滩。虽然这些地区的生态没有得到恢复，但有些地区转变为新的湿地，显著抵消了这些损失。增加一个新的湿地区域尤为重要，因为海湾周围大约90%的淡水湿地因农业和城市建设而消失。

就野生动物的栖息地而言，一个单元内的开放水域面积与植被面积需要进行权衡取舍。开放水域和植被区域之间的转变为动物提供了避难所和可供筑巢的栖息地。由于栖息地更多样化，因此这些地区的生物多样性有所增加。

经验教训

问题和解决方案

（1）季节性波动。

因季节变化，自由水面人工湿地系统的生物地球化学循环对处理效率有一定影响，可以在设计时考虑这个因素，在运行过程中进行控制，使排水满足其限制要求。

内部负荷的沉降和固体分解可释放氨和可溶性BOD_5，只有在水力停留时间大于5d时，才能将其减少或分解。入口区较深的区域可以捕获、储存和分解固体，可以使更多的湿地减少碳排放和氮分解产物。由于自由水面人工湿地对流量的增加和波动很敏感，因此在湿地上游使流量均衡或去同步化可能会呈现更好的效果。

（2）管理累积的固体物和水生植物。

管理累积的固体物（阿克塔案例中是藻类和固体碎屑）和大型水生植物是两个与自由水面人工湿地相关的长期问题。自由水面人工湿地入口区域的固体物应通过氧化或再溶解为更小的颗粒，进行厌氧分解。在某些条件下，这些固体物可以被移出，并与绿色废弃物（指可以有机堆肥的垃圾，如将干草、落叶改为园林废弃物）结合，以进行堆肥和土地利用。

有时需要去除漂浮的植物，以保持生境功能，同时不影响处理效果。1984年，有人曾预测17年内系统将达到植物覆盖率和密度的限制值。目前，该系统仍在运行，但出现受限制的迹象，已经启动植被和固体物管理方案（34年后）。

（3）满足排水标准和海湾与河口政策。

一个持续出现的问题是处理过的污水能否满足加利福尼亚州的排水标准和海湾与河口政策的监管要求。该政策规定，市政污水不可排放在封闭的海湾内，除非达到联邦和州的二级排水标准，以保护洪堡湾所有现有的有益功能，并增加新的有益用途。初步研究表明，自由水面人工湿地能够成为一种有效的污水处理系统。

（4）人员需求（季节性和专业性需求）。

该市的运营人员需要进行关于自由水面人工湿地系统运作和识别运营要素的培训和教育。与需要日常运营和维护的标准化污水处理过程相反，自由水面人工湿地需要季节性控制策略和规则。自由水面人工湿地的运行与种植不同作物农田的运行相似，即应关注生长季节、降雨、收割、生物量等。运行和监控阿克塔自由水面人工湿地的实际时间和工作大约相当于一个全职工作人员的时间。

（5）气候变化或海平面上升。

预计到2050年，海平面上升将使大部分强化湿地进入潮汐状态。由于海平面上升和陆地下沉，预计西海岸的这一区域会有平均最高的潮汐。该地区需要提高其适应性，为即将到来的海平面上升威胁做好准备。

用户反馈或评价

阿列克斯·斯提曼（Alex Stillman）（两届女议员，前市长，富姆公司总裁）（Stillman，2018）："作为社区的长期成员，我知道拥有一个可替代的污水处理系统非常重要。阿克塔市和洪堡州立大学能够结合他们的智慧来创建这个项目让我们感到很自豪。阿克塔湿地和野生动物保护区一直是一个具有成本效益的污水处理系统，同时可提供生态旅游服务。"

"真正的礼物——世界上最美丽的污水处理厂，如果没有看到它，你永远不会知道阿克塔湿地实际上是一个运行的、开创性的污水处理厂。更重要的是，人们非常享受沿着其小径散步的美好生活。你可以欣赏海湾的美丽景色，可以瞥见水獭在池塘里嬉戏和游泳，可以看到各种各样的鸟类以湿地为家。这里有定期的导游，还有一个服务中心。"旅行顾问评价道（8/13/18—g29106—d3982313）。

在试点研究和项目全面实施期间，高级工程师威廉·罗迪奎（William Rodriquez）说，阿克塔的人工湿地系统"是你能运用的最完美的系统"。这是一个有趣的评价，因为威廉（William）是该系统早期的批判者，曾质疑该方法，随着不断地给他提供试点项目数据，他开始了解系统如何运作，而且认为这是一个可靠且有效的处理方法。

湿地之友委员会主席玛丽·博克（Mary Burke）认为"湿地有各种好处"。博克（Burke）还说，教育在这个湿地系统的创建中发挥了重要作用。1979年，洪堡州立大学的几名学生参与设计了最初的污水处理试点项目。博克说，由于湿地和污水处理厂都归市政府管辖，因此大学的环境工程项目团队和市政当局之间建立了良好的工作关系（Houston，2014）。

原著参考文献

Burke, M. (2009). An Assessment of Carbon, Nitrogen, and Phosphorus Storage and the Carbon Sequestration Potential in Arcata's Constructed Wetlands for Wastewater Treatment. Thesis, Humboldt State University.

Burke, R. (2018). Analysis of Coliform Reduction Through Arcata Wastewater Treatment Facility Treatment Process. Arcata Marsh Research Institute.

Brown, D, et al. (1999). Constructed Wetlands Treatment of Municipal Wastewaters - A Manual. EPA-625-R-99/010 Office of Research and Development, Cincinnati, Ohio.

Carol, D. (1999). Arcata, California…the rest of the story. *Small Flows*, **13**(3).

Environmental Resource Engineering Department, HSU, et al. (1999). Free Water Surface Wetlands for Wastewater Treatment: A Technology Assessment, Prepared for USEPS, Office of Wastewater Management and US Bureau of Reclamation, and City of Phoenix, AZ.

EPA (1993). Constructed Wetlands for Wastewater Treatment and Wildlife Habitat-17 Case Studies, EPA832-R-93-005.

Friends of the Arcata Marsh (FOAM) (2018).

Halverson, H. (2013). Treatment Capabilities of the Enhancement Wetlands at the Arcata Wastewater Treatment Facility. MSc thesis, Humboldt State University.

Houston, W. (2014). Arcata Marsh and Wildlife Sanctuary: Pulling Double Duty. Eureka Times Standard.

Levy, S. (2018). The Marsh Builders - The Fight for Clean Water, Wetlands, and Wildlife. Oxford University Press.

Gearheart, R. A. (1992). Use of constructed wetlands to treat domestic wastewater - City of Arcata, California. *Water Science and Technology*, **26**(7), 1625–1637.

Gearheart, R. A. (1995). Watershed-Wetlands-Wastewater Management, Natural and Constructed Wetlands for Wastewater Treatment and Reuse - Experiences, Goals, and Limits. Presented at the International Seminar, Centro Studi Provincia Perugia, Italy.

Gearheart, R. A. et al. (1983). Volume 1 Final Report, City of Arcata Marsh Pilot Project, Effluent Quality Results-System Design and Management-Project No. C06-2270, North Coast Regional Water Quality Control Board, Santa Rosa, CA, and State of California Water Resources Control Board, Sacramento, CA.

Martinez, J. M. (2018). Oxidation Pond 2 Solids Survey [Memorandum]. Arcata Marsh Research Institute.

Rodman, K. (2018). EW Water Quality Analysis and Proposed Upgrades 2018. Arcata Marsh Research Institute.

Sipes, K. (2018). Treatment wetland remediation via in-situ solids digestion using novel blue frog circulators. MSc thesis, Humboldt State University.

Stillman, A. (2018). Personal communication with Bob Gearheart, 13 August.

Tripadvisor (2018).

Wallace, A. (1994). Green Means – Living Gently on the Planet. San Francisco, CA, KQED Books.

Woo. S., et al. (editors) (2000). The Role of Wetlands In Watershed Management-Lessons Learned. Second Conference of the Use of Wetlands for Wastewater Management and Resource Enhancement.

18.2 瑞典用于污水三级后处理的两个自由水面人工湿地

项目背景

马戈（Magle）自由水面人工湿地（FWS-TW）建于1995年，是哈斯霍姆（Hässleholm）污水处理厂（WWTP）的最后一个处理单元，主要目的是通过植物生长和收割进一步减少污水中的氮和磷，并且通过反硝化作用产生一定的脱氮效果。艾克贝（Ekeby）自由水面人工湿地建于1999年，其作用是提高脱氮效果。两个自由水面人工湿地的最

作者

西尔维娅·瓦拉（Sylvia Waara）

皮阿克·尼尔森（Per-Åke Nilsson）

瑞典哈尔姆斯塔德大学商业、工程与科学学院里德伯格应用科学实验室

（Rydberg Laboratory of Applied Sciences, School of Business, Engineering and Science, Halmstad University, Halmstad, Sweden）

诺拉·拜韦根（Norra Byvägen）

瑞典托尔梅斯托普（已从哈斯霍姆水务退休）

（Tormestorp, Sweden）

联系方式：西尔维娅·瓦拉，sylvia.waara@hh.se

NBS 类型

- 自由水面人工湿地（FWS-TW）

位　置

- 哈斯霍姆的马戈自由水面人工湿地
- 艾斯克里斯通纳（Eskilstuna）的艾克贝自由水面人工湿地

处理类型

- 用于三级后处理的自由水面人工湿地

成　本

- 11 000 000 瑞典克朗①（马戈）
- 23 000 000 瑞典克朗①（艾克贝）

运行日期

- 1995 年至今（马戈）
- 1999 年至今（艾克贝）

面　积

- 共计 30 万 m^2，最大规模为 2.6 万 m^3/d（马戈）
- 共计 28 万 m^2，最大规模为 12.1 万 m^3/d（艾克贝）

① 2008 年瑞典克朗（SEK）的货币价值（Flyckt，2010）。

后排放点都是波罗的海（即波罗的海地区）。海洋有排放氮的限值，为了减少海洋富营养化的问题，可通过提升污水处理厂的氮去除率，或使用人工湿地进行三级处理的后处理，进一步减少氮的排放。哈斯霍姆的马戈自由水面人工湿地见图18-4。艾斯克里斯通纳的艾克贝污水处理厂和自由水面人工湿地见图18-5。技术汇总表见表18-2。

图18-4　哈斯霍姆的马戈自由水面人工湿地（拍摄：P.-Å. Nilsson）

图18-5　艾斯克里斯通纳的艾克贝污水处理厂和自由水面人工湿地（Eskilstuna Energi and Miljö，2017）

表 18-2　技术汇总表

来水类型	马戈三级处理污水[①]	艾克贝三级处理污水[②]
设计参数		
入流量（m^3/d）	12 000	43 200
人口当量（p.e.）	31 000	89 000（108 424）[③]
面积（m^2）	90 000	300 000
人口当量面积（m^2/p.e.）	9.7	3.1
进水参数		
TN（mg/L）	12	17.6
TP（μg/L）	160	246
BOD_5（mg/L）	3.1	4.1
COD（mg/L）	28	30.6
TSS（mg/L）	4.1	6.0
出水参数		
TN（mg/L）	8.4	14.4（14）[5]
TP（μg/L）	110	119
BOD_5（mg/L）	2.5（过滤样本）	3.7（1.5，过滤样本）[④]
COD（mg/L）	39	31
TSS（mg/L）	14	8.8
大肠杆菌（菌落单位，CFU/100mL）	1000	无数据
成本		
建设	11 000 000 瑞典克朗[⑤]	23 000 000 瑞典克朗[⑤]
运行（年度）	250 000 瑞典克朗[⑤⑥]	200 000 瑞典克朗[⑤]

① 2015—2017 年的平均值。
② 如果没有特殊说明，主要指 2002—2011 年的周平均值 (Waara et al., 2019)。
③ 2016 年人口当量（EEM, Environmental Report, 2016）。
④ 2016 年数据（EEM, Environmental Report, 2016）。
⑤ 重新计算为 2008 年瑞典克朗（SEK）的货币价值（Flyckt，2010）。
⑥ 不包括泵送的费用，污水之前已经被泵送走。

设计和建造

马戈自由水面人工湿地建于1995年，是在由森林、草地和泥炭沼泽组成的地面上建成的。马戈自由水面人工湿地还包括周边地区，占地30万m^2，面积为20万m^2。处理过的污水先被泵送至1.5km湿地入口处（见图18-6），再通过重力作用，进入一个长配水池（A），之后通过4个平行池（B、C、D、E）中的一个，最终到达收集池。处理后的水通过流量计量点和采样点后，排入沟渠，汇入芬加亨湖（Lake Finjasjön）。湿地平均深度为0.5m，但池塘边一些地方的水深可达2.5m。深水区可提高反硝化作用，浅水区可提高磷的储存能力，自由水面人工湿地保持部分区域含氧量，维持植被生长。马戈自由水面人工湿地中没有明显的地表水汇入，但有地下水渗入，预计为4%~5%。

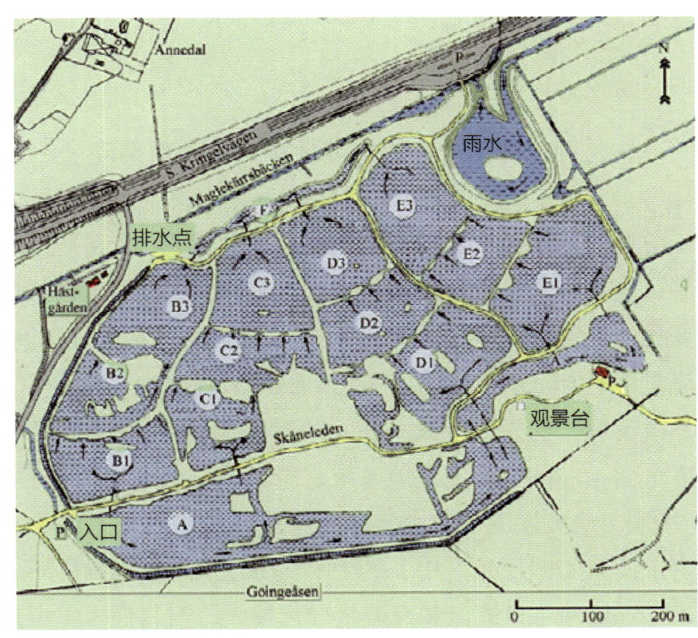

图18-6　马戈自由水面人工湿地设计示意图（Hässleholms Vatten）

艾克贝自由水面人工湿地（见图18-7）建于由5~15m厚的细黏土组成的可耕地上。艾克贝自由水面人工湿地包括周边地区，占地40万m^2，渠道面积为30万m^2，湿地面积为28万m^2。来水为污水处理厂（89 000人口当量）的污水，总容积为30万m^3，分为8个池塘。来水流入一条配水渠，导入5个平行的池塘，然后被收集到另一条配水渠，之后进入3个平行的池塘。最后，处理后的水被收集到一条配水渠，排入艾斯克里斯通纳河（River Eskilstunaån）。这些池塘大小不同，底部都有深洞和岛屿，平均深度为1m，最大深度为2m。岛屿和深洞可以促进水流混合，从而避

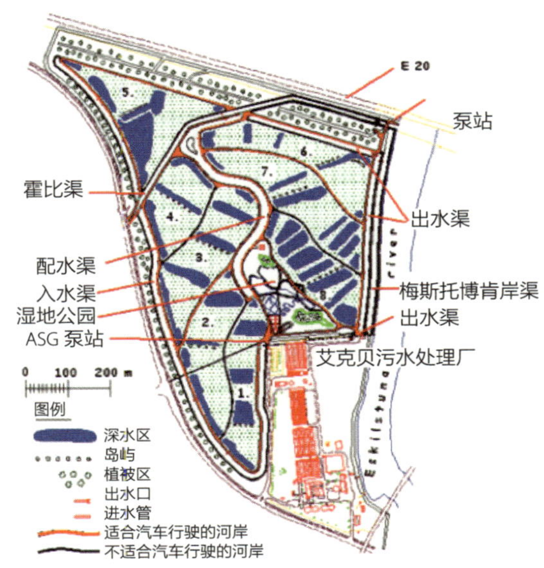

图18-7　艾克贝自由水面人工湿地设计示意图（LindeAlsbro，2000）

免形成平推流（Linde and Alsbro, 2000）。2002—2011年，艾克贝自由水面人工湿地的稀释率较低，平均为1.8%（Waara and Gajewska, 2020）。

进水或处理类型

在这两个自由水面人工湿地中，进水都是经过污水处理厂深度处理（物理、生物、化学、过滤）的市政污水。这两个城市都有独立的污水和雨水排水系统，所以市政污水不应该储存雨水。然而，在瑞典，许多污水收集系统已经有50多年的历史，存在渗漏问题，而且也经常发现雨水管道存在错接问题。研究人员对2002—2011年期间艾克贝来水变化进行详细的研究（Waara et al.，2015）。在研究期间，每月的入流量变化较大。月均流量也在增长，研究初期为13万m^3，后期为15万m^3（Waara and Gajewska，2020），这是由于城市的发展导致一些小的村庄被纳入到排水系统中，并发生入流入渗。与其他自由水面（FWS）人工湿地系统进行水力负荷率（HLR）方面的比较，卡德莱茨（Kadlec）（2009）研究发现，自由水面人工湿地的平均水力负荷率为3.05cm/d。在研究的205个自由水面人工湿地系统中，约25%的水力负荷率高于10cm/d。由此可见，艾克贝自由水面人工湿地除了日流量和月流量变化较大，与其他人工湿地相比，水力负荷率也较高。

处理效率

根据福莱科特（Flyckt）（2010）的数据，1996—2009年期间，马戈自由水面人工湿地的总氮（TN）平均去除率为24%，相当于1066kg/hm^2/a。2015—2017年的数值略高，为30%。总磷（TP）去除率在1996—2009年期间的年际变化很大，1996—2006年的平均去除率为24%（Flyckt，2010）。在某些年份中，出水的浓度高于进水的浓度。2015—2017年数值略高，为31%。进水BOD_7浓度相当稳定，但在植被生长期出水浓度增加，初级产物和刚毛藻水华较多，湿地出水质量目标难以实现。

2002—2011年期间，艾克贝污水处理厂的TN去除率为17%，相当于1668kg/hm^2/a（Waara et al.，2015）。大部分氮在4—10月被去除，但也有约30%在11月至次年3月被去除。这个值（即TN为168g/m^2）略高于卡德莱茨（Kadlec）（2009）测定的116个自由水面人工湿地系统的TN平均值129g/m^2。1999—2009年，TP去除率为35%~71%（Flyckt，2010）。2002—2011年，平均去除率为52%（Waara et al.，2019）。BOD_7去除率表现出明显的季节变化，在植被生长期，出水浓度往往高于进水浓度，2002—2011年，其去除率平均减少了10%（Waara et al.，2019）。这两个湿地的TN和BOD_7的去除率都有明显的季节变化。TN去除率不受湿地运行年限影响（Flyckt，2010；Waara，2015）。

运行和维护

这两个湿地都是污水处理厂处理系统的一部分，并根据当局要求定期采集水样，以监测湿地的性能。在马戈，水被泵入湿地；而在艾克贝，水被动地流入湿地。在马戈，每年秋季都要清除一些植物，以保持磷的稳定。这两个湿地都要进行正常的维护，必须清除生长在池塘连接管道内部和周围的植物。

艾克贝自由水面人工湿地迫切需要进行维护和翻新（Eriksson，2018）。该系统的水力负荷比建设时预测的高得多。此外，需要清除进水渠和一些池塘中的沉积物。对沉积物的金属分析也表明其金属含量很高，因此这些沉积物只能作为垃圾填埋场覆土使用。

成本

根据福莱科特（Flyckt）（2010）的数据，马戈自由水面人工湿地的建设成本为1100万瑞典克朗（SEK），2008年艾克贝自由水面人工湿地的建设成本为2300万瑞典克朗。这些费用包括土地购置费。

马戈自由水面人工湿地和艾克贝自由水面人工湿地每年的运营和维护费用分别为25万瑞典克朗和20万瑞典克朗（Flyckt，2010）。马戈自由水面人工湿地的植物收割需要成本，而艾克贝自由水面人工湿地不需要收割植物。

协同效益

生态效益

自由水面人工湿地吸引了各种各样的鸟类种群。约翰逊（Johansson）（2013）回顾了瑞典12个人工湿地的鸟类种群记录。艾克贝在1999—2012年期间有稳定的鸟类种群，共观察到201种，繁殖季节有164种，典型湿地物种为20~25种。在马戈自由水面人工湿地，共观察到177种鸟类，繁殖季节有124种。1996—2005年期间，鸟类多样性最高，此后有所下降。在其鼎盛时期，典型湿地物种为20~25种，但在2009—2012年期间下降到一半左右。湿地物种数量少的原因可能是马戈比艾克贝的黑头鸥和红嘴鸥种群少，也可能是马戈有欧洲鲤和国王鲤，而艾克贝没有这种鱼类（Backlund，2008）。

社会效益

马戈自由水面人工湿地和艾克贝自由水面人工湿地都位于城市的郊区，而且承担娱乐和教育功能，可使居民了解水循环和有效的污水处理方式的重要性。湿地还为骑行者和徒步者提供线路选择、信息导览、野餐区和供鸟类观察者使用的观察塔，这些都被用于娱乐和教育。此外，在哈斯霍姆的居民中，53%的受访者表示，他们每年至少到访一次马戈自由水面人工湿地（Pedersen et al.，2019）。参与者还发现湿地区域适合进行一些休闲活动，例如，接近动物和自然，举行体育活动，观赏美景，独处。对游客来说，基本没有异味和蚊虫问题。

权衡取舍

在马戈，建设湿地的土地包括50%的沼泽森林和50%的湿牧场，而在艾克贝，建设湿地的土地以前是耕地。在湿地周围的农村地区，仍然有类似的景观类型。这些土地本可以用于其他用途，如农业或林业。

经验教训

问题和解决方案

在马戈，春季和夏季会暴发刚毛藻（Cladophora）水华。在水华暴发期间，刚毛藻细胞被释放入出水中，导致BOD_7、COD和悬浮固体增加。在艾克贝，植被生长季节的出水的BOD_7经常高于来水。这引发了对两个污水处理厂采用池塘和湿地进行三级处理后应满足BOD_7排放限值的讨论。鉴于此，目前以湿地为三级处理后的污水处理厂的排放限值采用过滤样本的BOD_7。

鲤鱼在马戈自由水面人工湿地形成了大量的种群，这可能会对鸟类多样性产生负面影响（Johansson，2013）。湿地所有者还担心鲤鱼会被捕捞并非法卖给该市的餐馆。艾克贝自由水面人工湿地中也有许多鱼类种群的记录，但没有欧洲鲤（Backlund，2008）。

湿地所有者和福莱科特（Flyckt）（2010）质疑马戈自由水面人工湿地通过收割植物去除氮和磷的有效性。在湿地建设初期，有较多的沉水植被时，有效性较强。后来，可能是鱼类的生存和人类的收割活动扰动了沉积物，从而导致含磷的颗粒重新悬浮于水中。

原著参考文献

Backlund M. (2008). The fish fauna in Ekeby wetland (In Swedish). Bachelor thesis, Mälardalen University.

Eriksson J. (2018). Capacity control of Ekeby wetland 2018. The need of maintenance of the ponds. (In Swedish). Thesis, Västbergslagens utbildningscentrum.

Flyckt L. (2010). Treatment results, experiences of operation and cost efficiency for Swedish Wetlands treating pretreated wastewater (In Swedish). Masters thesis, Linköping University.

Johansson C. (2013). The Importance of Wetlands Polishing Wastewater for Bird Fauna. (In Swedish). Birdlife Sweden Report.

Kadlec R. H. (2009). Comparison of free water and horizontal subsurface treatment wetlands. *Ecological Engineering* **35**, 159–174.

Linde W. L., Alsbro R. (2000). Ekeby wetland – the largest constructed SF wetland in Sweden. *Water Pollution Control* **7**, 1101–1110.

Pedersen E., Weisner S. E. B., Johansson M. (2019). Wetland areas' direct contributions to residents' well-being entitle them to high cultural ecosystem values. *Science of the Total Environment* **646**, 1315–1326.

Waara S., Gajewska M., Dvarioniene J., Ehde P. M., Gajewski R., Grabowski P., Hansson A., Kaszubowski J., Obarska-Pempkowiak H., Przewlócka M., Pilecki A., Nagórka-Kmiecik D., Skarbek J., Tonderski K., Weisner S., Wojciechowska E. (2014). Towards recommendation for design of wetlands for post-tertiary treatment of waste water in the Baltic Sea Region – Gdánsk case study. Linnaeus ECO-TECH '14, Kalmar, Sweden, 24–26 November 2014.

Waara S., Gajewska M., Cruz Blazquez V., Alsbro R., Norwald P., Waara K.-O. (2015). Long term performance of a FWS wetland for post-tertiary treatment of sewage - the influence of flow, temperature and age on nitrogen removal. In: Dotro, G., Gagnon, V. (editors). Book of Abstracts: 6th International Symposium on Wetland Pollutant Dynamics and Control: Annual Conference of the Constructed Wetland Association: 13th to 18th September 2015, York, United Kingdom, pp. 38–3.

Waara S., Gajewska M. (2020). Long term performance of a FWS wetland for post tertiary treatment of sewage - the influence of flow, season and age on nitrogen removal. Manuscript in preparation.

18.3

意大利杰西（Jesi）用于三级处理的自由水面人工湿地

项目背景

意大利杰西（Jesi）需要将集中污水处理厂（WWTP）的处理能力从15 000人口当量增加到60 000人口当量（见图18-8和图18-9）。污水处理厂的升级主要有两个新的部分：

- 一个硝化或反硝化反应器；
- 终级人工湿地（TW），主要是自由水面人工湿地（FWS）部分用于三级处理。

自由水面人工湿地的三级处理目标为：

- 对市政污水处理厂的出水进行净化，使其全年达到出水标准；
- 强化反硝化工艺，使再生水回用于附近一个工业区（糖厂冷却水）；
- 尽量减少出水排放对埃西诺河（Esino River）的影响。

技术汇总表见表18-3。

NBS 类型

- 自由水面人工湿地（FWS-TWs）（多级系统的一部分）

位　置

- 意大利马克（Marche）地区杰西（Jesi）

处理类型

- 自由水面人工湿地多级处理部分

成　本

- 75 000 欧元（2002 年）

运行日期

- 2002 年至今

面　积

- 65 000m^2

作者

法比奥·马西（Fabio Masi）
阿纳克莱托·里佐（Anacleto Rizzo）
李嘉图·布里斯卡尼（Ricardo Bresciani）
意大利佛罗伦萨维亚拉马尔莫拉路51号易迪拉公司
（IRIDRA Srl, via Alfonso La Mamora 51, Florence, Italy）
联系方式：阿纳克莱托·里佐，rizzo@iridra.com

图 18-8　自由水面人工湿地与杰西污水处理厂位置示意图（AN - Italy）(43° 32′ 51.38″ N，13° 17′ 58.33″ E)

（a）自由水面人工湿地实景图

（b）自由水面人工湿地平面布置图

图 18-9　杰西污水处理厂的三级处理系统（AN - Italy）

表 18-3　技术汇总表

来水类型	
市政污水	
设计参数	
入流量（m^3/d）	13 000~19 000
人口当量（p.e.）	60 000
面积（m^2）	一级沉淀池：5000 二级水平潜流人工湿地：10 000 三级自由水面人工湿地：50 000 合计：65 000
人口当量面积（m^2/p.e.）	1.1
进水参数	
BOD_5（mg/L）	11.6（平均监测数据）
COD（mg/L）	37.7（平均监测数据）
TSS（mg/L）	11.4（平均监测数据）
NH_4-N（mg/L）	0.07（平均监测数据）
NO_3-N（mg/L）	5.5（平均监测数据）
TN（mg/L）	8.5（平均监测数据）
出水参数	
BOD_5（mg/L）	10.1（平均监测数据）
COD（mg/L）	33.5（平均监测数据）
TSS（mg/L）	2.7（平均监测数据）
NH_4-N（mg/L）	1.6（平均监测数据）
NO_3-N（mg/L）	2.8（平均监测数据）
TN（mg/L）	6.2（平均监测数据）
成本	
建设	75 000 欧元
运行（年度）	5000 欧元

设计和建造

NBS由5hm^2的自由水面组成，主要用于杰西污水处理厂的三级处理。在污水处理厂和自由水面人工湿地系统之间有一个容积为5000m^3的沉淀池，以及一个1hm^2的水平潜流人工湿地（HFTW）（见图18-10）。

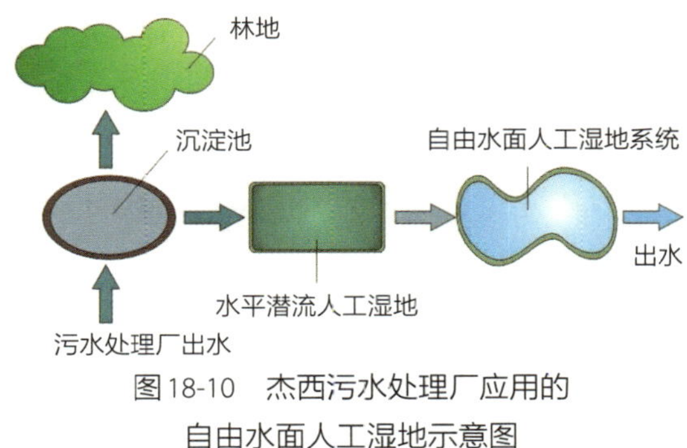

图18-10　杰西污水处理厂应用的自由水面人工湿地示意图

沉淀池中累积的污泥被定期泵送到种植白杨树的湿林地。最后的出水通过应急紫外线站消毒后可以在附近的工业区再利用。

进水或处理类型

三级处理的设计流量范围为13 000~19 000m^3/d，来水为60 000人口当量的市政污水。二次处理采用硝化-反硝化活性污泥处理方法。

处理效率

2003—2005年对三级处理指标进行了全面的监测。马西（Masi）等人（2008）的研究表明，TSS、BOD_5、氨氮和总氮在运行前3年的平均去除率分别为76%、10%、50%和30%。性能测试表明，在考虑所有参数的情况下，污水处理厂排水均达到意大利法律规定的排入埃西诺河的标准（TSS为35mg/L，COD为125mg/L，BOD_5为25mg/L，氨氮为15mg/L，硝酸盐为20mg/L，亚硝酸盐为0.6mg/L，总磷为2mg/L，氯化物为1200mg/L，硫酸盐为1000mg/L）。

运行和维护

所有的运行和维护工作都由没有经过专业训练的人员完成，可分为常规维护和特殊维护。

常规维护的目的是保持项目设施有效运作，主要内容包括：

- 检查混凝土结构；
- 为钢结构涂漆和润滑；
- 平整和修复道路；
- 检查发动机油位和润滑油；
- 检查电气保护和绝缘性能；
- 检查护坡是否有侵蚀和冲刷损害情况；
- 目视检查杂草、植物健康或虫害问题。

当任一设施损坏时，应进行特殊维护（如暴雨后的设备损坏）。

成本

基本建设费用约为75 000欧元（2002年），包括以下项目：

- 土方工程；
- 防水建设（填充介质、衬垫、土工布、植物）；
- 初级处理单元（双层沉淀池）；
- 泵站润滑油（用于沉淀池的污泥，通过重力作用运行的NBS水流）；
- 管道工程；
- 建筑物；
- 下水管；
- 道路、公园和景观美化；
- 栅栏和大门；
- 电气工程。

运行费用约为每年5000欧元，包括以下项目：

- 能耗；
- 人工；
- 额外维护（取样、芦苇养护和绿色养护）。

该污水处理厂由当地的水务部门资助，按正常税率计费。

协同效益

生态效益

自由水面人工湿地是具有生物多样性功能的重要区域。其底部高程不同，适合挺水植物（泽泻、花蔺、驴蹄草、黄菖蒲、灯心草、千屈菜、薄荷、宽叶香蒲、小香蒲）、浮水植物（金鱼藻、水鳖、柳叶菜、冠果草、白睡莲、欧亚萍蓬草、荇菜、睡莲）和沉水植物（水藓、穗状狐尾藻、浮叶眼子菜、水毛茛）生长。

2004年12月—2005年12月，鸟类研究和保护协会开展了一项鸟类监测活动，以确定NBS在保护鸟类方面的作用。监测包括直接观测和鸟类取样，平均每天取样160只鸟，共取样4600只鸟。在2004年8月11日的取样日，最多有1012只鸟。在以前缺乏物种的地区监测到了26种不同的鸟类：芦鹀为19.6%，林岩鹨为13.1%，知更鸟为12.8%，宽尾树莺为11.8%，棕柳莺为11.8%，须苇莺为6.9%，银喉长尾山雀为5.6%，其他为18.4%。

社会效益

自由水面人工湿地系统的设计为，二级处理的硝化–反硝化系统间歇使用——只有当湿地系统独立使用不能达到处理标准时，才根据需要启动二级处理。实际上，在温暖的季节，当植被和微生物活性较大时，自由水面人工湿地可能不需要额外的二级处理就能满足反硝化的污水处理目标，而且可以通过控制硝化–反硝化池的运行时间来减少能源的使用量。

NBS的设计符合循环经济原则，污泥可回用作为湿林地（种植白杨）的土壤改良剂，再生水可回用于工业（例如，作为制糖公司的冷却水）。

监测的结果表明，几乎所有参数都达到了意大利严格的再生水的水质标准（TSS为10mg/L，COD为100mg/L，BOD_5为20mg/L，氨氮为2mg/L，总氮为15mg/L，总磷为2mg/L，氯化物为250mg/L，硫酸盐为500mg/L）。只有表面活性剂的总浓度（2.1mg/L）一直超过标准限值，可能是因为缺乏该参数来水的水质数据，也可能是因为湿地具有腐殖酸的作用（可能存在干扰），因此难以确定超标的主要原因。

权衡取舍

自由水面人工湿地的设计目的是达到向水体排水的水质标准，以及对污水进行再利用。此外，为了进一步提高设备的安全性，还安装了一个紫外线消毒装置，为确保其正常工作，NBS需要有效地减少TSS。

经验教训

问题和解决方案

（1）反硝化作用的时间延迟和最佳运行限制。

自由水面人工湿地系统自启动以来，用了近18个月的时间才达到理想的反硝化水平。当温度高于10℃，新生物产能为5~17kg/m^2时，可达到预期稳定的氮去除率。

（2）反硝化作用的碳源。

尽管自由水面人工湿地系统没有循环流，进水的C和N的比值低于反硝化的最佳值（C：N为5：1）（Kadlec and Wallace，2009），但自由水面的反硝化作用良好。这表明，自由水面人工湿地本身产生了一定数量的还原碳，可实现高反硝化速率。其他生物系统（例如，活性污泥的反硝化作用）如果没有额外进行调节，则会在碳不足条件下运行表现不佳。

用户反馈或评价

污水处理设施（Multiservizi SpA）提高了自由水面人工湿地的反硝化性能，降低了

硝化-反硝化二级处理的能量消耗。此外，该设施还因为增加了生物多样性和提高了鸟类野生动物数量而提高了在当地利益相关者中（例如，ARCA和WWF）的声誉。

原著参考文献

Kadlec, R. H., Wallace, S. (2009). Treatment Wetlands, 2nd edn. Boca Raton, Florida, CRC Press.

Masi, F., (2008). Enhanced denitrification by a hybrid HF-FWS constructed wetland in a large-scale wastewater treatment plant. In Wastewater Treatment, Plant Dynamics and Management in Constructed and Natural Wetlands, pp. 267–275. Dordrecht, Netherlands. Springer Netherlands.

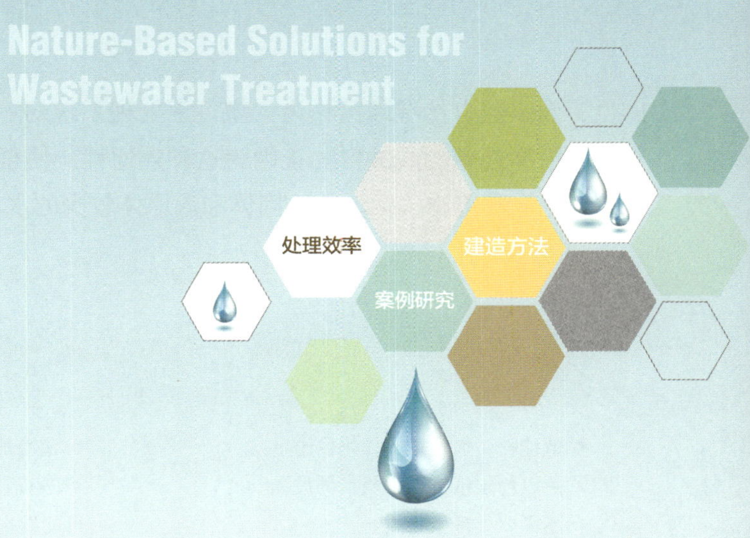

第19章 自然湿地

作　者　罗斯·卡格瓦（Rose Kaggwa）
乌干达坎帕拉国家供水和污水处理公司
（National Water & Sewerage Corporation, Kampala, Uganda）
联系方式：rose.kaggwa@nwsc.co.ug

概　述

自然湿地是具有自由流动表面的半水生系统，包括湖边湿地、广泛的泥炭沼泽和漫滩沼泽，由芦苇、莎草、香蒲属、藨草属等自然植被和富含有机物的土壤组成（见图19-1）。

在自然湿地中，生活污水流过其表面，并与静止的湿地水混合。富含有机物的土壤加上静水提供的无氧条件，可达到物理、生物和生理去除污染物的目的。挺水植物从水体和土壤中吸收氮和磷，促进植被生长，从而增加湿地的生物总量。茂密的植被使流入的污水在水面上缓慢移动，从而使颗粒物和相关营养物得到过滤和沉降。

图19-1　自然湿地示意图

1—进水口；2—自然湿地；3—出水口

大多数自然湿地可作为大型污水处理系统的一部分，包括水源集水区，以及湖泊和河流沿岸地带的缓冲区。正因为这种连通性，使得污水在滞留数日后不断地流出自然湿地，进入营养物、颗粒物、固体和病原体较少的水域。

优点	缺点
● 低能耗（通过重力作用供给） ● 可以稳定抵抗污染负荷的波动 ● 不需要处理生物质 ● 改善除磷效果（总磷小于 1mg/L）	● 潜在的蚊虫栖息地 ● 表面流速、滞留时间和流动路径不受控制；雨季可能发生冲水现象 ● 污水处理可能会受到社区周围其他与之冲突的湿地利用活动影响，如种植、无管制地排放、开发等

协同效益

自然湿地具有许多协同效益，如生物多样性（植物和动物）、防洪、碳汇、生物质产出、景观价值、娱乐、基质来源和水资源再利用（很大程度上），而且在一定程度上有助于授粉及温度调节。然而，当用于湿地污水处理时，进入的营养负荷会导致动植物发生变化。应用于这些系统的负荷必须非常小心地管理，以免过载（Verhoeven et al., 2006）。

案例研究

本书中的研究案例包括：

乌干达纳马塔拉自然湿地；

印度洛克塔克湖：曼尼普尔邦自然湿地；

印度东加尔各答自然湿地。

与其他NBS的兼容性

主要与农村和城市集水区的氧化塘净化技术结合使用。

运行和维护

常规维护

- 清除进水通道和管道的堵塞物
- 控制污水的流动路径，使其更广泛地分布在自然湿地表面
- 注意：污水流入是连续性的，不可能将其关闭

特殊维护

- 恢复退化区域或绿地斑块

原著参考文献

Crites R. W., Middlebrooks E. J., Bastian R. K., Reed S. C. (2014). Natural Wastewater Treatment Systems (Scond edition). CRC Press, Taylor & Francis Group, Boca Raton, FL, USA.

Fisher J., Acreman J. C. (2004). Wetland nutrient removal: a review of the evidence. *Hydrology and Earth System Sciences*, **8**, 673–685.

Verhoeven, J. T. A., Arheimer, B, Yin, C. Q., Hefting, M. M. (2006). Regional and global concerns over wetlands and water quality. *Trends in Ecology & Evolution*, **21**, 96–103.

Verhoeven, J. T. A., Meuleman, A. F. M. (1999). Wetlands for wastewater treatment: opportunities and limitations. *Ecological Engineering*, **12**, 5–12.

NBS 技术细节

进水类型

- 二级处理后的污水

处理效率

- COD 53%~76%
- BOD_5 65%~75%
- TN 66%~80%
- NH_4-N ~17%
- TP 40%~53%
- TSS 65%~76%

要　求

- 净面积要求：流入自然湿地的水量可能不太稳定，而且来源多样化，一旦确定自然湿地的所有流入量，可根据流入量和负荷计算出一个大概面积
- 耗电量：无

常规配置

- 固体废弃物、沉积物的初步处理或筛选
- 好氧和厌氧预处理

气候条件

- 适用于温暖和寒冷的气候
- 热带气候条件下，其效率更高

19.1

乌干达纳马塔拉（Namatala）自然湿地

项目背景

区域概况

纳马塔拉自然湿地是沿乌干达东北部地区姆巴莱市附近的纳马塔拉主河形成的纸莎草湿地（见图19-2），面积为113km²，行政区划上由姆巴莱、布塔莱贾（Butaleja）和布达卡（Budaka）共同所有。

纳马塔拉自然湿地周围的总人口约130万人，其中，姆巴莱市的人口约为488 900人（UBOS，2014）。姆巴莱市目前的居住人口约100 000人，污水稳定塘（Waste Stabilization Pond，WSP）系统最初是为大约45 000人建造的（AWE，2018）。

姆巴莱市的污水在纳马塔拉和多科（Doko）两个污水稳定塘中进行处理。在污水稳定塘中，主要的污水处理过程是固体物质的沉淀，并将其排放到自然湿地（Zsuffa et al.，2014）。纳马塔拉自然湿地对污水稳定塘排放的污水进行三级处理。

NBS类型

- 自然湿地

位　置

- 乌干达纳马塔拉的姆巴莱市（Mbale）

处理类型

- 利用自然湿地进行三级处理或深度处理

成　本

- 没有具体的资本和运营支出成本，自然湿地的定期监测由政府出资

运行日期

- 1986年至今（Buchauer，2011）

面　积

- 整个纳马塔拉自然湿地面积为113km²

作者

苏珊·纳马尔瓦（Susan Namaalwa）

荷兰代尔夫特国际水利与环境工程学院代尔夫特水教育研究所水生态系统组；乌干达坎帕拉国家供水和污水处理公司

（Aquatic Ecosystems Group, IHE Delft Institute for Water Education, Delft, The Netherlands; National Water and Sewerage Corporation, Kampala, Uganda）

罗斯·卡格瓦（Rose Kaggwa）

乌干达坎帕拉国家供水和污水处理公司

（National Water and Sewerage Corporation, Kampala, Uganda）

安妮·A. 范达姆（Anne A. van Dam）

荷兰代尔夫特国际水利与环境工程学院代尔夫特水教育研究所水生态系统组

（Aquatic Ecosystems Group, IHE Delft Institute for Water Education, Delft, The Netherlands）

艾琳·格鲁特（Irene Groot）

瑞典乌普萨拉大学

（Uppsala University, Uppsala, Sweden）

联系方式：苏珊·纳马尔瓦，susan.namaalwa@nwsc.co.ug;

罗斯·卡格瓦，kaggwa@nwsc.co.ug;

安妮·A. 范达姆，a.vandam@un-ihe.org

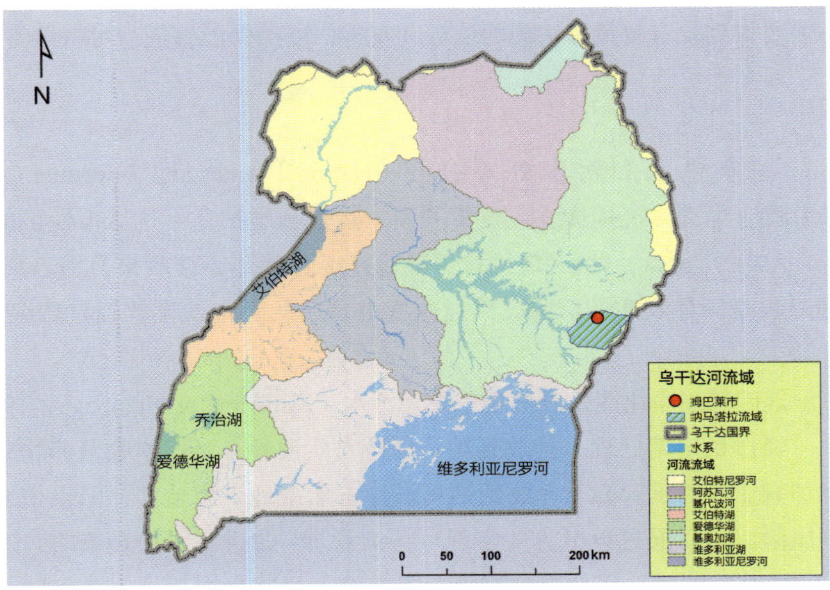

（a） 纳马塔拉自然湿地位置示意图

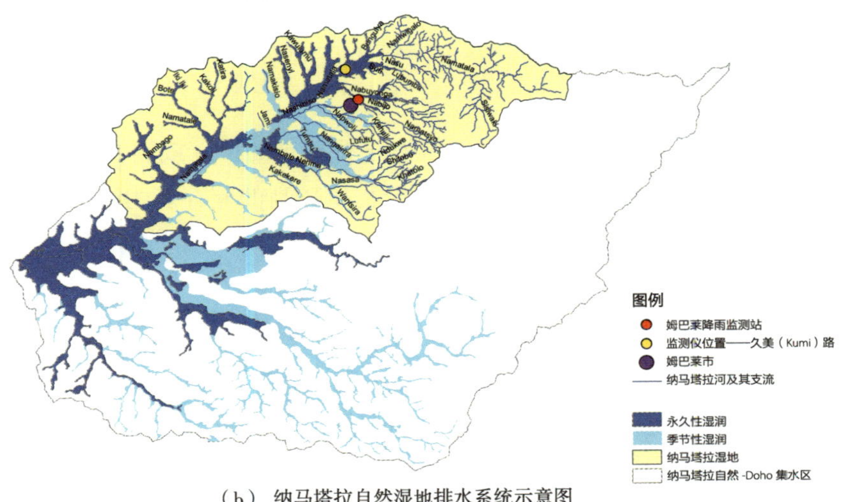

（b） 纳马塔拉自然湿地排水系统示意图

图 19-2　乌干达纳马塔拉自然湿地排水系统示意图

（NFA，2005 in Namaalwa et. al，2020）

自然湿地可以分为两个区域：上游位于姆巴莱市和纳博阿村（Naboa Village）之间；下游位于纳博阿村到纳马塔拉河与马纳富阿区（Manafwa）交汇的西南部。在上游，纸莎草湿地比较完整，可支持调节栖息地生态系统（Zsuffa et al.，2014）。在下游，原有的纸莎草植被已被商业稻田和小规模混作取代（Namaalwa et al.，2013，2020）。

需要注意的是，从实际使用情况看，人工湿地比自然湿地更有利于污水处理，因为人工湿地可进行设计，从而实现BOD_5、COD和营养物去除的最佳性能，并最大限度控制人工湿地的水力条件和植被。此外，由于许多自然湿地系统具有巨大的保护价值，因此其使用会受到限制（Verhoeven and Meuleman，1999）。自然湿地的生态系统被用于污水处理时，需要得到政府政策和法规的认可和支持，以确保能够进行可持续管理。

项目目标

1972年，国家供水和污水处理公司（National Water and Sewerage Corporation，NWSC）作为政府半官方机构成立，负责开发、运营和维护乌干达城市地区的供水和污水处理系统（AWE，2018）。纳马塔拉自然湿地建于1986年，接收来自姆巴莱市的污水，其主要处理过程是固体物质的沉降。经过这样处理后的污水被排放到自然湿地（AWE，2018）。

纸莎草湿地因其高净化能力而被用于处理污水（Kansiime & Nalubega，1999）。姆巴莱市的污水（经过稳定塘处理）排放到纳马塔拉自然湿地，利于回收营养物质，可防止其经过基奥加湖（Lake Kyoga）释放到纳马塔拉自然湿地下游地区，但也带来了化学和细菌污染的风险。可以通过以下方式实现可持续管理：改进污水处理策略，通过农业循环利用养分；持续监测纳马塔拉自然湿地生态系统，研究生态系统服务供给与调节功能之间的权衡选择（Namaalwa et al.，2013）。

设计和建造

纳马塔拉自然湿地是一种自然湿地，没有进行特定的设计或建设。自然湿地系统由纸莎草植物组成，其以较高的生产力和对营养物质较高的储存能力而闻名（van Dam et al.，2014）。

进水或处理类型

纳马塔拉自然湿地系统接收来自姆巴莱市的两个污水稳定塘（纳马塔拉污水稳定塘和多科污水稳定塘）的污水。纳马塔拉污水稳定塘由4个人工塘组成，包括1个厌氧塘、1个兼性塘和2个熟化塘（见图19-3）。多科污水稳定塘由两组厌氧塘、兼性塘和熟化塘组成（见图19-4）。污水稳定塘利用细菌活动去除污水中的有机物、营养物质和微生物（NWSC，2019）。技术汇总表见表19-1。

表 19-1　技术汇总表

来水类型	
生活污水，市政污水	
设计参数	
入流量（m^3/d）	平均日干燥天气流量：880（Buchauer，2011）
人口当量（p.e.）	7.491（Buchauer, 2011）
面积（km^2）	113
人均当量面积（$m^2/p.e.$）	260/7.491=84（Buchauer, 2011）
进水参数	
BOD_5（mg/L）	180（Namaalwa et al.，2020）
COD（mg/L）	300（Namaalwa et al.，2020）
TSS（mg/L）	75（Namaalwa et al.，2020）
粪便大肠菌群（菌落形成单位，CFU/100mL）	26 000（Namaalwa et al.，2020）
出水参数	
BOD_5（mg/L）	22（Namaalwa et al.，2020）
COD（mg/L）	35（Namaalwa et al.，2020）
TSS（mg/L）	30（Namaalwa et al.，2020）
成本	
建设	—
运行（年度）	没有具体的资本和运行支出成本，定期监测由政府资助

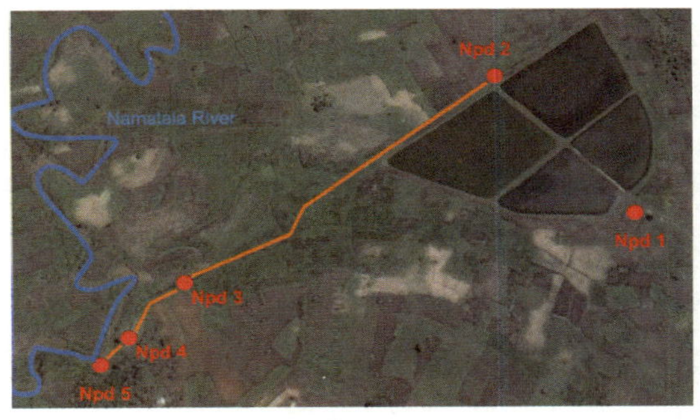

图 19-3　纳马塔拉污水稳定塘系统和湿地河道航拍图

图 19-4　多科污水稳定塘系统和湿地河道航拍图

此外，还有两条溪流——布达卡（Budaka）和纳希比索（Nashibiso）流入姆巴莱市，将未经处理的城市污水带入自然湿地。池塘和城市溪流的出水对自然湿地造成了以氮、磷、BOD_5和COD为主的污染（Namaalwa et al.，2020）。

上述所有进水汇入上游地区的湿地河道，之后随着水流淹没下游河漫滩的湿地区域并扩散。自然湿地通过植物吸收、吸附、物理沉降和反硝化作用降低水体中的营养盐浓度和TSS，以便进一步进行深度处理（三级处理）（Kansiime & Nalubega，1999）。

处理效率

污水排放标准由《国家环境（污水排放到水或陆地的标准）条例》规定。然而，这个标准仅适用于污水稳定塘，不适用于自然湿地。由于容量有限和超载，污水稳定塘提供部分处理，因此自然湿地的进水TSS、BOD_5、COD、氮和磷酸盐通常会超标，例如，TSS为100mg/L、BOD_5为50mg/L、COD为100mg/L、氮和磷酸盐为10mg/L。自然湿地使BOD_5和磷酸盐的含量下降了70%~85%，氮的含量下降了85%~95%，TSS的含量下降了20%~60%。TSS的去除受自然湿地水流的季节性波动影响很大。在自然湿地中，由于来自农业区的排放和沉积物增加，自然湿地在丰水期的滞留量降低（Namaalwa et al.，2020）。

运行和维护

虽然不需要进行自然系统的外部操作，然而，作为监管的一部分，水和环境部对其水位、流量和水质进行定期检查和监测，而且会持续开展一些活动，以提高利益相关者的认识，从而保护湿地免受退化和利益损失。

成本

没有具体的资本和运行支出成本，其定期监测由政府资助。

协同效益

生态效益

自然湿地为各种动植物提供了栖息地。在湿地永久潮湿区域发现的植物有纸莎草和芦苇。季节性洪水区的植物以金合欢和榕树为主。自然湿地还是鲶鱼和肺鱼等鱼类的家园。常见的湿地鸟类包括织布鸟、鸭子、凤头鹤、鹈鹕、朱鹭、白鹳、灰鹭、白鹭和黄嘴鹳。其他动物包括蜥蜴、松鼠、芦苇羚和野兔。自然湿地的土壤、水和植被对调节生态系统服务至关重要，包括水质净化、养分保持、防洪和蓄水（Namaalwa et al.，2020）。积水土壤是反硝化和颗粒磷滞留的有利环境，而养分（氮和磷）的吸收通过纸莎草生物量的生长来实现（van Dam et al.，2014）。

社会效益

纳马塔拉自然湿地是周边居民的重要生计来源。在姆巴莱、布达卡和布塔莱贾，大约85%的家庭以种植水稻为主要经济活动，并在自然湿地的季节性淹水区种植其他粮食作物供消费或自用。纸莎草秆可用于编织篮子，也可覆盖屋顶。利用自然湿地进行的其他生计活动包括饲养牲畜、采砂、砌砖、捕鱼和狩猎。此外，自然湿地是家庭用水，以及作物和家畜用水的水源。

权衡取舍

纳马塔拉自然湿地在排水前完全被自然植被覆盖，为鸟类和鱼类的多样性发展创造一定条件，而且其上下游都保持良好的水质。城市发展和农业供应服务（作物生产）的排水导致自然植被、动植物栖息地和生计活动丧失，特别是发生在自然湿地上游部分的捕鱼和纸莎草收割活动。这些改变还导致河流连通性降低，增加了上游地表水、城市中心和农业区内的沉积物和营养物质的负荷（Namaalwa et al.，2020）。目前，纳马塔拉自然湿地的下游部分仍能发挥水质调节功能，但土地利用的进一步变化，污水排放量的增加，河流和溪流的流态改变，都威胁到居民生活和湿地保护之间的平衡。从经济角度看，让农业和城市发展逐步取代自然湿地是不可取的，因为失去的调节服务（水调节和净化）需要通过对水处理设施的投资来替代（Zsuffa et al.，2014；Namaalwa et al.，2020）。

经验教训

问题和解决方案

有效管理自然湿地的挑战包括复杂的制度框架和薄弱的政策执行力（Namaalwa et al.，2013）。此外，许多参与者对自然湿地管理需要考虑的优先问题有不同看法，包括土地利用冲突、农业发展和生物多样性降低（Namaalwa et al.，2013）。正如纳玛拉瓦（Namaalwa）等（2013）指出的，迫切需要对水资源综合管理和所有利益相关者进行协调决策，以及持续推进研究、监测和管理能力建设，以确保自然湿地的有效管理。

自然湿地退化的原因包括生活和工业污水排放、植被和其他湿地产品收割等。必须在供给服务和调节服务之间找到一个平衡点，以实现可持续管理（Namaalwa et al.，2013）。

除了多科和纳马塔拉污水稳定塘的污水，自然湿地还接收未经处理的城市污水。紧邻污水稳定塘下游的大量小型农场有潜力对污水中的营养物质进行循环利用，但也会引发人们对健康风险的担忧（Namaalwa et al.，2013）。

此外，总降雨量一直在下降，影响了社区的农业模式，居民被迫放弃干燥的土地，只能在自然湿地定居以寻找可靠的水分来维持作物的生长（Namaalwa et al.，2013），这样就导致自然湿地转变为农田，自然湿地面积减少，也就意味着剩余的自然湿地在净化污水方面的效果变差。

导致其他问题的主要驱动因素为以下几点。

（1）人口增长。

自然湿地周围的人口密度为200~700人/km^2，而该国的平均人口密度为165人/km^2（UBOS，2010）。在一项家庭调查中，71%的受访者将耕地短缺列为使用自然湿地的一个原因（S. Namaalwa，未发表）。人口增长导致家庭对食物的需求增加，并刺激粮食生产和住房开发逐渐侵占自然湿地，从而使得自然湿地面积减少，并逐渐取代自然植被。这样会影响自然湿地的处理能力，因其失去了水文连通性，并且由于景观变化和纸莎草缓冲带的移除而容易发生山洪，而这些都是沉积物和营养物质能够保持的关键因素（Namaalwa et al.，2020)。姆巴莱城市中心的发展，加上污水管理薄弱，导致向自然湿地排放的污水增加（Namaalwa et al.，2013）。这些因素都会增加未经处理的污水进入自然湿地的负荷，从而影响处理效率。

（2）土地利用变化。

根据水文和土地用途变化，可以将纳马塔拉自然湿地分为两个不同区域：上游纳马塔拉自然湿地失去了大部分自然植被，几乎完全转变为农业用地；下游纳马塔拉自然湿地退化程度较低。对粮食生产的需求，自然湿地保护意识的薄弱，以及乌干达自然湿地政策执行不力等因素，导致自然湿地转变为农场（Namaalwa et al.，2013）。

（3）污水稳定塘运行和维护不足。

资金和技术资源的匮乏限制了污水稳定塘的运行和维护，这导致自然湿地的有机和化学物质超载，违反了将污水排放到自然湿地的监管要求。预留维护预算并用于改善上游污水管理可减轻污水稳定塘和自然湿地的压力。

（4）湿地管理政策执行差距。

迄今为止，各种案例都强调，尽管目标美好，技术可靠，但为了进行最终污水深度处理而对自然湿地进行的可持续管理和保护力度往往不够。因此，只要有条件，一般不建议将自然湿地作为污水稳定塘进行深度处理。但这并不是说应完全停止将自然湿地纳入污水处理方案，而是需要强有力的制度建设和强大的执法权力，防止在任何此类解决方案实施之前对自然湿地进行侵占（Buchauer，2011）。

解决方案

泽发（Zsuffa）等人（2014）确定了3个管理办法：

（1）上游实施自然湿地的土地利用规划，运用可持续的农业管理方式，以及建造纸莎草缓冲区。

（2）下游实施自然湿地的土地利用规划和保护自然湿地。

（3）通过恢复和改善污水处理设施（污水稳定塘）的管理，提升污水管理水平。此外，可以对系统进行改进，例如，曝气和增加湿地植物种类。

原著参考文献

AWE Environmental Engineers (AWE). (2018). Environmental and Social Impact Assessment for Mbale & Small Towns Water Supply and Sanitation Project.

Buchauer, K. (2011). Assessment of O&M and Performance of the NWSC Sewerage Ponds outside Kampala.

Kansiime, F., Nalubega, M. (1999). Natural treatment by Uganda's Nakivubo swamp. *Water Quality International*, (Mar/Apr) 29–31.

Namaalwa, S., van Dam, A. A., Funk, A., Guruh Satria, A., Kaggwa, R. C. (2013). A characterization of the drivers, pressures, ecosystem functions and services of Namatala wetland, Uganda. *Environmental Science & Policy*, **34**, 44–57.

Namaalwa, S., van Dam, A. A., Gettel, G. M., Kaggwa, R. C., Zsuffa I., Irvine, K. (2020). The impact of wastewater discharge and agriculture on water quality and nutrient retention of Namatala Wetland, Eastern Uganda. *Frontiers in Environmental Science*, **8**, Article 148.

NWSC (2019). Sewer Services.

UBOS (2014). Statistical Abstract. Uganda Bureau of Statistics, Government of Uganda, Kampala.

van Dam, A. A., Kipkemboi, J., Mazvimavi, D., Irvine, K. (2014). A synthesis of past, current and future research for protection and management of papyrus (*Cyperus papyrus L.*) wetlands in Africa. *Wetlands Ecology and Management*, **22**, 99–114.

Verhoeven, J.T.A. and Meuleman, A.F.M. (1999). Wetlands for wastewater treatment: Opportunities and limitations. *Ecological Engineering*, **12**, 5–12.

Zsuffa I., van Dam A. A., Kaggwa R. C., Namaalwa S., Mahieu M., Cools J., Johnston R. (2014). Towards decision support-based integrated management planning of papyrus wetlands: a case study from Uganda. *Wetlands Ecology and Management*, **22**, 199–213.

19.2

印度洛克塔克湖（Loktak Lake）：曼尼普尔邦（Manipur）自然湿地

项目背景

洛克塔克湖（见图19-5、图19-6和图19-7）位于印度曼尼普尔邦，是该国东北部最大的自然淡水湿地，也是一个主要的生物多样性集中区（WISA，2005 in Singh et al., 2011），《拉姆塞尔公约》[①]认定其具有国际重要性（LDA 1996；Singh and Shyamananda, 1994 in Singh et al., 2011）。该湖位于山谷内，占洛克塔克流域总面积的28%。气候受

作者

丽莎·安德鲁斯（Lisa Andrews）
荷兰海牙LMA水务咨询公司[②]
（LMA Water Consulting+, The Hague, The Netherlands）
安德鲁斯·雅各布（Andrews Jacob）
印度班加罗尔CDD协会[③]
（CDD Society, Bangalore, India）
拉吉夫·坎加巴姆（Rajiv Kangabam）
印度布巴内斯瓦尔BRTC卡林加工业技术学院[④]
（BRTC, KIIT University, Bhubaneswar, India）
联系方式：安德鲁斯·雅各布，andrews.j@cddindia.org

NBS 类型

- 自然湿地

位　置

- 印度曼尼普尔邦

处理类型

- 洛克塔克湖上有厚厚的漂浮生物质垫，上面覆盖土壤（当地称其为“浮岛”）。没有关于污水处理的具体信息

成　本

- 无可用信息

运行日期

- 无可用信息

面　积

- 246.72km^2；总流域面积 4947km^2

---

① 国际重要湿地公约（又称拉姆塞尔公约，Ramsar Convention），公约的全名为“关于特别是作为水禽栖息地的国际重要湿地公约”，是一个政府间的协议，该协议为湿地资源保护和利用的国家措施及国际合作构建了框架。拉姆塞尔公约（国际重要湿地特别是水禽栖息地公约）于1971年在伊朗小城拉姆塞尔（Ramsar）签署，1975年12月21日正式生效。——译者注

② LMA Water Consulting+ 是一家位于荷兰海牙的企业，成立于2020年1月，是一家组织咨询公司。——译者注

③ COD Society 为 Consortium for DEWATS Dissemination Society，是分散式污水处理技术传播协会，一个非营利组织，成立于2002年，并于2005年正式注册为非营利社团。该组织总部位于印度班加罗尔，其宗旨为创新、展示和推广包容性的水和卫生解决方案。CDD India 致力于开发适应当地情况的、分散式的、基于自然的解决方案，并且通过系统方法来实现这一目标。——译者注

④ BRTC 为卡林加工业技术学院，是一家生物技术工业研究与开发中心。——译者注

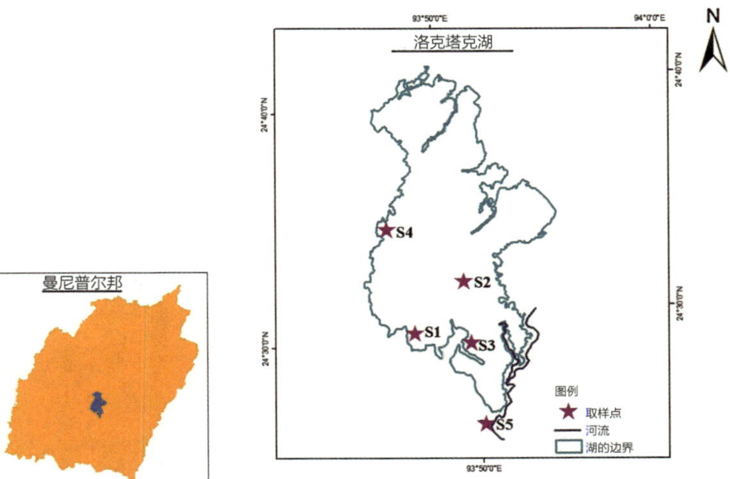

图 19-5　洛克塔克湖位置示意图（Das Kangabam，2017）

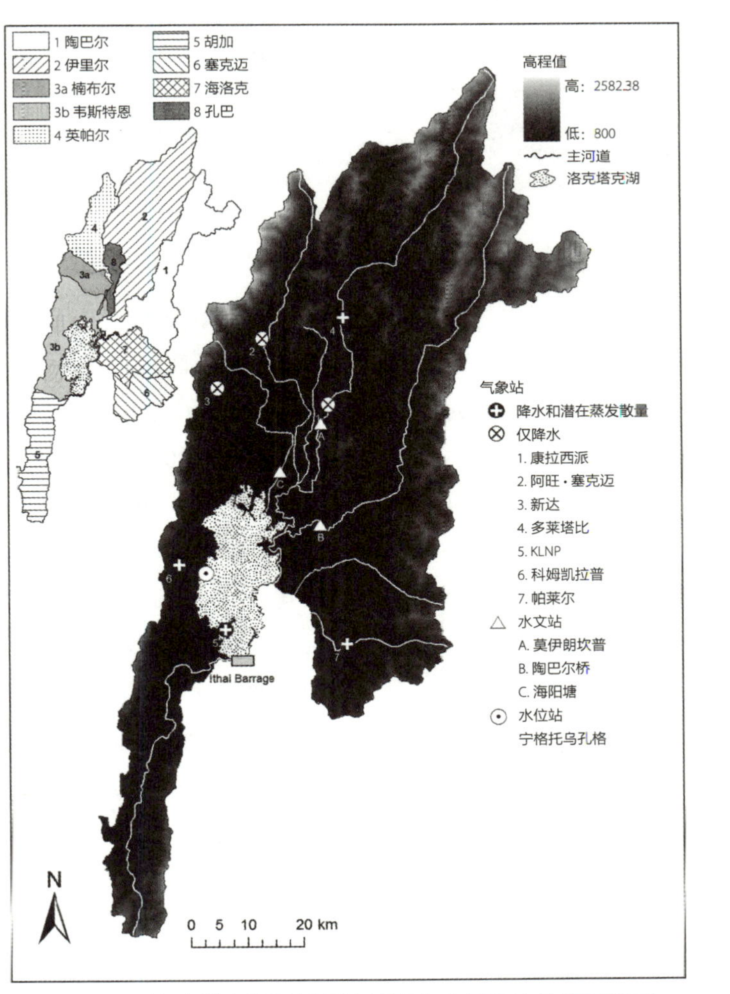

图 19-6　洛克塔克湖及其子流域和水文气象站位置示意图

［伊洛瓦底（Irrawaddy）盆地轮廓来自全球径流数据中心（GRDC）］（Singh et al.，2011）

图19-7 洛克塔克湖实景图

（来源：zehawk）

4个季风影响，季风带来的降水量占流域年平均降水量的63%（Singh et al.，2010）。洛克塔克湖周围大约有12个城镇和52个定居点，约占曼尼普尔邦总人口的9%（2011年人口普查报告）。这些居民的生活直接或间接依赖湖泊及其众多生态系统（Das Kangabam，2019），而且这些湖泊具有防洪等效益（Rai and Raleng，2011）。自然湿地在污水处理方面的信息很少，但是本案例主要说明各种来源的污染物对湖泊生态系统的影响，强调需要认真管理自然湿地。

洛克塔克湖水主要用于灌溉、饮用和水力发电，该州50%以上的电力需求由洛克塔克湖的水电项目伊泰（Ithai）拦河大坝满足（Das Kangabam et al.，2018）。

尽管洛克塔克湖受到国际认可，而且自古以来就是人类赖以生存的湖泊，但快速的发展威胁到湿地的自然功能，影响人类和动植物赖以生存的生态系统。鉴于此，洛克塔克湖被列入拉姆塞尔公约的蒙特勒档案①，跟踪记录并关注因开发而受到重大影响进而降低其生态特征的地点。洛克塔克湖面临的压力包括：

- 森林砍伐导致土壤侵蚀加剧，沉积速率加快；
- 农田污染导致养分富集；

① 1989年7月，在瑞士蒙特勒市（Montreux）召开了第4届缔约方大会，大会再次修改国际重要湿地标准，决定建立蒙特勒档案（Montreux Record）。——译者注

- 人工岛（浮岛）取代栖息地并影响水质；
- 农业用地被侵占；
- 灌溉取水受到影响（Singh et al.，2011）。

然而，最大的影响与一项生态系统的优先性有关。伊泰拦河大坝的主要作用是水力发电，但人为抬高水位会对浮岛产生一定负面影响，因为浮岛从与湖床的接触中获取营养物质，提供其他社会经济、生态系统和生物多样性服务（Singh et al.，2011）。此外，伊泰拦河大坝已导致土壤侵蚀加剧，过去20年的蓄水能力丧失，湖泊生物多样性发生变化（Kumar，2013）。这些问题都严重影响了自然湿地的正常功能，导致生态平衡受到威胁。

技术汇总表见表19-2。

表 19-2 技术汇总表

来水类型	
生活、市政、农业和工业污水	
设计参数	**自然湿地**
入流量（m^3/d）	洛克塔克湖的水情取决于各种溪流（Nambul and Imphal, et al.）的流入量和湖面的直接降水量，入流量预计为 47.52 万 m^3/s（Rai and Raleng，2011)
人口当量（p.e.）	—
面积（km^2）	246~280
人均当量面积（m^2/p.e.）	—
进水参数	**无进水信息**
BOD_5（mg/L）	0.99~4.19（季风后—季风前） 平均值为 3（Das Kangabam and Govindaraju，2017）
溶解氧（ppm）	5.8~19.3（分别为 2015 年 3 月和 7 月；最高值可能是由于降雨造成的；然而，在雨季，河水会受到生活污水、农业污水和土壤侵蚀的影响（Suraj and Rajmani，2018）
COD（mg/L）	8~280（季风季—冬季） 平均值为 2.66（Das Kangabam 和 Govindaraju, 2017）
TSS（mg/L）	—
浊度（mg/L）	0~480（2015 年 7 月为最大值，可能是由于强降雨造成的；最小值在冬季，可能是由于悬浮颗粒沉降造成的）（Suraj and Rajmani，2018)
出水参数	—

设计和建造

由于这是一片自然湿地，因此没有进行特定的设计或建造。洛克塔克湖及其周围的沼泽是英帕尔洪泛平原不可分割的一部分。椭圆形的曼尼普尔邦河（高度为746~798m），以海拔2000~3000m的山脉和英帕尔河及其支流伊里尔（Iril）、陶巴尔（Thoubal）、海洛克（Heirok）、昆加（Khunga）和查克皮（Chakpi）和其他溪流楠布尔、纳姆博尔（Nambol）和宁格托乌孔格（Ningthoukhong）为界，将充满淤泥的水直接排入洛克塔克湖（Rai and Raleng，2011）。

洛克塔克湖深度为0.5~4.6m，平均深度为2.7m，分为北区、中区、南区3个区域。主要的开放水域是中区，没有浮岛。南区有世界上唯一的浮岛国家公园——凯布尔拉姆加国家公园（Keibul Lamjao National Park）（Trishal and Manihar, 2004 in Das Kangabam, 2017）。

进水或处理类型（流入湿地的水）

曼尼普尔邦河拥有许多河流和溪流。其中，英帕尔河是最重要的，它是曼尼普尔邦河的支流，在陶巴尔区汇入洛克塔克湖（Suraj and Rajmani，2018）。据估计，每年流入该湖的水量约为4751.57万m^3/s，西部集水区34条河流或溪流的地表流入量占湖泊总流入量的52%。据估计，该湖的总流出量约为3446.16万m^3/s。

未充分处理的污水、杀虫剂、倾倒的固体废弃物、农业肥料，以及其他活动（洗涤和沐浴等）导致英帕尔河的水质较差（Suraj and Rajmani，2018）。此外，其他污染物如石油烃、氯化烃和重金属，各种酸、碱、染料和其他化学品也对英帕尔河造成一定影响（Suraj and Rajmani，2018）。

楠布尔河是另一条流入洛克塔克湖的重要河流，由于被排放了未经处理的城市污水和农业径流，成为该州污染最严重的河流（Das Kangabam and Govindaraju，2017）。曼尼普尔邦首府英帕尔市每天产生100t污水，大部分污水未经处理便直接倒入河中，最终流入洛克塔克湖（Das Kangabam and Govindaraju，2017）。利用湖泊进行污水处理，再加上快速的人口增长和工业化，破坏了湖水的物理、化学特性（Suraj and Rajmani，2018），降低了其提供生态系统服务的能力。

处理效率（生态系统服务供应）

据观察，洛克塔克湖的水质非常差，这可能是由于楠布尔河和纳姆博尔河的流入水质较差而导致温度、pH值、电导率、浊度、氟化物、硫酸盐、镁、磷酸盐、钠、钾和亚硝酸盐这几个物理、化学参数发生了变化。湖泊内外的农业和养鱼活动增加导致化肥和杀虫剂这类化学品的使用增加，进而加剧了湖泊污染。此外，导致水体沉积的土壤侵蚀加剧降低了湖泊的蓄水能力（Rai and Raleng，2011）。

根据研究，浮岛在去除湖泊中的营养物质方面发挥了重要作用（Das Kangabam et al.，2018），但是缺乏关于浮岛和自然湿地的整体处理效率的信息。

运行和维护

虽然缺乏湖泊的数据和监测信息（Rai and Raleng，2011），但是，但斯·堪哥布（Das Kangabam）对湖泊的水质特征进行了详细测量和分析。这是通过水质指数来完成的，并且水质指数的应用对于洛克塔克湖的适当管理很重要，因为它是公众和决策者评估其水质的非常有用的工具（Das Kangabam，2017）。但斯·堪哥布（Das Kangabam）（2017）认为，根据2017年水质指数研究的结果，迫切需要对湖水进行持续监测并确定污染源，以保护该国东北部最大的淡水湖免受更严重的污染。

成本

此项目的成本数据无法获取。

协同效益

生态效益

洛克塔克湖是一个珍贵的生物多样性集中区（Dey，2002：Angom，2005 in Singh et al.，2011），在最大的浮岛上建立的凯布尔拉姆加国家公园（Leishangthem et al.，2012）是濒危有蹄类动物坡鹿唯一的自然栖息地。而且这里也是各种迁徙水禽的独特越冬地，同时还是许多常住水禽的永久栖息地（Singh，1992；Trisal and Manihar，2004）。该湖也是一些河鱼的繁殖地，并且拥有重要的渔业资源（Leishangthem et al.，2012），其中包括来自曼尼普尔邦河和伊洛瓦底河的洄游鱼类（Sign et al.，2011）。总之，该湖有大约233种大型植物和425种动物（249种脊椎动物和176种无脊椎动物）（Trishal and Manihar，2004 in Das Kangabam，2017）。

洛克塔克湖最突出的特点是浮岛，即漂浮的土壤、植被和有机物质的异质块（WAPCOS 1988；Singh and Shyamananda 1994；LDA and WISA 2003）。凯布尔拉姆加国家公园拥有广阔的浮岛区域，是世界上唯一的漂浮野生动物保护区（Singh et al.，2011）。

社会效益

自然湿地提供了广泛的生态系统服务，如鱼类繁殖、供水、水净化、气候调节、洪水调节、海岸保护、娱乐和旅游业（MEA，2005 in Leishangthem et al.，2012），对人类非常有益。洛克塔克湖也是供水来源，主要满足人类用水和家庭生活等方面的需求（Kazi

et al.，2009；Dey and Kar，1987 in Das Kangabam，2017）。

该湖养育不断增长的人口，有23种植物可供当地居民消费和创收（Trisal and Manihar，2005 in Singh et al.，2011）。另有18种植物可用作牛饲料、茅草、搭建围栏和建造小木屋，更多植物具有药用价值，而且可用作熏鱼的柴火。鱼是当地饮食的主要组成部分。该湖为曼尼普尔邦贡献了约65%的稻米年产量，而且培育了多种供当地消费的豆类、烟草、土豆、辣椒和其他蔬菜。甘蔗和柑橘类水果是主要的经济作物（Singh et al.，2011）。对当地社区有益的其他用途包括历史价值、污染物处理和宗教价值，以及地下水补给、污水处理和娱乐（Leishangthem et al.，2012）。

权衡取舍

在洛克塔克湖，由于某些生态系统服务比其他生态系统服务更受青睐，导致生态系统变化没有得到很好的监测（Singh et al.，2011），因此忽视了整个生态系统的完整性（例如，Lemly et al.，2000；Dyson et al.；2003；Kingsford et al.，2006；Sima and Tajrishy，2006 in Singh et al.，2011）。

"未能充分了解和评估自然湿地及其集水区提供的不同生态系统服务之间的权衡取舍可能导致用户冲突、资源分配不理想、不同部门的政策相互冲突，在许多情况下还会导致资源退化"（Korsgaard，2006；Friend and Blake，2009 in Singh et al.，2011）。

为了解决这些问题，应运用湖泊的水平衡模型，制定不同的拦河坝运营方案，优先考虑3种环境服务，即水电、农业和更广泛的湖泊生态系统及其相关服务（Singh et al.，2011）。然而，这种综合解决方案需要对水资源管理的制度进行重大调整，包括对监测的投资（Singh et al.，2011）。

经验教训

问题与解决方案

（1）对湿地生态系统功能缺乏了解。

在对自然湿地的自然动态缺乏了解的情况下，对自然湿地不断施加压力，往往会导致自然湿地退化，从而威胁到依赖这些资源的当地社区居民的生活（Rai and Raleng，2011）。了解水文过程的特征对于推动解决方案和阻止环境退化非常重要。在印度，自然湿地研究尚未获得重视，因此难以克服挑战，也难以有效保护和管理退化的自然湿地（Rai and Raleng，2011）。环境水资源分配的评估必须以在未来维持健康的水生态系统为目标（GWP，2003；Postel and Richter，2003；Hart and Pollino，2009 in Singh et al.，2011），平衡相互冲突的湖情需求之间的用途和效益（有些需要受到人为调控的状态，如水电，其他的则需要保持自然波动状态）（Kumar，2013）。因此，迫切需要定期评估和监测，以准确评估水质和流量模式（Das Kangabam and Govindaraju，2017）。此外，土地利用或覆盖变化分析对于制订合适的湖泊保护计划至关重要（Rai and Raleng，2011）。

（2）伊泰拦河大坝的外部性。

国家水电公司提取河流中的水进行水力发电，占湖泊总流出量的70%。伊泰拦河大坝建成后，曼尼普尔邦河和洛克塔克湖之间的水体交换格局发生了巨大变化，流入量减少至257.68万m^3/s，流出量仅为56.63万m^3/s（Rai and Raleng，2011）。

2015年，因为伊泰拦河大坝的建设和水产养殖的增加导致开放水域几乎被浮岛覆盖，政府下令从湖泊中心区域清除浮岛，以保留开阔水域（Das Kangabam et al.，2019)。在汛期，浮岛通常会自然流出洛克塔克湖，但伊泰拦河大坝建成后阻碍了其流动，导致浮岛增多。伊泰拦河大坝的建设使得湖内农业面积增加了25.33km^2。由于该湖的一部分已被改造为用于水电项目的水库，因此该湖的低洼地区已被淹没，影响了当地社区的农业活动。

（3）以社区为中心的综合保护。

研究表明，虽然保护可能会受到更大的政策决策的影响，但可持续利用主要依赖于农民、渔民和其他生活在湿地附近的使用者（Pyrovetsi and Daoutopoulos，1997；Sah and Heinen，2001；Badola et al.，2012 in Leishangthem et al.，2012)。由此可见，“成功的湿地管理可通过当地人民和其他利益相关者的持续参与，以及利用现有资源，推进当地人民生产生活的可持续发展（Tomićević et al.，2010 in Leishangthem et al.，2012）。

“生活在湖泊周围的人受教育程度不高，政府应该采取行动改变这种情况，并采取措施提高人们对湖泊的认识，以便当地人在不污染湖泊的情况下继续享受湖泊提供的便利”（Leishangthem et al.，2012）。

用户反馈或评价

“曼尼普尔邦的生命线”指的是人们生活在洛克塔克湖周围（Rai and Raleng，2011）。

“捕鱼是洛克塔克湖周围居民的主要职业，可列为该湖最重要的利益，其次是饮用水……”（Leishangthem et al.，2012）。

原著参考文献

Das Kangabam, R., Bhoominathan, S.D., Kanagaraj, S. et al. (2017). Development of a water quality index (WQI) for the Loktak Lake in India. *Applied Water Science*, 7, 2907–2918.

Das Kangabam, R. (2018). Contamination in Loktak Lake. *Down to Earth*, 77–79.

Das Kangabam, R., Selvaraj, M., Govindaraju, M. (2019). Assessment of land use land cover changes in Loktak Lake in Indo-Burma biodiversity hotspot using geospatial techniques. *Egyptian Journal of Remote Sensing and Space Science*, **22**(2), 137–143.

Das Kangabam, R., Selvaraj, M., Govindaraju, M. (2018). Spatio-temporal analysis of floating islands and their behavioral changes in Loktak Lake with respect to biodiversity using remote sensing and GIS techniques. *Environmental Monitoring and Assessment*, **190**(3), 118.

Das Kangabam, R., Govindaraju, M. (2017). Anthropogenic activity induced water quality degradation in the Loktak lake, a Ramsar site in the Indo-Burma biodiversity hotspot. *Environmental Technology*, **40**(17), 2232–2241.

Kumar, R. (2013). Valuing wetland ecosystem services for sustainable management of Loktak Lake, Manipur, India.

Leishangthem, D., Angom, S., Tuboi, C., Badola, R., Hussain, S. A. (2012). Socioeconomic considerations in conserving wetlands of northeastern India: A case study of Loktak Lake, Manipur. Cheetal, **50**(3&4), 11–23.

Rai, S., Raleng, A. (2011). Ecological studies of wetland ecosystem in manipur valley from management perspectives. In: Ecosystems Biodiversity, O. Grillo and G. Venora, Intech Open, London, UK, pp. 233–248.

Singh, C.R., Thompson, J.R., Kingston, D.G., French, J.R. (2011). Modelling water-level options for ecosystem services and assessment of climate change: Loktak Lake, northeast India. *Hydrological Sciences Journal*, **56**(8), 1518–1542.

Suraj, D. W., Rajmani, S. Kh. (2018). Estimation of water quality of Imphal River, Manipur, India. *International Journal of Recent Scientific Research*, **9**(5), 27,187–27,190.

19.3

印度东加尔各答自然湿地

项目背景

东加尔各答自然湿地（East KolkataWetlands）（见图19-8和图19-9）是“世界上最大的污水养殖系统”，污水被回收用于养鱼和农业种植，是创新资源再利用和污水处理系统的独特案例（Kundu et al.，2008；Ghosh，2018）。数百年来，东加尔各答自然湿地一直通过通往自然湿地的运河和渠道接收工业及市政污水（Pal et al.，2014a）。东加尔各答自然湿地最初是由低洼的盐沼和淤积的河流拼凑而成的，是由位于恒河三角洲的部分人工湿地和自然湿地组成的一个巨大网络（Barkham，2016；Pal，2017）。自然湿地由约254个污水养殖鱼塘（当地称为bheris）、农业用地、农业废弃物区和定居点

作者

丽莎·安德鲁斯（Lisa Andrews）

荷兰海牙LMA水务咨询公司

（LMA Water Consulting+, The Hague, The Netherlands）

安德鲁斯·雅各布（Andrews Jacob）

印度班加罗尔CDD协会

（CDD Society, Bangalore, India）

拉吉夫·坎加巴姆（Rajiv Kangabam）

印度布巴内斯瓦尔BRTC卡林加工业技术学院

（BRTC, KIIT University, Bhubaneswar, India）

联系方式：安德鲁斯·雅各布，andrews.j@cddindia.org

NBS类型

- 自然湿地

位　置

- 印度加尔各答市东加尔各答自然湿地

处理类型

- 自然湿地充当污水稳定塘，通过水产养殖进行生物修复和进一步处理

成　本

- 数据无法获取，但文中预估了节省的近似货币价值

运行日期

- 20世纪90年代初期（水产养殖和养鱼）

面　积

- 127.41km²

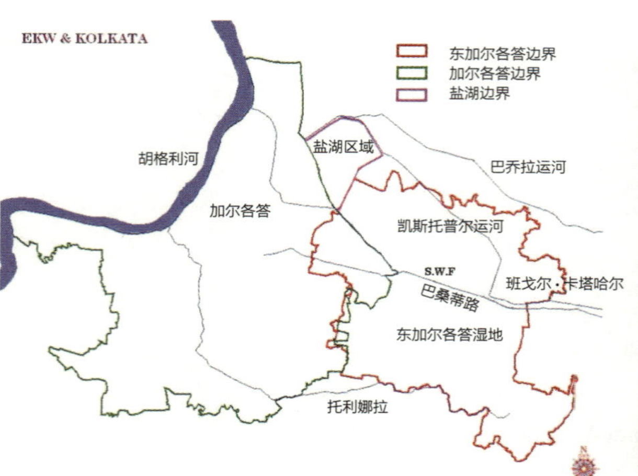

图19-8　东加尔各答自然湿地区域示意图（East Kolkata Wetlands Management Authority，EKWMA）

图19-9　东加尔各答自然湿地卫星示意图（EKW，EKWMA）

组成，2002年入选拉姆塞尔湿地（Barkham，2016；Ghosh，2018）。对于印度第七大人口城市加尔各答市来说，自然湿地每年可节省惊人的46.8亿卢比（约6000万美元）污水处理成本（Pal et al.，2018）。平均每天有9.5亿L污水进入自然湿地，3~4周后过滤并排放到孟加拉湾（见图19-10）。东加尔各答自然湿地可处理80%以上的大城市污水。除此之外，还有其他益处，例如，养育了大约50 000名农业工人，满足加尔各答约三分之一的鱼类需求——使这个特大城市获得“生态补贴”（Ghosh，2018；Kundu et al.，2008）。除了以上这些生态系统服务，东加尔各答自然湿地还对平均海平线5m的低地势城市提供防洪功能（Barkham，2016）。

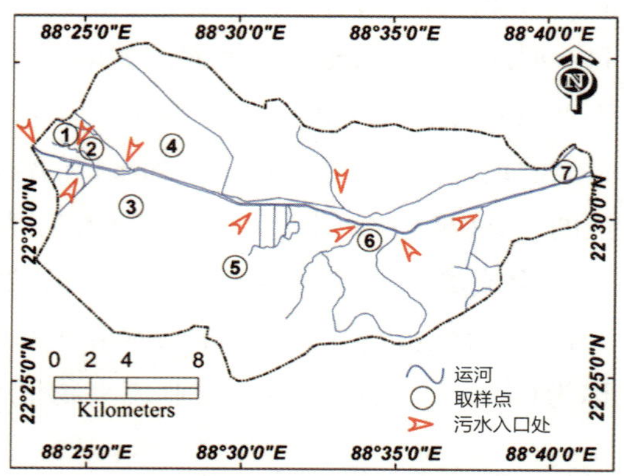

图19-10　东加尔各答自然湿地生态系统示意图（Pal et al.，2014）

设计和建造

最初，东加尔各答自然湿地的设计和建设经过了数百年至数千年的发展（Barkham，2016）。后来，人类将自然湿地作为一种巨大价值的自然资源而利用，即自然湿地既可以作为污水处理系统使用，也可以作为渔业系统使用。巴克姆（Barkham）（2016）提到，一位孟加拉国工程师设计并建造了分级渠道，将加尔各答的污水从城市高处转移到自然湿地，并向孟加拉湾（Bay of Bengal）输送。

自然湿地充当污水稳定塘，通过养鱼和水产养殖处理污水，这两个功能都可以追溯到1918年（Kundu et al.，2008）。只有不到50%的东加尔各答自然湿地区域是人造的。技术汇总表见表19-3。

表19-3　技术汇总表

来水类型	
生活污水和工业污水	
设计参数	
入流量	9.5亿L/d
人口当量（p.e.）	—
面积（km^2）	127.41
人均当量面积（m^2/p.e.）	—
进水参数	自然湿地本身没有集水区，估计每天有9.5亿L污水补给（Kundu et al.，2008）
BOD_5	$35\sim50\times10^{-6}$（渔业用水）（Saha and Ghosh, 2003 in Kundu et al.，2008） 东加尔各答自然湿地内，鱼塘的有机负荷率为20~70kg/hm^2/d（以BOD_5形式存在）（Kundu et al.，2008）
COD	$55\sim140\times10^{-6}$（渔业用水）（Saha and Ghosh, 2003 in Kundu et al.，2008）
TDS	$>1800\times10^{-6}$（Kundu et al.，2008）
出水参数	取决于季节
BOD_5	冬季、秋季和夏季的BOD_5减少30%~40%，季风季的BOD_5减少40%（Kundu et al.，2008）。"BOD_5的累积去除率大于80%"（Kundu et al.，2008）
COD	秋季和冬季的COD减少30%，季风季和夏季的COD减少20%
TDS	—
大肠杆菌	"……大肠菌群平均减少99.99%"（Kundu et al.，2008）
成本	—

进水或处理类型

东加尔各答市政公司区域每天会产生大约6亿L污水（Kundu et al.，2008）。污水通过地下水道流向6个终端泵站，然后泵入明渠（Kundu et al.，2008）（见图19-11），加尔各答市政公司的责任到此结束，剩下的生活污水和其他工业废水混合排入东加尔各答自然湿地渔业系统（Kundu et al.，2008）。污水在此滞留几天，在紫外线照射

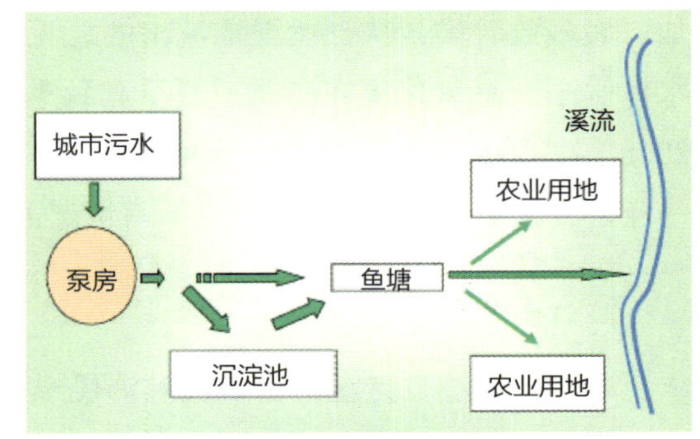

图19-11　东加尔各答自然湿地资源回收系统示意图（Kundu et al.，2008）

第19章　自然湿地

（即阳光）下，污水和污水中的有机化合物发生自然生物降解，进一步分解污水（Kundu et al.，2008；Pal et al.，2014；EKWMA 20XX；Barkham，2016）。在热带国家，标准的污水处理厂和污水稳定塘在去除细菌和BOD_5方面可能不是总有效果，然而，东加尔各答自然湿地的生物修复过程可以在不到20d的时间内完成水的净化（Barkham，2016；Mara，1997 in Kundu et al.，2008；Pal，2017）。然后将这些经过净化的富营养化的水引入鱼塘（bheris），使藻类和鱼类得以茁壮成长（EKWMA，2006；Barkham，2016；Pal，2017）。鱼塘通过搅拌池底沉积物（Edwards，1992 in Kundu et al.，2008）吸收营养物质和碳（Kundu et al.，2008），从而提高污水稳定塘的处理率。

缓慢移动的运河充当厌氧塘和兼性塘，而渔业用地充当熟化塘（Kundu et al.，2008）。在传统的污水处理厂，繁盛的藻类（或浮游植物）可能会导致系统出现故障。然而，在东加尔各答自然湿地，渔民将藻类清除并喂给鱼类食用（Barkham，2016；Kundu et al.，2008）。浮游生物在分解有机物方面发挥重要作用，而鱼类在以浮游生物为食、维持平衡并将可用的营养物质转化为可供人们食用的食物方面发挥至关重要的作用（Kundu et al.，2008）。

处理效率

最新数据表明，处理效率具有季节性差异，但总体而言，BOD_5和COD可被有效去除（Kundu et al.，2008）。BOD_5和COD去除率的季节变化主要由水量、稀释度和水力停留时间的差异造成（Kundu et al.，2008）。然而，与国家指南相比，排放口处的BOD_5和COD水平较高，且比受纳水体的BOD_5和COD水平高（Kundu et al.，2008）。对污水BOD_5的累积去除率为80%以上，对大肠菌群的平均去除率为99.99%（Kundu et al.，2008）。粪便大肠菌群的排放量与接收体相似，但在季风季和冬季则会高出一个数量级。

东加尔各答自然湿地对各种物质的营养水平影响不同。总无机氮（主要是氨和硝酸盐）水平主要在较冷的月份下降——秋季下降30%，冬季下降50%。相比之下，在进水量可能更高的季风季，总无机氮减少量仅为10%~15%，而在最热的月份，总无机氮会增加。大多数时候，从自然湿地流出的总无机氮水平高于库尔蒂河（Kulti River）的接收水体水平。总氧化氮在冬季、夏季和秋季减少20%，但在季风季会增加（Kundu et al.，2008）。总溶解磷在夏季和秋季增加约3倍，而在冬季和季风季减少约50%。与总无机氮一样，其含量高于接收水体。在所有情况下，排放口的水位都超过接收体的水位。

运行和维护

东加尔各答自然湿地由农民和渔民维护（Pal，2017）。污水通过渔业合作社管理的多个小型进水口排出（Pal，2017）。抛物形鱼闸将湿地水与污水隔开，防止鱼游入厌氧污水（Pal，2017），其通道高度由手动控制（Everard et al.，2019）。

成本

东加尔各答自然湿地为加尔各答市节省了建造和维护标准市政污水处理厂的成本（Ramsar Commission Secretariat，2002 in Everard et al.，2019）。每年节省的污水处理成本（即生态系统服务）估计超过46.8亿卢比（约6500万美元）。具体费用无法获得。

协同效益

生态效益

东加尔各答自然湿地是多种湿地植物和鸟类的家园，有55种植物和125种鸟类（EKWMA，2006；Kundu et al.，2008）。

研究人员观察到，自然湿地可留住污水中超过60%的碳，这样污水被土壤和生物隔离，形成有效的碳汇（Ghosh，2018）。年度碳固存率的估计值无法获得。

社会效益

东加尔各答自然湿地具有各种社会协同效益，包括粮食生产、资源恢复、防洪、为动植物提供栖息地和恢复生物多样性，以及提供就业机会（Everard et al.，2019）。自然湿地形成了独特的城市生态，而且具有环境保护和资源回收的双重效益（Pal，2017）。已故的环卫工程师德鲁巴约蒂·戈什（Dhrubajyoti Ghosh）意识到“这些生态效益使加尔各答成为印度最具效益的大城市——自然湿地每年养育约10 000t鱼，并且为城市提供40%~50%的绿色蔬菜”（Pal，2017）。

除了养鱼，当地渔民还使用自然湿地的池塘种植水稻（Barkham，2016）。大约30 000人以自然湿地为生，相当于为该地区74%的人提供了就业机会（Kundu and Chakraborty，2017；Ghosh et al.，2018 in Everard et al.，2019）。当地渔民已经掌握了资源回收方式，并以印度其他任何地方或者普通池塘都无法比拟的速度和生产成本养殖鱼类（Kundu et al.，2008；Ghosh，2018），形成了该地区生态安全的基础（Kundu and Chakraborty，2017）。

此外，东加尔各答自然湿地的植物多样性使自然湿地种植资源具有重要的经济意义，比如，药材、纸浆、茅草材料、蔬菜、水禽食物、粪肥和堆肥、水净化和饲料（Kundu et al.，2008）。污水可回用于稻田灌溉，蔬菜种植在加尔各答有机废弃物形成的长长的低洼山坡上（Barkham，2016），这些所谓的“垃圾农场”为加尔各答市场提供了40%~50%的绿色蔬菜（Barkham，2016）。而且这些蔬菜主要由农民骑自行车运到城市，不会产生运输费用，使得这些蔬菜不仅新鲜而且价格实惠（Barkham，2016）。

自然湿地还是城市的天然防洪系统，高程为1~5m（Pal，2017）。这些系统的设计旨在利用重力作用实现水流自东向西流动（Pal et al.，2014a；Pal，2017）。当整个恒河三角洲都易出现这种现象时，季风期间的防洪尤为重要（Pal，2017）。

经验教训

问题与解决方案

（1）土地开发和城市化改变了土地利用方式。

房地产市场的快速增长，以及自然湿地中塑料回收和皮革加工单位的非法经济活动，导致东加尔各答自然湿地面临威胁，从2012—2016年的卫星地图可以看出自然湿地被侵占的规模（Pal，2017；Niyogi，2019)。由于侵占规模很大，因此几乎找不到自然湿地存在的状态（Niyogi，2019）。蒙达尔（Mondal）等人（2017）预测，“在当前的城市增长趋势下，到2025年只剩39%的自然湿地面积，这就体现了机构协调、财政支持和土地使用法规的重要性”（Everard et al.，2019）。

鉴于此，东加尔各答自然湿地管理局（East Kdkata Wetlands Managemnet Authority，EKWMA）建议成立一个工作组，专门处理违规行为（Niyogi，2019）。这个建议提出后，国家绿色法庭于2019年5月成立了一个专家委员会，认为侵占行为违反了拉姆塞尔清单和加尔各答高等法院关于土地利用变化的指令（TNN，2019）。截至2019年底，国家绿色法庭下令成立一个由首席秘书领导的工作组，主要工作是监测和防止东加尔各答自然湿地进一步退化（TNN，2019）。

（2）政策执行力不足。

在过去的几十年里，当地的鱼类养殖和人类生活面临来自其他进水污染源污染的影响（Pal et al.，2014a）。由于工业污染、泥沙淤积、杂草滋生和土地利用方式的改变同时威胁东加尔各答自然湿地的生态平衡（Everard et al.，2019），因此按照拉姆塞尔议定书的指导方针，实施全面综合管理计划（Kundu et al.，2008）。自2008年昆都（Kundu）等人的计划发布以来，已经通过了许多法令和政策，并成立了新的工作组，以便更有效地管理和保护自然湿地，然而正如尼若吉（Niyogi）（2020）和纳许维尔电视网（TNN）（2019）所述，这些都无济于事。

（3）改变当地人的生计。

由于年轻一代正在寻求更好的教育和就业机会，因此渔业和农业开始失去其作为生计的吸引力（Ghosh，2018）。巴（Pal）等人（2018）提出的解决方案是为农民实施碳信用政策，以实现收入来源多样化及收入增加，使农业对年轻人更具吸引力。

用户反馈或评价

“我会将其描述为一个生态补贴城市，”高什（Ghosh）说，“如果你失去这些自然湿地，那么你就会失去这项补贴，但加尔各答人不想知道为什么他们的城市是最实惠的。”（Barkham，2016）

原著参考文献

Barkham, P. (2016). The miracle of Kolkata's wetlands – and one man's struggle to save them. The Guardian.

Everard, M., Kangabam, R., Tiwari, M.K. et al. (2019). Ecosystem service assessment of selected wetlands of Kolkata and the Indian Gangetic Delta: multi-beneficial systems under differentiated management stress. *Wetlands Ecology and Management*, **27**, 405–426.

East Kolkata Wetlands Management Authority (EKWMA) (2006). The East Kolkata Wetlands (Conservation and Management) Act.

Ghosh, S. (2018). A new study on East Kolkata Wetlands' carbon-absorption abilities is a wake-up call for conservation.

Kundu, N., Pal, M., Saha, S. (2008). East Kolkata Wetlands: a resource recovery system through productive activities. In Proceedings of Taal-2007: The 12th World Lake Conference.

Niyogi, S. (2019). Satellite maps show massive loss of East Kolkata Wetlands. *Kolkata News - Times of India*.

Niyogi, S. (2020) Kolkata civic body starts razing illegal buildings on wetlands. *Kolkata News - Times of India*.

Pal, S., Manna, S., Aich, A., Chattopadhyay, B., Mukhopadhyay, S. (2014a). Assessment of the spatio-temporal distribution of soil properties in East Kolkata wetland ecosystem (a Ramsar site: 1208). *Journal of Earth System Science*, **123**, 729–740.

Pal, S., Mondal, P., Bhar, S., Chattopadhyay, B., Mukhopadhyay, S.K. (2014b). Oxidative response of wetland macrophytes in response to contaminants of abiotic components of East Kolkata wetland ecosystem. *Limnological Review*, **14**(2), 101–108.

Pal, S. (2017). This Wetland is the world's largest organic sewage management system. *The Better India*.

Pal, S., Chakraborty, S., Datta, S., Mukhopadhyay, S.K. (2018). Spatio-temporal variations in total carbon content in contaminated surface waters at East Kolkata Wetland Ecosystem, a Ramsar Site. *Ecological Engineering*, **110**, 146–157.

TNN (2019). The National Green Tribunal orders a task force to monitor and cure an ailing East Kolkata Wetlands. *Kolkata News - Times of India*.

第20章 浮动人工湿地

作　者　罗伯特·吉尔哈特（Robert Gearheart）
美国加利福尼亚州95518阿克塔洪堡州立大学；阿克塔湿地研究所
（Humboldt State University, Arcata, California 95518, USA; Arcata Marsh Research Institute）
联系方式：rag2@humboldt.edu

卡萨丽娜·通德拉（Katharina Tondera）
法国维勒班市F-69625法国国家农业食品与环境研究院水回用研究所
（INRAE，REVERSAAL，F-69625 Villeurbanne, France）
联系方式：katharina.tondera@inrae.fr

概　述

浮动人工湿地（Floating Treatment Wetlands，TWs）（见图20-1）由大型挺水水生植物组成。这些水生植物通过一个浮动平台悬浮在水面上，其根际（根、根毛和块茎）悬

图20-1　浮动人工湿地示意图

1—进水口；2—加水系统；3—多孔介质；4—生根培养基；5—原土层；6—植物；7—水位；8—植物根际；9—底栖层；10—防水层（衬里或压实的黏土）；11—常规检查井；12—出水口

浮在浮动平台下方的自由水体中，是生物膜的微生物活性位点。根、根毛和块茎是活性水和养分运输及支撑生物膜的场所，根和生物膜的基质允许截留细小的悬浮颗粒和生化处理。浮动平台由多种材料组成，包括可重复使用的塑料瓶等材料。

优点	缺点
• 低能耗（通过重力作用供给） • 可以稳定抵抗污染负荷的波动 • 不需要额外的表面积（在改造的情况下） • 与潜流湿地相比，建造价格更低（在改造的情况下）	• 潜在的蚊虫栖息地 • 固体废弃物和植被易堆积 • 实施过程较复杂（例如，错定问题、风浪引起的移动、材料的降解） • 生命周期短，具体取决于浮动平台植物 • 保护浮动平台的覆盖材料会伤害鸟类和两栖动物 • 流速、滞留时间和流动路径不受控制，雨季可能被冲毁

协同效益

高	生物多样性（植物）	生物多样性（动物）	生物质产出	景观价值	
中	防洪	碳汇	娱乐	授粉	水资源再利用
低	温度调节				

与其他NBS的兼容性

建议作为其他NBS的下一个阶段使用，以便进一步降低COD含量。

运行和维护

月度维护

- 检查浮动平台的锚固和定位
- 控制杂草的生长

年度维护

- 根据处理目标和选择的植物种类进行植物收割
- 需要检查浮动平台的结构和生长培养基

特殊维护：故障排除

- 在处理不充分的情况下，对短路和盲区应进行示踪试验

NBS 技术细节

进水类型

- 一级处理后的污水
- 灰水

处理效率

- 处理效率仍在研究，特别是现场规模的应用受各种因素影响，例如，水力停留时间和水的可变性（Headley and Tondera，2019）

要　求

- 净面积要求：
  - 专家对规模没有达成共识，一般在浮动人工湿地技术供应商推动下提出建议
  - 很大程度上依赖预制浮动平台的价格，但需要使用再利用材料
  - 如果可以改造现有类似池塘的结构，成本会更低
- 电力需求：一般没有外部能源需求

设计标准

- 专家对技术能力没有达成共识，仍在开发

常规配置

- 化粪池 – 浮动人工湿地
- 氧化池 – 浮动人工湿地
- 氧化池、自由水面（FWS）浮动人工湿地

气候条件

- 适用于温带、海洋温带气候

原著参考文献

Faulwetter, J. L., Burr, M. D., Cunningham, A. B., Stewart, F. M., Camper, A. K., Stein, O. R. (2011). Floating treatment wetlands for domestic wastewater treatment. *Water Science & Technology*, **64**(10), 2089–2095.

Headley T., Tondera K. (2019). Floating treatment wetlands. In: Langergraber, G., Dotro, G., Nivala, J., Rizzo A., Stein O. (editors). Wetland Technology – Practical Information on the Design and Application of Treatment Wetlands. IWA Publishing, London, UK.

Pavlineri N., Skoulikidis N.T., Tsihrintzis V. A. (2017). Constructed fl oating wetlands: a review of research, design, operation and management aspects, and data meta-analysis. *Chemical Engineering Journal*, **308**, 1120–1132.

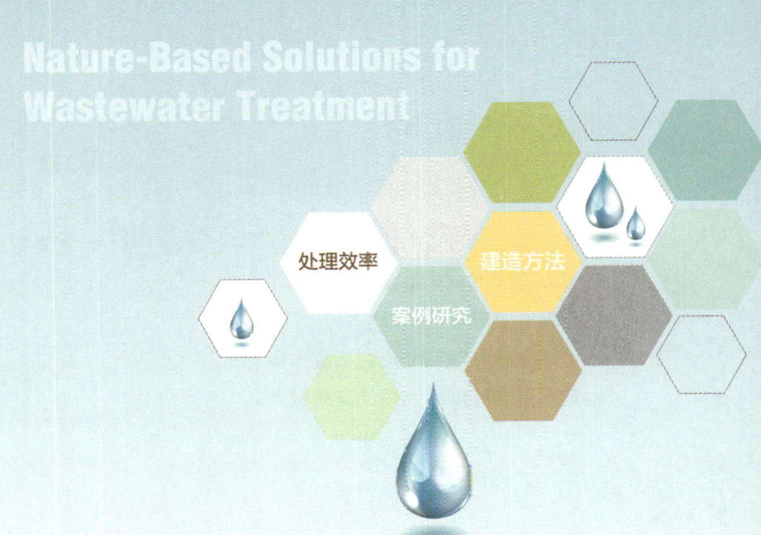

第21章 多级人工湿地

作　者　伯恩哈德·普彻（Bernhard Pucher）
奥地利维也纳1190号穆斯加斯18号北库大学卫生工程与水污染控制研究所
（Institute of Sanitary Engineering and Water Pollution Control, BOKU University, Muthgasse 18, 1190 Vienna, Austria）
联系方式：bernhard.pucher@boku.ac.at

概　述

多级人工湿地（Multi-stage Treatment Wetlands，TWs）（见图21-1）是不同种类的人工湿地的组合，例如，垂直流（Vertical-Flow，VF）、水平流（Horizontal-Flow，HF）和自由水面（Free Water Surface，FWS）人工湿地。当可用面积有限时，也可以考虑再循环模式。多级人工湿地的主要作用是去除营养物质（总氮、总磷）以符合严格的排放标准，以及加强消毒以实现水的循环再利用。虽然单个系统可以基于已有原则设计，但多级系统需要根据处理目标单独考虑。因此，多级系统每个阶段的最终设计可能与同一独立系统的设计有所不同。

图21-1　多级人工湿地示意图

1—进水口；2—水平流人工湿地；3—垂直流人工湿地；4—自由水面人工湿地；5—出水口

优点	缺点
• 低能耗（通过重力作用供给） • 可以稳定抵抗污染负荷的波动 • 没有蚊虫滋生的风险 • 可以在合流制和分流制系统中运行 • 具有更多可供再利用的高质量产品	• 需要特定的设计和专业知识

协同效益

多级人工湿地具有各级人工湿地所具有的协同效益。

与其他NBS的兼容性

如果需要，多级人工湿地可以与其他基于自然的解决方案（NBS）结合使用，例如，塘。

案例研究

本书研究案例包括：

- 意大利迪科马诺的多级人工湿地；
- 克罗地亚卡斯特里尔的混合人工湿地。

运行和维护

每个类型的人工湿地的运行和维护的具体要求可以查阅相应的情况说明书

在设计过程中需要考虑其他要求

原著参考文献

Langergraber, G., Pressl, A., Leroch, K., Rohrhofer, R., Haberl, R. (2010). Comparison of single-stage and a two-stage vertical flow constructed wetland systems for different load scenarios. *Water Science & Technology* **61**(5), 1341–1348.

Masi F., Caffaz S., Ghrabi A. (2013). Multi-stage constructed wetland systems for municipal wastewater treatment. *Water Science & Technology*, **67**(7), 1590–1598.

Rizzo, A., Masi, F. (2019). Multi-stage wetlands. In: Langergraber, G., Dotro, G., Nivala, J., Rizzo, A., Stein, O.R. (2019). Wetland Technology: Practical Information on the Design and Application of Treatment Wetlands. IWA Publishing, London, UK.

Vymazal, J. (2013). The use of hybrid constructed wetlands for wastewater treatment with special attention to nitrogen removal: a review of a recent development. *Water Research*, **47**(14), 4795–4811.

NBS 技术细节

进水类型

- 生活污水
- 一级处理后的污水
- 二级处理后的污水

去除总氮的配置

- 垂直流人工湿地（VFTW）+ 水平流人工湿地（HFTW）
- 垂直流人工湿地（VFTW）+ 垂直流人工湿地（VFTW）（奥地利两级系统）
- 垂直流人工湿地（VFTW）+ 自由水面人工湿地（FWS-TW）
- 水平流人工湿地（HFTW）+ 垂直流人工湿地（VFTW）（使用再循环模式）
- 垂直流人工湿地（VFTW）+ 水平流人工湿地（HFTW）+ 垂直流人工湿地（VFTW）（去除 NH_4-N）

设计注意事项

- 垂直流人工湿地（VFTW）全硝化设计
  - 基于氧气传输率
  - 选择保守值
- 水平流人工湿地（HFTW）、自由水面人工湿地（FWS-TW）设计基于 P-k-C* 模型
  - 水平流人工湿地（HFTW）或自由水面人工湿地（FWS-TW）的反硝化需要有碳源
  - 需要考虑 C 和 N 的比值
  - NBS 可以通过植物生物量的根系分泌和腐烂提供碳源

除磷

- 利用多级人工湿地可提高除磷率
- 可以添加使用活性介质的额外滤池
  - 吸附满时会损失介质
  - 随着时间的推移，吸附能力降低
- 铁盐的投加可提高总磷沉淀率

重复使用的消毒配置

- 自由水面人工湿地（FWS-TW）可作为最后单元使用
- 当高蒸发量可能导致 NBS 过大时，可考虑使用技术解决方案（例如，紫外线）

设计注意事项

- 地方立法很重要
- 营养物回收再利用可以减少占地面积

21.1

意大利迪科马诺（Dicomano）的多级人工湿地

项目背景

迪科马诺是一个中等规模的城市，位于佛罗伦萨附近，海拔约160m。由于在污水处理厂（Wastewater Treatment Plant，WWTP）建成之前，城市污水排入阿尔诺河（Arno River）最重要的支流耶韦河（Sieve River），因此该城市急需一个根据严格的意大利法律（特别是在营养物质方面）处理市政污水的污水处理厂，而且其运行和维护成本不可太高。

设计的理念是利用能够实现多个水质目标的多级系统优势进行污水处理。多级人工湿地系统（见图21-2和图21-3）每个处理单元都有特定的作用：第一级地下水平流（HF）单元用于去除有机物和悬浮固体；第二级地下垂直流（FV）单元用于获得增强的硝化作用；第三级是用于反硝化的水平流（HF）单元；第四级是最终单元自由水面人工湿地（FWS），用于提高病原体去除率，提供额外的反硝化作用，以及在污水排放到河流之前复氧。

技术汇总表见表21-1。

NBS 类型

- 多级人工湿地

位　置

- 意大利迪科马诺的托斯卡纳（Tuscany）

处理类型

- 多级人工湿地系统中的二级和三级处理，包括水平流人工湿地（HFTWs）、垂直流人工湿地（VFTWS）和自由水面人工湿地（FWS-TWs）

成　本

- 550 000 欧元（2003 年）

运行日期

- 2003 年至今

面　积

- 6080m^2

作者

里卡多·布雷西亚尼（Ricardo Bresciani）
阿纳克莱托·里佐（Anacleto Rizzo）
法比奥·马西（Fabio Masi）
意大利佛罗伦萨维亚拉马尔莫拉路51号易迪拉公司
（IRIDRA Srl, via Alfonso La Mamora 51, Florence, Italy）
联系方式：阿纳克莱托·里佐，rizzo@iridra.com

图21-2　迪科马诺（FI-Italy）多级人工湿地位置示意图（43° 52′ 46.53″ N，11° 31′ 41.68″ E）

（a）场景一

（b）场景二

图21-3　迪科马诺（FI-Italy）多级人工湿地实拍图

表 21-1 技术汇总表

来水类型	
市政污水	
设计参数	
入流量（m^3/d）	525
人口当量（p.e.）	3500
面积（m^2）	第一级水平流人工湿地：1000 第二级垂直流人工湿地：1680 第三级水平流人工湿地：1800 第四级自由水面人工湿地：1600 共计：6080
人口当量面积（m^2/p.e.）	1.7
进水参数	
BOD_5（mg/L）	66（平均值—监测数据）
COD（mg/L）	160（平均值—监测数据）
TSS（mg/L）	51（平均值—监测数据）
NH_4-N（mg/L）	31（平均值—监测数据）
TN（mg/L）	28（平均值—监测数据）
粪便大肠菌群（菌落形成单位，CFU/100mL）	1 000 000~10 000 000（平均监测数据）
出水参数	
BOD_5（mg/L）	4（平均值—监测数据）
COD（mg/L）	18（平均值—监测数据）
TSS（mg/L）	5（平均值—监测数据）
NH_4-N（mg/L）	7（平均值—监测数据）
TN（mg/L）	10（平均值—监测数据）
粪便大肠菌群（CFU/100mL）	<200（平均值—监测数据）
成本	
建设	550 000 欧元
运行（年度）	20 000 欧元

设计和建造

迪科马诺多级人工湿地污水处理厂总面积为6080m^2（见图21-4）。污水通过双层沉淀池进行一级处理，然后送入多级人工湿地系统：第一级有2个平行的地下水平流人工湿地，面积为1000m^2（每个500m^2）；第二级有8个平行的垂直不饱和地下垂直流人工湿地，面积为1680m^2（每个210m^2）；第三级有2个平行的水平流人工湿地，面积为1800m^2（每个900m^2）；第四级是1个自由水面人工湿地，面积为1600m^2。

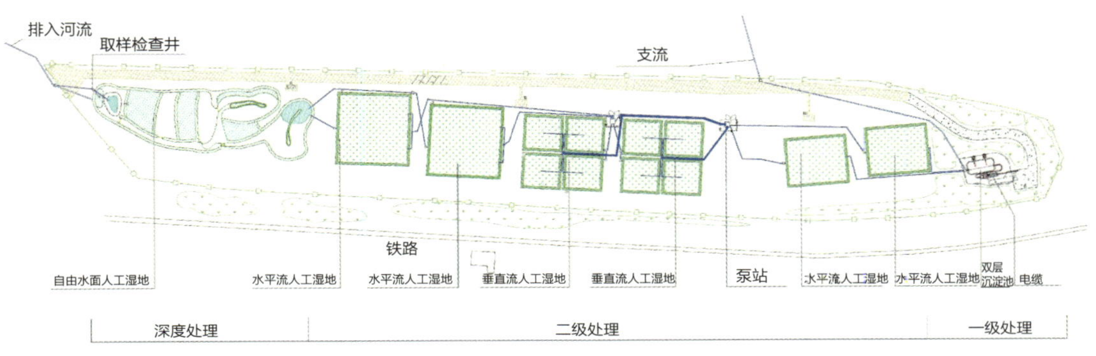

图21-4　迪科马诺多级人工湿地污水处理厂示意图（Masi et al.，2013）

该系统被分为两条相等的平行处理线。一条支流直接将经过第一级处理的污水排放到河流。来自第一级的少量出水每天由一台PLC、一台电动阀和其中一个为垂直流人工湿地进料的泵直接泵入第三级水平流人工湿地，为反硝化过程提供新鲜碳源。

进水或处理类型

该系统平均每天可处理迪科马诺市（3500p.e.）产生的525m^{3}污水。第一级处理利用双层沉淀池完成。

处理效率

迪科马诺多级人工湿地系统进行了为期4年（2008—2011年）的监测。如马西等人（Masi et al.）（2013）所示，多级人工湿地系统能够达到意大利要求的2000p.e.以上污水处理厂的水体排放限值（意大利国家立法-D.Lgs.152/2006），即BOD_5为40mg/L，COD为160mg/L，TSS为80mg/L，含氮化合物为35mg/L，磷为10mg/L和病原体为5000UFC/100mL。

处理效果为：COD去除率为86%；TN去除率为60%；氨氮去除率为76%；TP去除率为43%；TSS去除率为89%以上。消毒过程也令人满意，入口病原体浓度降低了40~50倍，出口处大肠杆菌的平均浓度通常低于200UFC/100 mL。所有观察到的参数都符合淡水排放限值。该系统的监测由水务公司（Publiacqua Spa）和区域环境保护局（ARPAT）执行。

运行和维护

所有运行和维护工作均由非技术人员完成，主要分为定期维护和特殊维护两种。定期维护工作旨在保持项目设施有效运行，包括以下内容：

- 检查混凝土结构；
- 为钢结构涂漆和润滑；
- 平整和修复道路；
- 检查发动机油位和润滑剂情况；
- 检查电气保护和绝缘性能；
- 检查护坡是否有侵蚀和冲刷损坏问题；
- 目视检查杂草、植物健康或虫害问题。

任何设施损坏时都应进行特别维护。

成本

投资成本约为550 000欧元（2003年），包括以下项目：

- 土方工程；
- 人工湿地建设（填充介质、衬垫或土工膜、土工布、植物）；
- 初步处理单元（双层沉淀池）；
- 泵站；
- 管道工程；
- 出水管；
- 道路轨道、停车场和景观美化；
- 栅栏和大门；
- 电气工程；
- 泄洪点河岸筛滤修复。

运营支出费用估计为每年20 000欧元，包括以下项目：

- 能耗；
- 人员费用；
- 特殊维护（采样、芦苇及景观维护）。

该污水处理厂的部分资金来自欧盟农村地区发展联合行动计划（EC-LEADER Ⅱ Programme）。

协同效益

生态效益

自由水面人工湿地作为最后的深度处理阶段，设计时还有支持生物多样性的作用。自由水面人工湿地分为5个区域，种植16种不同的本地大型植物（见图21-5），经过全面精心的塑造，形成不同的深度，这种设计能为更多植物提供合适的生长环境。

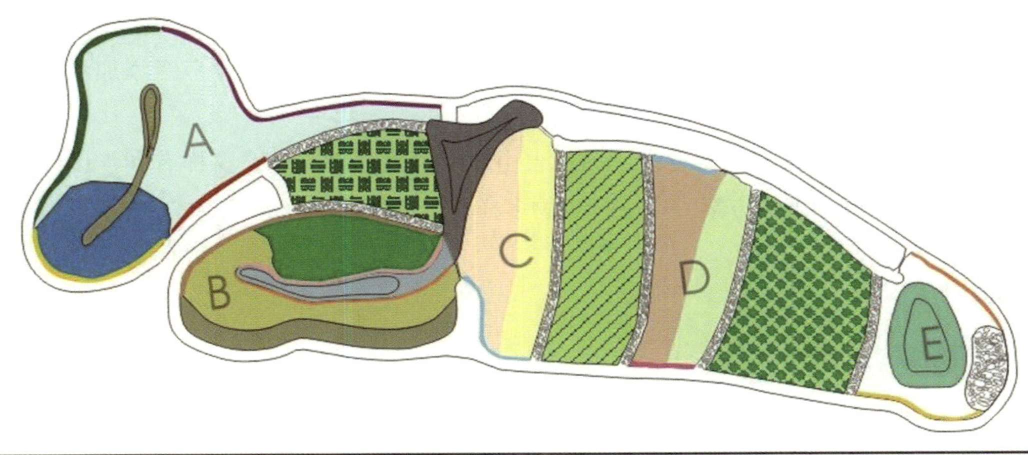

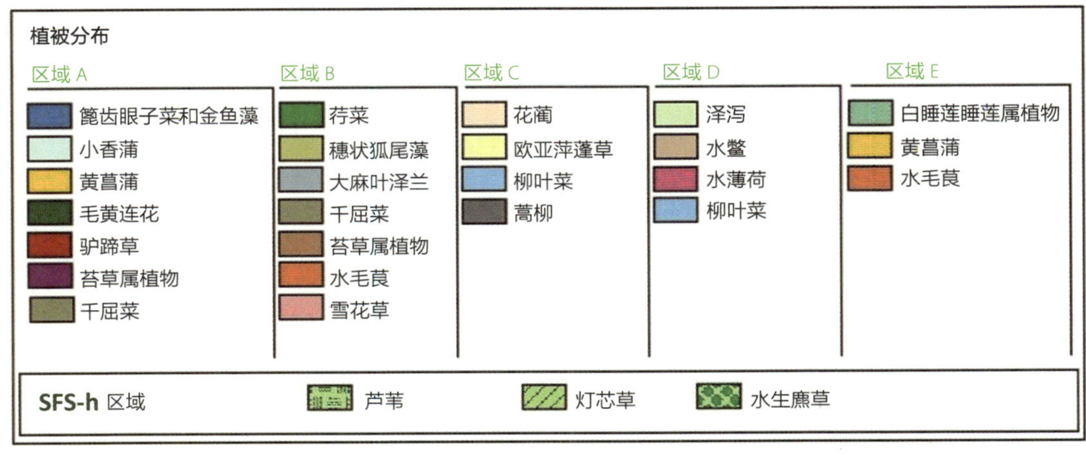

图21-5 迪科马诺污水处理厂自由水面人工湿地的植被分布示意图

社会效益

迪科马诺多级人工湿地污水处理厂的地下部分种植的是芦苇，每年收获的芦苇生物质数量很大，约为9t（$2kg/m^2$）（Avellan et al.，2019）。生物质可产出160GJ/a的能量值（18MJ/kg；Avellan et al.，2019），其在沼气生产方面得到了有效利用，体现了水和能源的关系。

权衡取舍

迪科马诺多级人工湿地污水处理厂的设计依据是丹麦关于两级人工湿地系统的建议，水平流人工湿地为第一级，垂直流人工湿地为第二级，丹麦方案的反硝化需求通过将污水再循环到第一级系统中完成（Brix et al.，2003）。由于再循环的使用会增加水流路程和运行成本，因此迪科马诺多级人工湿地污水处理厂的反硝化通过在第三级添加水平流人工湿地实现。

为了达到严格的排放限制要求，采用自由水平深度处理方式，这样有利于设计一种多功能的基于自然的解决方案，以支持生物多样性区域建设。

经验教训

问题与解决方案

（1）严格的除氮目标。

多级人工湿地在进行氮去除时有严格限制，可将一个垂直流人工湿地用于硝化处理（第二级垂直流人工湿地），两个水平流人工湿地用于反硝化处理（第一级和第三级水平流人工湿地及作为第四级的自由水面人工湿地）。

（2）进水的水力负荷波动大。

人工湿地对进水负荷的变化有较强的稳定性。由于市政污水管道系统具有混合性质，因此迪科马诺多级人工湿地能够在进水波动的情况下依然达到意大利水质标准。污水管道系统可能会受到携带寄生虫的雨水污染，而且几年来一直受到雨洪往下水道排水的严重影响。

用户反馈或评价

迪科马诺多级人工湿地在15年的运行过程中几乎不需要维护，仅有的维护工作为第一级污泥清除、泵调节和维护、杂草清除、芦苇收割和检查井清洁。鉴于此，公用事业公司能够以合理成本管理污水处理装置，这适用于日处理能力为2000~5000人口的小中型规模的污水处理厂。由于城镇人口增加，以及没有更多空间来建立更多平行的湿地系统，因此在一级处理和第一级水平流人工湿地之间采用了生物转盘，用来减少有机负荷。

原著参考文献

Avellán, T., Gremillion, P. (2019). Constructed wetlands for resource recovery in developing countries. *Renewable and Sustainable Energy Reviews*, **99**, 42–57.

Brix, H., Arias, C. A., Johansen, N. H. (2013). Experiments in a two-stage constructed wetland system: nitrification capacity and effects of recycling on nitrogen removal. In: Wetlands— Nutrients, Metals and Mass Cycling (J. Vymazal, ed.). Backhuys Publishers, Leiden, The Netherlands, pp.237–258.

Masi, F., Caffaz, S., Ghrabi, A. (2013). Multi-stage constructed wetland systems for municipal wastewater treatment. *Water Science and Technology*, **67**(7), 1590–1598.

21.2

克罗地亚卡斯特里尔（Kaštelir）的混合人工湿地

项目背景

卡斯特里尔的混合人工湿地由利姆诺斯有限（Limnos）公司于2014年设计，位于克罗地亚的卡斯特里尔拉宾奇市（Labinci），主要用于处理市政生活污水。旅游旺季时，该市的人口波动很大，夏季人口可从1000人增加到1900人。

混合人工湿地兴建前，市政污水由个体住户自行在化粪池中处理或排放到生活环境中，由此对旅游胜地海岸造成污染。

由于年内污水量的波动很大，因此决策者面临选择哪种技术的问题，这些技术需要在各种不同的条件下提供稳定的运行状态和合适的出水参数。技术汇总表见表21-2。

NBS 类型

- 多级人工湿地

位　置

- 地中海巴尔干（Balkan）

处理类型

- 利用垂直流人工湿地（VFTW）和水平流人工湿地（HFTW）进行二级处理

成　本

- 1 600 000 欧元

运行日期

- 2015 年至今

面　积

- 由 5 个单元组成，总面积为 4800m²

作者

阿伦卡·穆比·扎拉兹尼克（Alenka Mubi Zalaznik）
提·尔哈维茨（Tea Erjavec）
马丁·弗霍夫谢克（Martin Vrhovšek）
安雅·波托卡尔（Anja Potokar）
乌尔沙·布罗德尼克（Urša Brodnik）
卢布尔雅那1000波德林巴斯基31号利姆诺斯有限公司
（LIMNOS Ltd., Podlimbarskega 31, 1000 Ljubljana）
联系方式：阿伦卡·穆比·扎拉兹尼克，alenka@limnos.si

表 21-2 技术汇总表

来水类型	
市政污水	
设计参数	
入流量（m^3/d）	285
入口当量（p.e.）	1900
面积（m^2）	4800
人均当量面积（m^2/p.e.）①	2.93
人工湿地类型	
垂直流	2m × 897m
水平流	2m × 897m 1m × 1269m
污泥干化芦苇滤床	3m × 240m
成本	
建设②	160 万欧元
运行（年度）③	14 000 欧元

①有污泥干化芦苇滤床的人工湿地。
②包括污水管网和有污泥干化芦苇滤床的污水处理厂。
③电力、人力（每周检查、每年收割植物等）。

设计和建造

混合人工湿地于2014—2015年设计和建造。它距离卡斯特里尔（Kaštelir）村2km，由5个人工湿地组成（见图21-6），总面积为4800m^2，人口当量为1900p.e。所有人工湿地均采用不透水膜进行防水处理，并填充不同粒径的沙和砾石，其上种植芦苇。

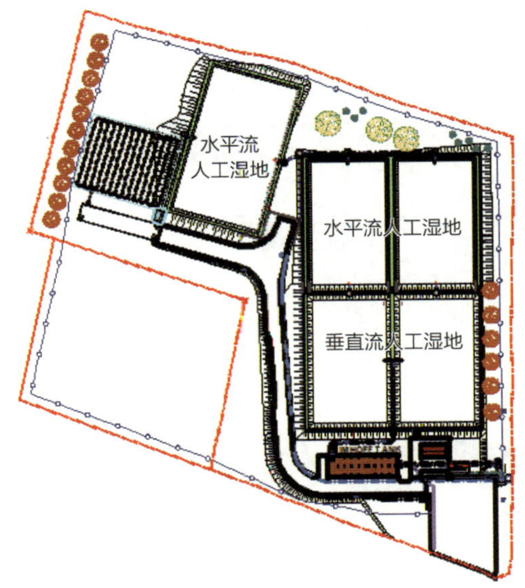

图21-6 卡斯特里尔混合人工湿地污水处理厂设计方案
（来源：利姆诺斯公司）

污水首先在250~300m^3的沉淀池中进行预处理，然后泵送至前两个平行的垂直流人工湿地。水从那里通过重力作用流到两个平行的水平流人工湿地，最后流到一个水平流人工湿地进行深度处理。来自人工湿地的净

化水通过水位控制面板排放到渗水区。

一级污泥在相邻的污泥干化芦苇滤床中处理，产生稳定的堆肥。现场污泥管理大大地降低了污水处理厂的环境和经济成本。

调试前的混合人工湿地见图21-7，种植1年后的混合人工湿地见图21-8，卡斯特里尔污水处理场俯瞰图见图21-9。

图21-7　调试前的混合人工湿地（2015年）
（照片来源：利姆诺斯公司档案）

图21-8　种植1年后的混合人工湿地（2016年）
（照片来源：利姆诺斯公司档案）

图21-9　卡斯特里尔污水处理厂俯瞰图（2017年）
（照片来源：利姆诺斯公司档案）

进水或处理类型

混合人工湿地接收机械预处理过的生活污水。

处理效率

根据2017年7月（旺季：满载）和2020年4月（淡季）的处理结果，混合人工湿地可有效去除有机物质和悬浮固体（见表21-3和表21-4），并符合克罗地亚法律标准的要求。

表 21-3　克罗地亚卡斯特里尔混合人工湿地的处理效果（2017 年 7 月）

参数	进水（mg/L）	出水（mg/L）	处理率（%）	克罗地亚标准（%）
BOD_5	174	21	88	70
COD	605	5	99	75
TSS	213	23.3	89	90

表 21-4　克罗地亚卡斯特里尔混合人工湿地的处理效果（2020 年 4 月）

参数	进水（mg/L）	出水（mg/L）	处理率（%）	克罗地亚标准（%）
BOD_5	—	12	—	70
COD	1835	25	98.6	75
TSS	1248	2	99.8	90

运行和维护

卡斯特里尔混合人工湿地的运行和维护由水务公司马丁内拉有限公司（Martinela Ltd）负责。运营商每周到访污水处理厂两次（周一和周五）。调试时，设计者利姆诺斯公司向业主提供操作和维护指南，主要内容包括：

- 定期维护沉淀池，每月查看沉淀物；
- 定期（每年7次）将累积的污泥清除至污泥干化芦苇滤床，避免垂直流人工湿地堵塞；
- 定期维护粗格栅，每周清除或根据需要清除污水中的固体物质；
- 定期维护进水管和泵站，每周目视检查运行情况；
- 定期控制流量和水位，每周目视检查进出水流量，每月目视测量现场水位；

- 定期维护管道和竖井，每年至少两次或根据需要清洁管道和竖井；
- 每年秋季定期收割湿地植物。

成本

卡斯特里尔混合人工湿地的污水管网及污水处理厂的设计和建设成本为160万欧元。该项目完全由全球环境基金资助。

持续运行和维护成本为每年14 000欧元。

协同效益

生态效益

经过处理的污水渗透到地下，可维持或提高地表水的质量，提高生物多样性和周围生态系统的稳定性。

卡斯特里尔混合人工湿地能够对城市污水进行经济性处理，并保护海水质量和沿海地区水质，从生态和经济角度看，这是有益的，因为干净无污染的海水和沿海地区是克罗地亚旅游业发展的关键。

社会效益

克罗地亚海岸及大部分地中海地区都面临缺水问题，尤其是旅游旺季。污水处理及其再利用能够节约淡水资源，这对常住居民和游客都有利。

经验教训

问题和解决方案

招标时明确说明污水处理的应用技术是人工湿地，并且说服市长建造人工湿地没有太大困难。主要问题是可能会产生臭味，但可以通过使用处理过的污水灌溉污水处理厂旁边的橄榄树来解决这个问题。然而，当地居民更喜欢从供水管网获取饮用水。这表明，该地区需要提高公众认识，宣传正确的做法，鼓励民众使用经过处理的污水。

用户反馈或评价

社区尤其是运营商对混合人工湿地很满意，他们一直倾向于支持运行和维护成本低的项目。

Nature-Based Solutions for Wastewater Treatment

处理效率 建造方法 案例研究

第 22 章 污泥处理芦苇床

作　者　斯汀·内森（Steen Nielsen）
丹麦塔斯朗普DK-2630林尼斯阿里2号奥比康
（Orbicon, Linnés Allé 2, DK-2630 Taastrup, Denmark）
联系方式：smni@orbicon.dk

概　述

污泥处理芦苇床（Sludge Treatment Reed Bed，STRB）或污泥人工湿地（见图22-1）由多个单元组成，包括对来自污水处理厂和自来水厂的污泥进行脱水和矿化处理的过滤介质单元。污泥通过排水和蒸发进行脱水。湿地中的植物和微生物活动有助于污泥脱水、通风和矿化。处理过程产生的污泥残留物是一种高质量的产品，也就是生物土壤，它可以作为肥料再利用，并改善土壤质量。

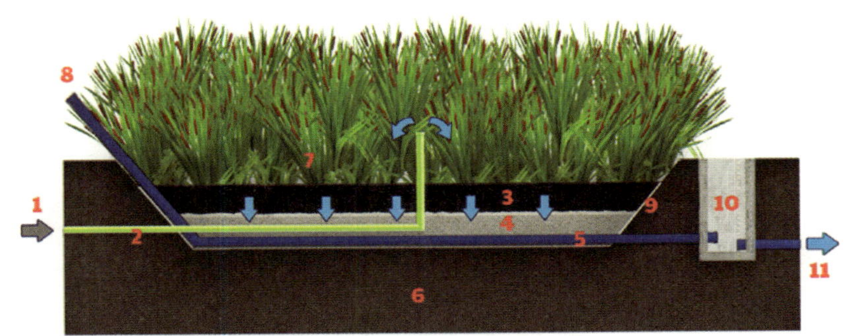

图22-1　污泥处理芦苇床

1—进水口；2—加料系统；3—污泥；4—多孔介质层；5—排水系统；6—原土层；7—植物；8—通风管；9—防水层；10—常规检查井；11—出水口

优点	缺点
● 没有蚊虫滋生的风险 ● 经济实惠且能源充足 ● 产出更多重复利用的高品质终端产品 ● 可以进行养分再利用 ● 由于处理过的污水更清洁，因此可降低污水处理厂负荷或释放污水处理厂的产能	● 需要在试验性系统中测试污泥质量 ● 满负荷工作所需的启动时间较长 ● 除芦苇（Phragmites australis）外，很少或几乎没有在全尺寸系统中应用其他植物的经验（因某些国家将芦苇认定为入侵物种而不可种植）

协同效益

高	水资源再利用	污泥产量		
中	生物多样性（动物）	生物质产出		
低	生物多样性（植物）	碳汇	景观价值	娱乐

与其他NBS的兼容性

丹麦的一个污泥处理芦苇床系统可以将污泥和雨水处理系统结合使用。

本书中的案例研究

黑山莫伊科瓦茨的污泥处理芦苇床；
法国内格勒珀利斯人工湿地：粪污处理芦苇床单元；
丹麦和英格兰的污泥处理芦苇床系统。

运行和维护

常规维护

- 污泥处理芦苇床通常可运行约 30 年，有 2 个或 3 个运行周期
- 一个运行周期有 4 个阶段：

（1）调试（1~2 年）；

（2）正常运行；

（3）污泥残渣的清空和最终处置；

（4）重建系统

- 轮流清空污泥处理芦苇床内的池子
- 维护泵和阀门
- 控制和校准流量计和干固体计
- 基本装载策略是一次装载一个池子，其他池子空闲
- 一个池子的一个装载期通常是多天
- 池子的装载期和空闲期之间的转换对于获得较好品质的最终污泥残渣至关重要

特殊维护

- 调试
- 清空后的生长季
- 控制杂草

故障排除

- 控制污泥品质和污泥残渣品质
- 池子的面积和数量不足
- 每个装载周期在调试阶段和一般状态下的过载情况
- 不均匀装载情况（kg DS/m²/a）
- 各池子装载时间过长，休息时间过短
- 植被覆盖不完整或植被受压
- 蒸发蒸腾来自开阔水面而非污泥残渣
- 每平方米种植的植物太少或植物未成熟
- 在调试阶段过载，重新种植的池子过载
- 系统运转时的过载和厌氧条件（产生甲烷）
- 污泥脱水不充分，清空池子后无法再生长植物
- 杂草和昆虫问题

NBS 技术细节

进水类型

- 自来水厂污泥
- 污水处理厂污泥
- pH 值：6.5 ~ 8.5
- 干固体：0.3%~4%
- 烧失量：50%~65%
- 脂肪量 (mg/kg DS)（最大）：5000
- 油量 (mg/kg DS)（最大）：1000

要　求

- 净面积要求
- 电力需求
- 其他
  - 污泥品质：了解污泥来源、特性和组成（例如，好氧条件、厌氧条件、黏度等），选择合适的装载速率
  - 气候条件，例如，降雨量、太阳辐射等，在系统设计之前需要确定
  - 操作周期：选择适当的可持续的加料或休息时长，以防表面积水和脱水不足
  - 自由空间：砾石层上方应有足够的自由深度，允许残留污泥在预期的使用寿命期间累积
  - 泵或管道：尺寸合适，以防污泥物质即水与固体的混合物堵塞
  - 加水管：尺寸合适，使污泥在整个表面均匀分布
  - 池子数量合适，留够充足的加料或休息时间
  - 植物：最好选择本地植物，因其适应当地气候，可在特定条件下生长
  - 调试适当的持续时间并逐渐增加池子的负荷，使植物的生长和密度有所增加

原著参考文献

Nielsen, S., Costello, S., Personnaz, V., Bruun, E. (2018). Australian experiences with sludge treatment reed bed technology under subtropical climate conditions. In: Proceedings of the 16th IWA Specialized Group Conference on "Wetland Systems for Water Pollution Control", 30 September – 4 October 2018, Valencia, Spain.

Nielsen, S., Dam J. L. (2016). Operational strategy, economic and environmental performance of sludge treatment reed bed systems - based on 28 years of experience. *Water Science & Technology*, **74**(8), 1793–1799.

Nielsen, S., Bruun, E. (2015). Sludge quality after 10-20 years of treatment in reed bed system. *Environmental Science and Pollution Research*, 22(17), 12.885–12.891.

Nielsen, S., Cooper, D. J. (2011). Dewatering sludge originating in water treatment works in reed bed systems. *Water Science & Technology*, **64**(2), 361–366.

Nielsen, S. (2011). Sludge treatment reed bed facilities – organic load and operation problems. *Water Science & Technology*, **63**(5), 942–948.

Nielsen, S., Willoughby, N. (2005). Sludge treatment and drying reed bed systems in Denmark. *Water and Environment Journal*, **19**(4), 296–305.

Nielsen, S. (2003). Sludge drying reed beds. *Water Science & Technology*, **48**(5), 103–109.

Stefanakis, A.I., Tsihrintzis, V.A. (2012). Effect of various design and operation parameters on performance of pilot-scale sludge drying reed beds. *Ecological Engineering*, **38**, 65–78.

Peruzzi, E., Nielsen, S., Macci, C., Doni, S., Iannelli, R., Chiarugi, M., Masciandaro, G. (2013). Organic matter stabilization in reed bed systems: Danish and Italian examples. *Water Science & Technology*, **68**(8), 1888–1894.

Uggetti, E., Llorens, E., Pedescol, A., Ferrer, I., Castellnou, R., Garcıa, J. (2009). Sludge dewatering and stabilization in drying reed beds: characterization of three full-scale systems in Catalonia, Spain. *Bioresource Technology*, **100**(17), 3882–3890.

NBS 技术细节

要　求

- 定期监测累积污泥的深度，在污泥层不同点位进行采样和分析
- 详细、连续地记录污泥装载情况
- 在清空残留污泥层之前，考虑每个池子最后休整阶段的持续时间

设计标准

- 池子数量（个） 8~14
（6~10）*
- 单位面积负荷（kg 干固体 /m²/a） 30~60
（50~100）*
- 单位面积负荷（kg 有机固体 /m²/a) 20~40
- 装载天数（d） 3~8
- 每日装载次数（次） 1~3
- 休息日（老旧系统）（d） 40~50
（7~20）*
- 运行周期（a） 10~15

（* 炎热气候条件）

气候条件

- 适合寒冷气候
- 适合温暖气候

22.1

黑山莫伊科瓦茨（Mojkovac）的污泥处理芦苇床

项目背景

黑山莫伊科瓦茨市位于塔拉河岸，被比奥格拉德斯卡山国家公园（National Park of Biogradska Gora）环绕。该国家公园于2017年被联合国教科文组织认定为世界遗产，“其特点是拥有大量复杂的生态系统……拥有数量众多的地方性和稀有动植物物种，这使得比奥格拉德斯卡山国家公园原始森林保护区具有特殊的价值”（UNESCO，2018）。鉴于此，市政当局希望以可持续的方式解决污泥问题。

2004年，莫伊科瓦茨市配备了生物污水处理厂（Wastewater Treatment Plant，WWTP）（包括物理、生物和化学处理阶段），设计处理能力为5200人口当量。该市的污水处理厂有污泥管理和储存问题，在高强度降雨期间，污泥可能会排放到塔拉河。由于运行成本高，安装的压滤机从未运行过，因此污泥累积导致过滤费用增加。在当地的垃圾

NBS类型

- 污泥处理（干化）芦苇床（STRB）

位　置

- 黑山莫伊科瓦茨市

处理类型

- 污泥处理可产生堆肥样土壤

成　本

- 170 645美元

运行日期

- 2017年至今

面　积

- 2个污泥处理（干化）芦苇床，每个面积为450m^2

作者

阿伦卡·穆比·扎拉兹尼克（Alenka Mubi Zalaznik）
提·尔哈维茨（Tea Erjavec）
马丁·弗霍夫谢克（Martin Vrhovšek）
安雅·波托卡尔（Anja Potokar）
乌尔沙·布罗德尼克（Urša Brodnik）
卢布尔雅那1000波德林巴斯基31号利姆诺斯有限公司
（LIMNOS Ltd., Podlimbarskega 31, 1000 Ljubljana）
联系方式：阿伦卡·穆比·扎拉兹尼克，info@limnos.si

填埋场无法倾倒污水产生的污泥，而且黑山也没有焚烧厂。由于市政当局缺乏一个可持续的方式来管理或安全地处置累积的污泥，因此有限的财政资源和无效的污泥处理方式是寻找污泥处理替代解决方案的关键驱动因素。为了对来自该市污水处理厂的污泥进行脱水和安全管理，方案中提议建造两个芦苇床，这成为莫伊科瓦茨进行污泥处理、储存和处置的一种经济高效的解决方案。该项目的更高目标是保护塔拉河流域的水质和周边地区丰富的旅游发展潜力。该项目的发起者是黑山可持续发展和旅游部，具体实施者为斯洛文尼亚的里姆诺斯有限公司（Limnos Ltd.）。技术汇总表见表22-1。

表22-1 技术汇总表

来水类型	
一级和二级处理后的污泥	
设计参数	
入流量（m^3/d）	—
人口当量（p.e.）	2600
面积（m^2）	900
人口当量面积（$m^2/p.e.$）	0.35
成本	
建设	170 645 美元
运行（年度）	4000 美元

设计和建造

Limnosolids®是里姆诺斯有限公司的注册商标。里姆诺斯芦苇床（见图22-2）的被动处理技术可使来自污水处理厂的污泥脱水、矿化和稳定。该技术能够以较低的运行和维护成本长期、可持续地储存污泥，从而完全取代花费了污水处理厂大量成本的脱水环节。

图22-2 里姆诺斯（Limnosolids®）芦苇床方案

莫伊科瓦茨污水处理厂的设计容量为5200人口当量，但自2005年建成以来，由于缺乏污水收集管网，因此没有满负荷运行（实际运行负荷为2600人口当量）。

污泥处理（或干化）芦苇床（SDRB）

建有两个不透水的离地钢筋混凝土池（见图22-3）。每个芦苇床的面积为450m²（10m×45m），总面积为900m²（2m×450m）。

图22-3　莫伊科瓦茨污泥处理芦苇床

进水或处理类型

污泥处理芦苇床处理的污水类型为生活污水。污水处理厂的主要工艺为活性污泥法。在污泥处理芦苇床上处理的污泥是生物污泥（一级和二级）。来自二级澄清池的污泥被泵送到污泥处理芦苇床或返回反硝化池。

这项技术还可以运用于不同类型的污水和工业污泥的处理。将污泥在芦苇丛中存放8~10年，在物理（干燥）和生物过程（矿化）并列运行的过程中，污泥体积显著减少，并且不再含有病原体，从而变得十分稳定。

经过污泥处理芦苇床处理的最终产物是一种类似堆肥的土壤，可以当作肥料用于农业，也可以当作覆盖层材料或建筑材料用于垃圾填埋场。

处理效率

2019年10月，分析了污泥处理芦苇床的处理效率，干物质、总挥发性固体、重金属、总氮和总碳结果见表22-2。

表22-2　干物质、总挥发性固体、重金属、总氮和总碳结果

（来源：Limnos Ltd.）

参数	单位	测量值	
		点位1	点位2
干物质	质量（%）	15.9	16.3
总挥发性固体	质量（%）	67	67.5
总氮	占总固体的百分比（%）	4.92	4.56
总碳	占总固体的百分比（%）	33.53	32.48
酸碱度	—	5.8	5.9
镉	μg/g	1.8	1.7
铜	μg/g	153.9	153.8
镍	μg/g	37.7	37.4

（续表）

参数	单位	测量值	
		点位 1	点位 2
铅	μg/g	98	93.7
锌	μg/g	983	995
汞	μg/g	2.68	2.14
铬	μg/g	55	51

运行和维护

污泥处理芦苇床的定期运行和维护工作的主要内容包括：

- 目视检查芦苇、污泥、水位、管道和检查井的外部零件；
- 根据需要清洗管道和检查井；
- 管理与运行芦苇床（装载加药方式）；
- 提供机械设备服务；
- 检查监控设备；
- 园林绿化；
- 最终处置。

成本

设计、建造和人员培训成本为170 645.20美元。

运行和维护成本约为每年4000美元。

协同效益

生态效益

处理过的污泥可作为新材料用于农业或建筑业，使城市经济实现良性循环。这样，未经处理的污泥不会再排放到生活环境。

社会效益

处理过的污泥可用于农业，以此降低农民使用矿物肥料的成本。

该市的所有环境投资都是当地采矿活动关闭后恢复过程的一部分。曾经是尾矿库的地方改造为露天娱乐场所，旁边有污水处理厂和污泥处理芦苇床。

在这些芦苇床上沉积至少10年之后，矿化污泥可用作园林绿化的肥料。市政府希望在受森林火灾影响的地区使用腐殖质材料施肥。健康的环境是国家（旅游业）经济发展的关键因素之一。

经验教训

问题与解决方案

由于可以运用现有技术（泵）将污泥装载到污泥处理芦苇床上，因此污泥装载没有额外的成本。一般来说，污泥处理芦苇床可以与任何其他标准污水处理技术结合使用。

用户反馈或评价

污泥处理芦苇床已使用多年，只有维护得当才可以顺利运行。该技术因简单、易于操作，可扩展应用于人们与自然共处的工作和生活地区。

原著参考文献

UNESCO (2018). Ancient and Primeval Beech Forests of the Carpathians and Other Regions of Europe (Montenegro).

22.2

法国内格勒珀利斯（Nègrepelisse）人工湿地：粪污处理芦苇床单元

项目背景

场地卫生设施是农村地区进行污水集中处理的替代技术。在农村地区，每4~5年抽取一次粪便并处理污泥是很重要的一个措施，其主要目的是将污泥直接回用于农业，或将其与超过10 000人口当量的污水处理厂的污水协同处理。虽然第一种解决方案没有被广泛接受（存在卫生风险，具有高度腐烂性，产生的氨浓度高而出现气味问题），但第二种解决方案无法一直持续使用。事实上，大型污水处理厂在农村地区很少见，或者无法系统地处理额外的有机负荷。此外，长距离运输污水无论从环境方面看还是从经济方面看都不合适。为了解决农村地区的这些问题，具有简单运行过程的处理方式，如粪污处理芦苇床（STRBs）是最佳的污水处理装置。这正是奎尔西维特-阿韦龙（Quercy Vert Aveyron）自治市联合会（法国西南部13个农村自治市，居民有21 800名）的选择。

作者

帕斯卡·莫尔（Pascal Molle）

法国维勒班市F-69625法国国家农业食品与环境研究院水回用研究所

（INRAE, REVERSAAL, F-69625 Villeurbanne, France）

联系方式：pascal.molle@inrae.fr

NBS 类型

- 粪污处理（干化）芦苇床（STRB）

位　置

- 法国内格勒珀利斯塔恩-加龙省（Tarn-et-Garonne）

处理类型

- 先用粪污处理芦苇床进行粪污处理（8个粪污处理芦苇床体并行使用），再用两个垂直流人工湿地（Vertical-flow Treatment Wetland，VFTW）并行处理渗滤液

成　本

- 建设：1 350 000 欧元
- 运行：6 欧元 /m^3

运行日期

- 2013 年至今

面　积

- 第一阶段：2580m^2
- 第二阶段：1425m^2
- 总面积：4000m^2
- 容量：2000 人口当量（p.e.）

图22-4　法国内格勒珀利斯位置示意图
（来源：谷歌地图）

内格勒珀利斯（见图22-4和图22-5）粪污处理芦苇床建于2013年，可处理来自社区11 000m^3/a的粪污，最终目标是将处理过的污泥和渗滤液分别用于农业施肥和树木灌溉（例如，用于市政供暖系统的杨树和桉树）。粪污处理组合装置是根据中试规模试验建立的设计规则实施的（Troesch et al.，2009；Vincent et al.，2011；Molle et al.，2013）。该装置是粪污就地处理和残余产品适当再利用的生态解决方案在法国最大规模的试验装置。其处理效率和操作模式的可行性通过调查来验证。为达到此目的，该污水处理厂自成立以来一直由法国国家农业食品与环境研究院进行监测，重点监测内容为：粪污特征；性能评估，例如，粪污处理芦苇床的粪污和垂直流人工湿地的渗滤液；污泥沉积演化情况（脱水、矿化和水的构成性能）。技术汇总表见表22-3。

图22-5　内格勒珀利斯粪污处理芦苇床单元示意图

表 22-3 技术汇总表

来水类型	
粪污	
设计参数	
入流量（m^3/d）	垂直流向的最大首次流量：640 L/s
装有化粪池的住宅数量（个）	14 000
每年悬浮固体吨数（t）	131
面积（m^2）	粪污处理芦苇末 2600 垂直流人工湿地 100
粪污处理芦苇床设计负荷（$kg/m^2/a$）	50
进水参数	
COD（mg/L）	17 168
TSS（mg/L）	14 320
TKN（mg/L）	742
出水参数	
COD（mg/L）	232
TSS（mg/L）	90
TKN（mg/L）	19.8
成本	
建设	总成本：1 350 000 欧元
运行（年度）	粪污处理芦苇床：6 欧元 /m^3

设计和建造

根据文森特（Vincent）等人（2011）关于温带气候条件下粪污处理设计负荷的建议，粪污处理芦苇床基于50kg TSS/m^2/a的负荷进行设计。这样的处理能力相当于每年排空3500个化粪池。基于以4年为周期的典型化粪池排空频率，粪污处理芦苇床单元可解决14 000套房屋的化粪池存量（约35 000人口当量）。

处理流程如下。

- 一辆卡车到达粪污处理芦苇床单元，大门外的门禁控制器判断化粪池的工人是否可以将粪污放置于处理单元（当缓冲池中有可用空间时会授权）。如果可以，进水管的阀门打开。

- 接下来，粪污通过石块拦截器进行自动筛选（网孔为10mm）。
- 筛选后，粪污进入排空池（$20m^3$），排空池可以储存一辆卡车的粪污量。使用碳氢化合物探头检查粪污是否会对芦苇床造成威胁。如果是，那么工人需要将粪污泵回池中，以便将其移至其他地方处置。
- 如果可以在芦苇床中处理粪污，那么粪污会进入一个充气缓冲池（容积为$180m^3$），即使在没有卡车到达时，充气缓冲池也可以平衡卡车抵达量的变化并按需为芦苇床供料，这有助于稳定施用于芦苇床的粪污质量。使用TSS在线探头检测固体含量，以适应每天送到芦苇床的粪污体积。芦苇床的进料中必须有大量固体，根据设计需要储存6天的产量。该系统为充气模式，气体不会溢出，也就可以避免产生异味。
- 8个粪污处理芦苇床种植的都是芦苇（每个为$325m^2$）。当粪污在芦苇床中处理时，固体被芦苇床过滤掉，渗滤液流出过滤层。将渗滤液收集起来，由另外的垂直流人工湿地进行处理。
- 两个垂直流人工湿地（每个为$50m^2$）用来处理渗滤液。垂直流人工湿地的过滤层由沙子（0~4mm）和砾石（2~6.3mm）的混合物组成，粒径分布（d50）约为2mm。一个盛放处理后的渗滤液的储存池主要用于灌溉（$140m^3$）。

西提（Syntea）建造了一个粪污处理芦苇床单元（见图22-6）。

图22-6　内格勒珀利斯粪污处理芦苇床单元示意图

（来源：Syntea）

1—1个化粪池排空处；2—连接有自动筛选装置的石块拦截器；3—1个充气缓冲池；4—8个粪污处理芦苇床；5—2个垂直流人工湿地；6—1个处理后的渗滤液的储存池；7—1个用于灌溉的过滤装置

进水或处理类型

粪污处理芦苇床单元接收来自化粪池的污染物。入流粪污的物理化学特性因排空情况（例如，排空频率）、房屋类型（主要或次要居住地）、化粪池类型（用于所有生活污水的化粪池、冲水池、防水池、双层沉淀池等）而各不相同。TSS的浓度为5~20g/L，COD为5~25g/L。尽管入流粪污浓度变化很大，但充气缓冲池内的TSS变化较小。TSS浓度平均为14.3g/L，COD浓度平均为17.8g/L，凯氏氮浓度平均为742mg/L，总磷浓度平均为217mg/L。污染物的主要组成部分是颗粒状的物质。进水口的COD平均为380mg/L，NH_4-N平均为66mg/L。

处理效率

粪污处理芦苇床可以有效地保留来自粪污的固体，对TSS的去除率很高（99.5%），同时可以有效去除COD（98.3%）、凯氏氮（94.9%）和总磷（94.8%）。然而，检测到出水口的COD、凯氏氮（TKN）和总磷（TP）浓度的重要变化（分别为753mg/L、94mg/L和19mg/L），尽管去除率很高，但其中的溶解部分仍很明显。因此，有必要在灌溉树木之前进一步处理渗滤液。

调试期（装载速度为TSS 25kg/m^2/a）后的污泥堆积情况为，每年有大约10cm的沉积物堆积（装载速度为TSS 40kg/m^2/a）。堆积物的平均干物质含量约为24%（±4.6%）。根据季节变化可观测到干物质含量数据的两个分布区。夏季，休息期结束时的干物质含量一般为30%左右，但可能会受到大雨的影响而降至20%左右。冬季，干物质含量比较稳定，为20%左右。尽管在采样时，该装置仅运行了2年，但仍观察到挥发性有机物从入流粪污（TSS为72%±4%）到粪污处理芦苇床上的沉积物（TSS为64%±5%）显著减少，由此可确认沉积物显著矿化。

然而，在垂直流人工湿地阶段的出水口，观察到TSS浓度仍然很高，但过滤性能适中（50%）。到达垂直流人工湿地的TSS颗粒尺寸相对较小（80%的颗粒为5~80μm）。垂直流人工湿地过滤层的粒径（d50约为2mm）略粗，确保可有效过滤细颗粒物。沙粒尺寸可以针对未来的新项目进行优化，以改善过滤条件。

将处理过的渗滤液再利用于树木灌溉，可以增加树木的尺寸和质量。由于其加快了用作市政供暖系统燃料的树木的生长，因此可以通过从粪污中回收能量来节约该系统的成本。

运行和维护

运行工作最重要的是筛选，因其可能在粪污处理方面产生问题。操作员需要每周清洁筛子3次，如果出现特定问题或警报，则需要更频繁地清洁筛子。

粪污处理芦苇床的进料及芦苇床之间的轮换，由监控与数据采集（SCADA）系统设定的方案自动驱动。从调试期到满负荷运行期，芦苇床必须以不断增加的装载率定期进料。操作员需要在休息期结束时，每周进行一次目视检查，确定沉积层是否足够干燥，以及芦苇是否为绿色。如果不是，那么可以调整轮换内容和装载速率。

一旦沉积层达到1m的深度，则必须将其清除并进行土地利用。由于一年内最多只能清空一个或两个芦苇床，因此运行者需要预先制定清空策略，以减少最后一次清空期间的污泥质量问题。

在这种特殊情况下，芦苇不会被收割，反而会成为有机沉积物的一部分。

成本

污水处理厂的成本包括土方工程、材料、设备、自动化和SCADA系统、场地布置和固定过滤器，以及调试期评估费用，总成本为135万欧元。

运营成本为处理每立方米粪污18欧元，包括按10年偿还的建筑成本。纯运营成本（工资、维护、控制）为处理每立方米粪污6欧元。

协同效益

生态效益

通常，用于处理生活污水的垂直流人工湿地没有足够大的面积来增加生物多样性，但是可以为当地动物提供替代栖息地。内格勒珀利斯粪污处理芦苇床单元的主要生态作用是就地处理粪污（减少粪污运输），以循环方式再利用处理过的渗滤液。对地下水（由于灌溉）和其他水体没有显著生态影响。

社会效益

粪污处理芦苇床单元使社区成为运用环境友好、资源循环方法的领先者。用处理过的渗滤液灌溉树木增加了树木的尺寸和质量，加快了用作市政供暖燃料的树木的生长，也节约了系统成本。

经验教训

问题和解决方案

内格勒珀利斯的经验证实了粪污处理芦苇床有效处理粪污的适用性，虽然进一步进行渗滤液处理取决于最终用途，但是粪污处理芦苇床的出水污染物浓度仍然很高。

设计这种人工湿地系统的一个要点是了解当地粪污的通量（fluxes）和特征。由于该系统按每年每平方米TSS的质量设计，因此仅根据体积来设置芦苇床是不够的。然而，污染物浓度越低，水力负荷越高。粪污比活性污泥更难干燥，如果水力负荷过高，那么可以降低设计固体负荷以确保有效脱水。相反，如果粪污高度浓缩（>20g TSS/L），那么减少芦苇床体的数量对于缩短休息期的长度，进而减少芦苇的水分缺失十分重要。

运行过程中会出现一个与筛分有关的问题，携带有沙子和砾石的粪污会损坏筛子，这时必须安装精确的设备来改善其运行状况。

以上经验表明，就地管理和处理粪污通过灌溉再利用的方式来增加价值是一件有意义的事。灌溉再利用可使内格勒珀利斯社区在大型污水处理厂标准化处理时减少成本，提高竞争力。

原著参考文献

Molle, P., Vincent, J., Troesch, S., Malamaire, G. (2013). Les lits de séchage de boues plantés de roseaux pour le traitement des boues et des matières de vidange. ONEMA, 82PP. In French.

Troesch, S., Liénard, A., Molle, P., Merlin, G., Esser, D. (2009). Treatment of septage in sludge drying reed beds: a case study on pilot-scale beds. *Water Science & Technology*, **60**(3), 643–653.

Vincent, J., Molle, P., Wisniewski, C., Liénard, A. (2011). Sludge drying reed beds for septage treatment: towards design and operation recommendations. *Bioresource Technology*, **102**(17), 8327–8330.

22.3

丹麦和英格兰的污泥处理芦苇床系统

项目背景

污泥处理芦苇床系统（STRBs）（又称为污泥人工湿地）作为一种经济高效且环保的技术，可对传统污水处理厂（WWTP）和自来水厂（Water Works，WW）的剩余污泥进行脱水和矿化。这类系统已在丹麦和欧洲广泛使用。有论文明确证实这一方法在市政污泥脱水和稳定化处理方面有一定的效果（Nielsen et al.，2011，2015a，b，2016；Peruzzi et al.，2015）。

丹麦的几个污泥处理芦苇床系统已经运行了20~30年，清空过1~2次，现在处于第二个或第三个运行周期。

丹麦的格雷夫污泥处理芦苇床（KLAR Utility）（见图22-7）和英格兰的汉宁菲尔德污泥处理芦苇床（Essex & Suffolk Water）（见图22-8）是处理污水处理厂和自来水厂的剩余污泥的极好案例。通过这两个系统可以深入了解污泥处理芦苇床的长期管理能力和性能。

作者

斯汀·内森（Steen Nielsen）
丹麦塔斯朗普DK-2630丹麦WSP
（WSP Denmark, DK-2630 Taastrup, Denmark）
联系方式：steen.nielsen@wsp.com

NBS类型

- 污泥处理芦苇床（STRB）

位　置

- 丹麦和英格兰

处理类型

- 污泥脱水和矿化

成　本

- 15万~18万美元（包括折旧和运行成本）

运行日期

- 格雷夫污泥处理芦苇床（Greve）：1999年至今
- 汉宁菲尔德污泥处理芦苇床（Hanningfield）：2012年至今

面　积

- 格雷夫污泥处理芦苇床处理面积：16 500m^2
- 策略性最大面积负荷：45kg DS/m^2/a
- 汉宁菲尔德污泥处理芦苇床处理面积：42 500m^2
- 策略性最大面积负荷：1275t DS/a

（a） 芦苇床实拍图

（b） 装载箱实拍图

图22-7　格雷夫污泥处理芦苇床和装载箱

（a） 芦苇床实拍图

（b） 芦苇末俯瞰图

（c） 污泥残渣

图22-8　汉宁菲尔德污泥处理芦苇床系统

格雷夫污泥处理芦苇床建于1999年，过滤器表面的总处理面积为16 500m^2。它由10个芦苇床组成，每个芦苇床的过滤器表面处理面积为1650m^2，策略性最大面积负荷为干固体（Dry Solid，DS）45kg/m^2/a。格雷夫污泥处理芦苇床已被清空过一次。

汉宁菲尔德污泥处理芦苇床建于2012年，每年可处理约1275t的自来水厂污泥干固体。它由16个芦苇床组成，过滤器表面的总处理面积为42 500m^2。每个芦苇床的过滤器表面处理面积约为2700m^2，策略性最大面积负荷为30kg DS/m^2/a。汉宁菲尔德污泥处理芦苇床仍处于第一个运营周期，尚未进行清空。

技术汇总表见表22-4。

表 22-4 技术汇总表

埃塞克斯 & 萨福克水务（Essex & Suffolk Water）（英格兰）和 克拉尔实业（Klar Utility）（丹麦）		
自来水厂或污水处理厂	汉宁菲尔德	MOSEDE
自来水厂或污水处理厂	MBK	MBKDN
污泥处理芦苇床系统	汉宁菲尔德	格雷夫
污泥类型	自来水厂污泥	生活源活性污泥
污泥龄（d）	—	18~22
池子数量（个）	16	10
处理面积（m^2）	42 500	16 500
最大面积负荷（kg $DS/m^2/a$）	30	45
日负荷（m^3）	400	250
装载天数（d）	3~4	5
每日装载次数（次）	1~2	1~2
休息日（d）	45~50	45~50
运营周期	10~15a	10~15a
投入污泥（标准运行值）		
pH 值	6.5~8.5	
干固体	0.4%~1.5%	
烧失量	50%~65%	
脂肪（mg/kg DS）	最大 5000	
油（mg/kg DS）	最大 1000	

设计和建造

污泥处理芦苇床的尺寸根据污泥产量（每年干固体吨数）、污泥来源、质量（进料污泥的标准值）（见表22-4）和气候确定。这个尺寸标准定义了处理区域、面积负荷（kg $DS/m^2/a$）、池子数量，以及装载和休息时间。建议装载剩余活性污泥的污泥处理芦苇床的最大年装载率保持在30~60kg $DS/m^2/a$，在温暖的气候条件下应更高一些。对于来自消化池的污泥、高脂肪含量或低泥龄（<20d）的污泥，建议保持在30DS $kg/m^2/a$。在规划新污泥处理芦苇床的池子数量和总表面积时，应考虑这些建议。

一个污泥处理芦苇床由几个单一的池子（见图22-9）组成，通常是8个或10个，最多可达24个。在污泥处理芦苇床中，每个池子都衬有一层膜，以防止水、营养物质或其他物质渗漏到环境中。池子底部覆盖一层过滤材料。嵌入在过滤材料中的是两个不同的管道系统（装载系统），一个将污泥引至池子和污水或曝气系统，另一个收集从污泥残渣中排出的污水，并且将空气从大气导入污泥残渣。

过滤材料层上面是一层生长培养基，种植的是芦苇。随着池子中的污泥层变厚，芦苇会在污泥中扎根。

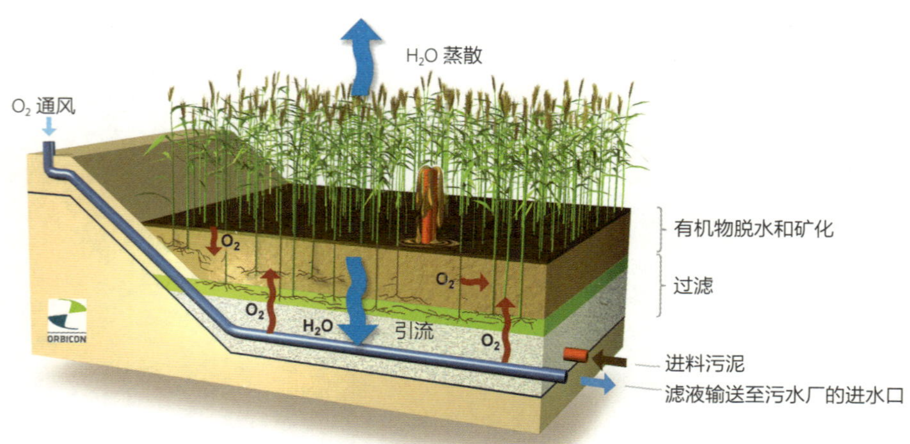

图22-9　过滤器结构、装载和脱水系统示意图（Nielsen，2016）

在规划新的污泥处理芦苇床的池子尺寸和数量时，应考虑污泥质量和容量要求。此外，应制订适合这些特定池子尺寸和数量的基本装载计划。污泥处理芦苇床开始运行后，应根据各个池子的运行状况，不断审查调整装载计划。

进水或处理类型

污水处理厂的污泥包括直接来自污水厂的污泥和最终沉淀池的活性污泥。两种类型的污泥单独装载或在每次送达时混合，之后添加到污泥处理芦苇床系统。污泥通过混合池和阀门装置进行泵送，在此处，污泥流和干固体被引导至各自的池子前应记录污泥的性质。该系统的装载方案包括每天一次或两次将150~200m^{3}污泥引入各个池子中，干固体含量为0.5%~0.8%。

处理效率

污泥处理芦苇床消耗的能源较少，而且不会用到化学物质，并且能够减少污泥体积，并可根据气候、污泥质量和面积负荷产生干固体含量为20%~50%的生物固体。

经验表明，经污泥处理芦苇床处理的污泥是一种高质量的产品，对病原体去除和有害有机化合物矿化效果很好，是安全回收磷作为农用土地肥料的理想选择。最终污泥产品的质量取决于脱水过程和有机物生物降解的共同作用（Nielsen et al.，2015b）。

污泥已在污泥处理芦苇床中脱水，进入污水处理厂的内部污染非常低。如果将污泥从机械脱水方式变为在污泥处理芦苇床中脱水和处理的方式，则滤液质量可代表污水处理厂产能的释放。一项研究指出，与储存在堆场区的机械脱水污泥相比，来自污泥处理芦苇床的污泥残渣具有更多好氧条件，排放的甲烷和一氧化二氮更少（Larsen et al., 2017）。

运行和维护

一个污泥处理芦苇床通常可以运行30年以上，在此期间，可以完成2~3个10~15年的运行周期。

一个运行周期可分为4个阶段：

- 调试阶段；
- 正常运行阶段；
- 污泥残渣的清空和最终处置阶段；
- 重建系统阶段。

在运行期间，需要维护泵和阀门，还需要控制和校准流量计和干固体计。在新的污泥处理芦苇床投入使用之前，或者在一个池子清空后可以恢复日常运行之前，必须经过一段时间的调试。在此期间，装载到池子中的污泥量会缓慢增加，直到全部装载完毕。调试期应为1~2年，具体时间取决于气候。在一个运营周期内，污泥处理芦苇床的不同池子轮流清空，这样可以防止出现同时清空和调试所有池子的情况。当所有池子都被清空时，一个操作周期就算完成了。解决同时清空问题的常用方法是在处理周期的第一阶段让所有池子正常运行，并在处理周期的最后阶段清空池子。当部分池子因清空或调试而停运或获得的配额减少时，必须提高其他池子的配额。因此，在规划和确定污泥处理芦苇床尺寸时应考虑这一点。通常，应为每个特定的污泥处理芦苇床单独制订日常运行和装载计划。

基本装载策略是一次装载一个池子，其他池子空闲。一个池子通常在几天内装载完毕（一个规定的装载期）。当一个池子完成一个装载期时，将装载转移到该行中的下一个池子，之前新装载好的池子进入空闲期。装载期和空闲期的转换对于获得高质量的污泥残渣至关重要：如果池子装载过重，没有足够的时间进行适当的脱水，则污泥的含水量会更高，有机物矿化效率会降低。在储存污泥10~15年后，必须清空一个池子。最初的考虑是在夏末至初秋或秋季收割后清空，然后立即进行土地利用。然而，近年来，丹麦实施的另一种方法是在早春清挖并将污泥残渣放置在露天或温室屋顶的储存区进行进一步处理，直到完成随后的秋季收割后再进行土地利用。之所以这么做是考虑到生长季节从春季开始：如果在生长季节开始之前清空，则芦苇将在夏季恢复生长，池子在夏季进

入调试期；如果在秋季清空，则芦苇到第二年夏天才能恢复生长。

成本

与离心机等机械脱水设备相比，污泥处理芦苇床更加经济实惠（Nielsen，2015a，2016）。处理550t干固体的污泥年运行费用（Operational Expense，OPEX）将在之后介绍。

机械脱水设备和污泥处理芦苇床的建造投资成本预计为80万~170万美元。但是，年运行费用取决于单个系统的条件，包括机械脱水设备折旧在内的年运行费用为22万~27万美元，而包括运行污泥处理芦苇床折旧在内的运行费用为15万~18万美元。机械脱水的运行费用较高，这是因为脱水前需要添加聚合物，而且机械脱水对能源、维护和运输的需求较高（Nielsen，2015a，2016）。运行费用的差异不仅会影响经济效益，还会影响环境效益。由于电力消耗较低、对运输和维护的需求较少，以及没有添加聚合物的需求，因此污泥处理芦苇床对环境的影响很小。

协同效益

社会和生态效益

污泥处理芦苇床代表了符合联合国可持续发展目标的可持续的污泥处理和脱水解决方案。污泥处理芦苇床系统还具有一定的景观价值，可以为社区提供一定便利，同时可增加生物多样性，为野生动物提供栖息地。

权衡取舍

污泥处理芦苇床系统的设计面积负荷为45~60kg DS/m^2/a。考虑到处理系统区域的规模与污水处理厂的距离，可能会出现以下权衡取舍：

- 将污泥处理芦苇床系统设置在距离污泥产出场地更近但价值更高的土地，投资成本会更高；
- 为了同时满足更低的面积负荷和更高的效率要求，投资成本会更高或土地占用量会更大。

经验教训

问题和解决方案

总体经验表明，很多污泥处理系统都会遇到运行效率低的问题，例如，污泥残渣中的干固体含量较低。而且观察到植被问题，由于污泥质量的变化导致植被生长受到影响，植物逐渐枯萎，甚至死亡。此外，还有脱水程度低、湿厌氧残留污泥层发育快等问题。

在系统设计、尺寸确定和建造之前，一定要确定污泥质量、脱水特性，以及有机固体和无机固体之间的比例。主要目标是在试验芦苇床时测试污泥是否适合在污泥处理芦苇床系统中进行进一步处理。

用户反馈或评价

污泥处理芦苇床系统已被证明是一种可持续且经济可行的污泥处理方法。在8年（汉宁菲尔德）到20年（格雷夫）的运营期间，只需再投入很少的运行费用即可。

基于全面调查和30多年的运行经验，设置污泥处理芦苇床的主要依据为：

- 可减少污水处理厂对污泥处理的工作时间；
- 可去除化学品，尤其是聚合物；
- 由于工人与污泥和气溶胶的接触有限，可改善工作环境；
- 环境影响最小；
- 导致气候变化的气体排放最少；
- 农业回收污泥的时间和数量具有高度灵活性；
- 最终产品可以在农业领域和固磷方面高质量再利用；
- 是基于联合国可持续发展目标策略的深化。

原著参考文献

Larsen, J. D., Nielsen, S., Scheutz, C., (2017). Gas composition of sludge residue profiles in a sludge treatment reed bed between loadings. *Water Science & Technology*, **76**(9), 2304–2312.

Nielsen, S., Larsen, J. D. (2016). Operational strategy, economic and environmental performance of sludge treatment reed bed systems - based on 28 years of experience. *Water Science & Technology*, **74**(8), 1793–1799.

Nielsen, S., Peruzzi, E., Macci, C., Doni, S., Masciandaro, G. (2014). Stabilisation and mineralisation of sludge in reed bed systems after 10–20 years of operation. *Water Science & Technology*, **69**(3), 539–545.

Nielsen, S. (2015a). Economic assessment of sludge handling and environmental impact of sludge treatment in a reed bed system. *Water Science & Technology*, **71**(9), 1286–1292.

Nielsen, S., Bruun, E. (2015b). Sludge quality after 10-20 years of treatment in reed bed system. *Environmental Science and Pollution Research*, **22**(17), 12.885–12.891

Nielsen, S., Cooper, D. (2011). Dewatering of waterworks sludge in reed bed systems. *Water Science and Technology*, **64**(2), 361–366.

Peruzzi, E., Macci, C., Doni, S., Volpi, M., Masciandaro, G. (2015). Organic matter and pollutants monitoring in reed bed systems for sludge stabilization: a case study. *Environmental Science and Pollution Research*, **22**(4), 2447–2454.

第23章 用于灰水处理的生态墙

作　者　伯恩哈德·普彻（Bernhard Pucher）
奥地利维也纳穆特加瑟路18号奥地利维也纳自然资源与生命科学大学卫生工程与水污染控制研究所
（Institute of Sanitary Engineering and Water Pollution Control, BOKU University, Muthgasse 18, 1190 Vienna, Austria）
联系方式：bernhard.pucher@boku.ac.at

阿纳克莱托·里佐（Anacleto Rizzo）
法比奥·马西（Fabio Masi）
意大利佛罗伦萨维亚拉马尔莫拉路51号
易迪拉公司
（Iridra Srl, Via La Marmora 51, 50121 Florence, Italy）

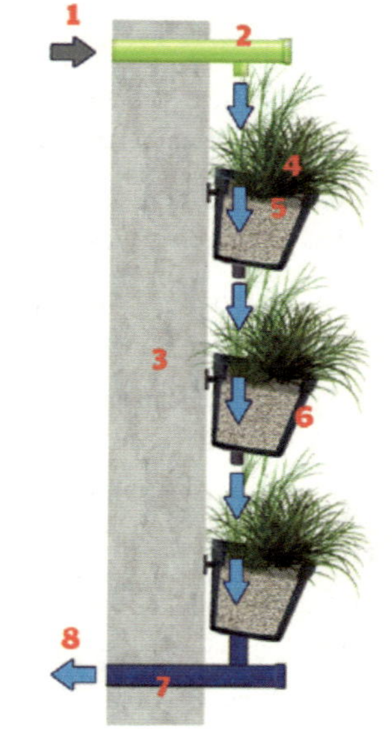

图23-1　生态墙结构示意图

1—进水口；2—加水系统；3—墙体；4—植物；5—多孔介质；6—种植箱模块；7—排水系统；8—出水口

概　述

生态墙（Living Walls, LWs）（见图23-1），又称绿化墙，刚开始只在家庭中使用，后来逐渐推广到城市中使用，主要目标是缓解气候变化对城市环境的影响，而且这是一种更好的水循环处理方式。生态墙具有垂直特性，这样可解决城市空间不足的主要问题。生态墙有许多好处，例如，减热，建筑隔绝，增加城市生物多样性，利用植物修复空气和水污染问题。灰水的灌溉用途和灰水处理后的再利用使其成为宝贵的水源，可以用来解决水资源短缺和淡水资源恶化的问题。

灰水是一个稳定的供应水源，每人每天可产生17~100L灰水。生态墙完全有能力对其进行有效处理并重复利用水资源，例如，灌溉和冲厕。对面积要求低的这个优势也使这种方式在水资源再利用和效率措施方面具有经济可行性。

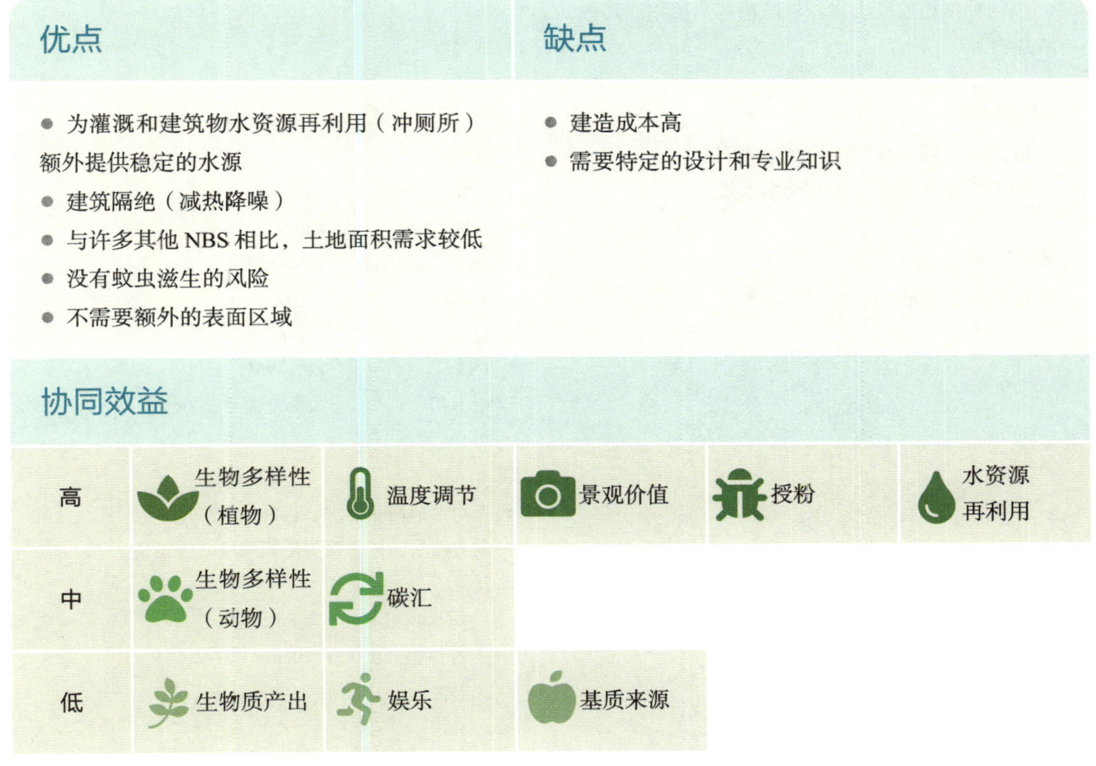

优点	缺点
• 为灌溉和建筑物水资源再利用（冲厕所）额外提供稳定的水源 • 建筑隔绝（减热降噪） • 与许多其他NBS相比，土地面积需求较低 • 没有蚊虫滋生的风险 • 不需要额外的表面区域	• 建造成本高 • 需要特定的设计和专业知识

协同效益

高	生物多样性（植物）	温度调节	景观价值	授粉	水资源再利用
中	生物多样性（动物）	碳汇			
低	生物质产出	娱乐	基质来源		

与其他NBS的兼容性

处理过的水可回用于其他NBS的灌溉，如绿色屋顶、生物滞留单元或花园。

案例研究

- 意大利玛丽娜迪拉古萨的生态墙；
- 污水处理垂直生态系统VertECO®。

运行和维护

常规维护

- 控制一级处理的效率及去除沉淀固体、油类和油膏
- 根据植物类型进行植物种植和收割
- 检查加水系统
- 控制种植箱的流出量，以防堵塞（植物或其他堵塞物）

特殊维护

- 清除根系密度高的植物（堵塞问题）
- 冲洗堵塞的灌溉系统或给水系统

故障排除

- 植物根系可能会造成出口堵塞

NBS 技术细节

一般建议

种植箱使用的材料及其饱和条件都取决于立面支撑结构的最大允许负荷量

每个种植箱都应内衬无纺布，因其可以延长水力停留时间，并作为隔热层防止夏季过热

进水类型

- 灰水

处理效率

- COD　15%~99%
- BOD_5　~42%
- TN　15%~95%
- NH_4-N　~19%
- TP　3%~61%
- TSS　15%~93%
- 指示菌　大肠杆菌≤2~3log_{10}

要　求

- 人均占地面积要求：1~2m^2
- 电力需求：抽水泵为灌溉系统必需设备
- 其他
  - 污水收集与分流基础设施
  - 种植箱高度大于 20cm

设计标准

- HLR：可达 0.1~0.5$m^3/m^2/d$
- OLR：COD 10~160$g/m^2/d$
- 轻质材料：花卉陶粒，珍珠岩，椰糠与沙子的混合物
- 颗粒尺寸：0~8mm（具体尺寸取决于流体状态）
- 水力传导率：~10^{-4}m/s
- 孔隙率：~0.4

原著参考文献

Masi, F., Bresciani, R., Rizzo, A., Edathoot, A., Patwardhan, N., Panse, D., Langergraber, G. (2016). Green walls for greywater treatment and recycling in dense urban areas: a case-study in Pune. *Journal of Water, Sanitation and Hygiene for Development*, **6**(2), 342–347.

Pradhan, S., Al-Ghamdi, S.G., Mackey, H. R. (2019). Greywater recycling in buildings using living walls and green roofs: A review of the applicability and challenges. *Science of The Total Environment*, **652**, 330–344.

Prodanovic, V., Hatt, B., McCarthy, D., Zhang, K., Deletic, A. (2017). Green walls for greywater reuse: understanding the role of media on pollutant removal. *Ecological Engineering*, **102**, 625–635.

NBS 技术细节

常规配置

- 立面采用垂直安装方式
- 种植箱内的水流可以是垂直的，也可以是水平的
- 水平流（HF）使用饱和或不饱和介质（连续进料为主）
- 垂直流（VF）系统采用分批进料方式
- 多级系统（VF+HF 或 HF+VF）

气候条件

- 理想的气候条件为温暖气候，但也适合寒冷气候（主要问题可能是冬季易结冰）

23.1

意大利玛丽娜迪拉古萨（Marina Di Ragusa）的生态墙

项目背景

在意大利玛丽娜迪拉古萨的玛格丽塔海滩（Margarita Beach）（见图23-2）建有一个节约医疗项目（Consumeless Med Project）的示范项目：一个用于灰水处理和水资源再利用的生态墙（LW，也称为绿化墙）（见图23-3）。该项目旨在通过净化灰水，对其实现回收再利用，如用于冲厕或灌溉等，从而实现环境和经济的可持续发展。这是通过利用植物和基质的净化能力去除杂质的生态墙，具有类似人工湿地的功能。这个生态墙的目标是每天节约大约350L的饮用水。玛格丽塔海滩生态墙结构示意图见图23-4。技术汇总表见表23-1。

NBS 类型

- 用于灰水处理的生态墙 (LW)

位　置

- 意大利玛丽娜迪拉古萨西西里岛

处理类型

- 采用生态墙的灰水处理

成　本

- 10 000 欧元（2018 年）

运行日期

- 2018 年 5 月至今

面　积

- 生态墙：$9m^2$ 的覆盖表面

作者

阿纳克莱托·里佐（Anacleto Rizzo）
里卡多·布雷西亚尼（Ricardo Bresciani）
法比奥·马西（Fabio Masi）
意大利佛罗伦萨维亚拉马尔莫拉路51号易迪拉公司
（IRIDRA Srl, via Alfonso La Mamora 51, Florence, Italy）
联系方式：rizzo@iridra.com

图23-2　玛格丽塔海滩（意大利玛丽娜迪拉古萨）（36° 46′ 54.98″ N，14° 33′ 31.06″ E）

图23-3　玛格丽塔海滩生态墙实拍图（意大利玛丽娜迪拉古萨）

图23-4　玛格丽塔海滩生态墙结构示意图

表 23-1　技术汇总表

来水类型	
灰水	
设计参数	
入流量（m^3/d）	0.35
人口当量（p.e.）	3（只考虑轻度污染的灰水，即不包括来自厨房的灰水）
面积（m^2）	每面生态墙体设计为 9
人口当量面积（$m^2/p.e.$）	每面墙 3
成本	
建设	10 000 欧元
运行（年度）	200 欧元

设计和建造

玛格丽塔海滩生态墙将淋浴产生的灰水先收集在一个小容器中以分离沙子，再通过泵水系统将水泵入生态墙，对水进行过滤和生物处理。生态墙由8个模块组成，每个模块均由固定在墙上的塑料方格构成；每个方格中，3个1m宽的容器为一组，用膨胀黏土轻骨料填充；带有水龙头的小管道可使每个方格中的水聚集起来，这样可使3个容器的水相互渗透；通过一根与容量1000L的塑料储水箱相连的塑料管，将处理后的水收集起来。

至此，得到的水可以重复使用，如灌溉和冲厕。

进水或处理类型

进水是玛格丽塔海滩当地居民淋浴产生的灰水，最大流量约为350L/d。

处理效率

玛格丽塔海滩生态墙是地中海节约医疗项目的示范项目，没有在此开展监测活动。经过处理的灰水在2018年夏季的旅游季成功重复使用，重点展示了以重复使用（灌溉和冲厕）为目的的水处理效率。

运行和维护

所有的运行和维护工作都由没有经过专业训练的人员完成，可分为定期维护和特殊维护。

定期维护工作的目的是保持项目设施有效运作。主要内容包括：

- 检查初步处理（分离沙子的容器）情况；
- 检查泵的情况；
- 查看是否有杂草、植物健康或虫害问题。

当设施被损坏时，必须进行特殊维护。

成本

基本建设费用约为10 000欧元，包括以下项目：

- 生态墙建造（面板、填充介质、植物）；
- 初步处理单元（分离沙子的容器）；
- 管道及给水系统；
- 盛放处理过的灰水的收集箱。

运营费用估计为每年200欧元，包括以下项目：

- 能耗（最低，仅用于泵送）；
- 特殊维护（更换植物）和检查。

维护工作由玛格丽塔海滩的业主和员工进行。

该工程由地中海节约医疗项目资助。该项目是欧洲区域发展基金联合资助的一个项目。

协同效益

生态效益

生态墙是城市环境中保护生物多样性的一个重要设计，其上可种植多种植物，例如，黄花鸢尾、千屈菜、灯芯草、苔草、沼泽荸荠、沼泽金盏花、毛黄连花。

社会效益

经过处理的灰水在2018年夏季成功重复使用，减少了水的消耗，每天回收的非常规水资源可达350L。处理过的灰水在室内可用于冲厕所，在室外可用于花园灌溉。

生态墙的植物产生的蒸腾作用可以减弱城市热岛效应，这对夏季的海滩度假胜地来说尤其重要。

生态墙还可以美化城市，增强海滩旅游区的绿色可持续形象。

权衡取舍

在全球范围内，用生态墙进行灰水处理和再利用的案例非常少（Masi et al.，2016），这也是玛格丽塔海滩生态墙设计偏保守的原因。

经验教训

问题与解决方案

城市地区缺乏实施传统NBS的空间。

生态墙使城市地区利用灰水处理和再利用NBS的目标得以实现。类似的NBS往往由于城市地区空间不足而难以使用，例如，湿地。

用户反馈或评价

玛格丽塔海滩的业主因生态墙的低成本和便于维护而十分赞赏，而且让他们感到欣慰的是生态墙改善了旅游区绿色可持续方面的形象。此外，业主在使用处理过的灰水时很放心，没有任何顾虑。

原著参考文献

Masi, F., Bresciani, R., Rizzo, A., Edathoot, A., Patwardhan, N., Panse, D., Langergraber, G. (2016). Green walls for greywater treatment and recycling in dense urban areas: a case-study in Pune. *Journal of Water Sanitation and Hygiene for Development,* **6**(2), 342–347.

23.2

污水处理垂直生态系统 vertECO®

项目背景

欧洲第七框架计划（FP7）——地中海流域水资源管理与可持续利用项目（demEAUmed）展示了8个类别的创新技术，vertECO®——污水处理垂直生态系统是其中之一。它由维也纳的阿尔凯米亚诺瓦有限责任公司（Alchemia-nova GMBH）设计、安装和测试，目的是在地中海和其他缺水地

作者

埃丝特·门多萨（Esther Mendoza）

詹路易吉·布蒂格里尔（Gianluigi Buttiglier）

西班牙赫罗纳加泰罗尼亚水研究所

（ICRA-Catalan Institute for Water Research, Girona-Spain）

华金·科马斯（Joaquim Comas）

西班牙赫罗纳加泰罗尼亚水研究所吉罗纳大学环境研究所

（ICRA-Catalan Institute for Water Research, Girona-Spain, LEQUIA, Institute of the Environment, University of Girona, Girona-Spain）

海因茨·加特林格（Heinz Gattringer）

迈克尔·埃斯特利希（Miquel Esterlich）

蓝色灯芯草植物技术公司

（Blue Carex Phytotechnologies）

联系方式：埃丝特·门多萨，emendoza@icra.cat

NBS 类型

- 用于灰水处理的生态墙 (LW)

气候和地区

- 地中海地区的半干旱地区和暂时性缺水地区

处理类型

- 灰水处理采用室内或室外共 4 个级联阶段的垂直装置，可结合地下水平流人工湿地（HFTW）使用

成　本

- 具体成本取决于尺寸和材料
- 每天每立方米污水处理约为 9500 美元

运行日期

- 2015 年至今

面　积

- 模块化和可量化的 $4m^2$ 墙体每天可处理 $1m^3$ 污水

区的旅游设施中实施分散性灰水处理和再利用。

vertECO®采用4个级联阶段的垂直装置，结合地下水平流人工湿地处理系统（HFTW），把灰水作为生活用水（冲厕所、灌溉或清理设施）重复使用。欧洲很多地方试点推行vertECO®，包括西班牙赫罗纳市洛雷特德马尔（Lloret de Mar）的桑巴酒店（Hotel Samba），上奥地利州（Upper Austria）的一个展示建筑，以及奥地利维也纳的两个地方。维也纳昆斯特艺术之家的生态墙见图23-5，vertECO®结构示意图见图23-6。

技术汇总表见表23-2。

图23-5　维也纳昆斯特艺术之家（Kunst Haus）的生态墙
（又称百特瓦瑟博物馆，Hurdertwasser Museum）

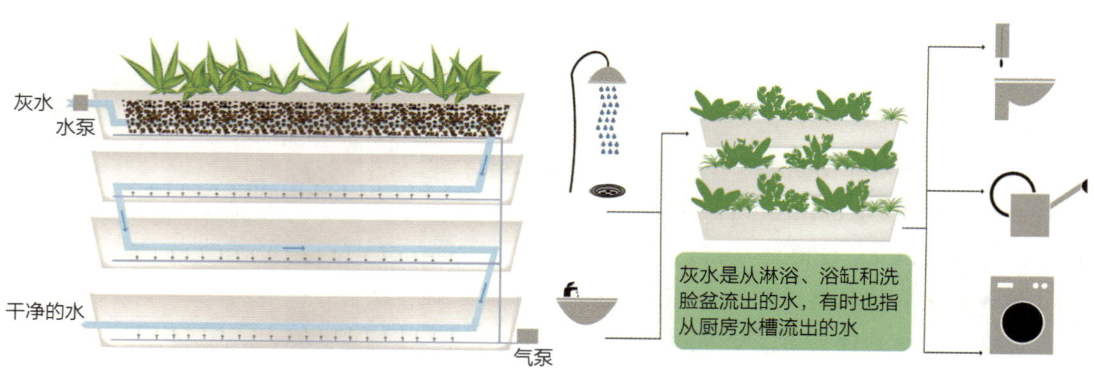

图23-6　vertECO®结构示意图

表 23-2　技术汇总表

来水类型	
灰水、黄水、污水	
设计参数	
入流量（m^3/d）	2
人口当量（p.e.）	30
面积（m^2）	8
人口当量面积（m^2/p.e.）	0.27~4
入水参数	
BOD_5（mg/L）	0~100
COD（mg/L）	0~210
TSS（mg/L）	0~68
出水参数	
BOD_5（mg/L）	0~4
COD（mg/L）	0~12
TSS（mg/L）	0~0.3
成本参数	
建设	16 000~38 000 美元
运行（年度）	约 200 美元（使用自然光）

设计和建造

vertECO®技术通过垂直搭建的植物湿地处理污水或灰水。vertECO®是一个模块化系统，可根据客户的需求进行规划并调整大小，预制和培养时间为3~4个月。vertECO®由1个污水储存箱和1个确保有恒定水通过系统的水泵组成。处理过的水可以在进一步使用前储存在水箱中，或直接排放到水体或绿色区域。

污水从顶部泵入系统。当污水蜿蜒流过曝气花盆（花盆内是水平流，花盆间是垂直流）时，一些成分或被微生物降解或被植物吸收，可有效地去除污水中的污染物，例如，可去除90%以上的BOD_5、COD、TSS和浊度（Zraunig et al.，2019）。

vertECO®污水处理技术的基本原理是以特定顺序利用微生物活性、曝气和某些植物来净化被污染的水，从而重复使用处理过的水（US EPA，1999）。通过采用垂直设置和在间隔部分通气来提高代谢率，从而优化空间的使用率。vertECO®可安装在室外，也可安装在室内，具有将生态系统服务和绿色美学融入建筑的能力，可实现多重效益。

该技术受到专利保护，专利号为AT516363——用于污水和工业污水净化的渐进式垂直人工湿地。

进水或处理水类型

vertECO®的进水类型为淋浴、水槽、洗衣机和小便池产生的灰水。目前正在评估无固体污水。该技术可以与膜生物反应器等其他技术结合使用，进而有效地进行二级处理。

处理效率

该技术符合欧盟城市污水处理指令91/271/EC关于再利用的要求，欧盟法规2020/741关于污水再利用的最低要求，以及西班牙关于污水再利用的法规RD1620/2007（Gattringer et al.，2016）。这些立法中的水包括用于花园或农作物灌溉、冲厕所、观赏水体和街道清洁的再利用水。此外，该技术可使一系列有机微污染物被降解（见表23-3）（Zraunig et al.，2019）。

表 23-3　vertECO® 的处理效率

参数	根据 91/271/EC 制定的标准	流入水质	经过 vertECO® 处理的水质	降低 (%)
COD（mg/L）	125	209	17	92
BOD_5（mg/L）	25	96	4	96
总有机碳（TOC）（mg/L）	n.a.	51	6	88
大肠杆菌（菌落形成单位，CFU/100mL）	0	1.10×10^6	无可追踪菌落	大于 99
阴离子表面活性剂（mg/L）	n.a.	57	0.3	99
浊度（NTU）	2	68	0.3	99

运行和维护

正常的运行和维护工作内容为维护植物、泵或压缩机，偶尔还应清洗管道。

成本

一个处理量为1.5m^3/d的污水处理系统安装费用为16 000~38 000美元（具体费用取决于传感器的类型），运行费用约为每年200美元（在使用自然光条件下）。

协同效益

生态效益

vertECO®可用很少的能量处理污水（1.5kW · h/m^{3}处理水），因为其运行基础是太阳能的光合作用。如果处理过的水重复利用于建筑业，那么vertECO®可以减少50%以上的建筑用水量。

社会效益

除了处理污水和减少消耗，vertECO®还具有生态墙的所有优点：改善空气质量；平衡自然湿度；减少热量和空调使用次数；减弱噪声；增加生物多样性；减轻生活压力；具有景观价值等（Alexandri et al.，2008；Djedjig et al.，2017）。此外，当其大规模安装或与其他方案结合使用时，可以减少城市热岛效应，使得当地气候更凉爽。

权衡取舍

vertECO®的尺寸可根据需求进行调整。如果优化微气候的需求是首位，则vertECO®可被设计为一定尺寸以尽可能多蒸发水分；如果获取服务水的需求是首位，则尽可能处理更多的水以供重复利用；在某些情况下，如果处理水量的需求是首位，则可能会受到占地面积的限制。

经验教训

问题和解决方案

由于植物和微生物都是有生命的有机体，因此vertECO®系统是动态的，以自我适应的方式应对每一个变化。该解决方案为大量活体根系提供了充足的空间，可为多种方式的进水做好准备。

用户反馈或评价

当地中海水资源管理与可持续利用项目结束时，项目中的其他技术设施均被拆除，只有vertECO®设施仍被保留在酒店内。酒店客人和员工都很喜爱这面生态墙，它不仅通过可持续的水处理技术实现了水质净化功能，还在景观方面营造出一个令人舒适的环境。

原著参考文献

Alexandri, E., Jones, P. (2008). Temperature decreases in an urban canyon due to green walls and green roofs in diverse climates. *Building and Environment*, **43**(4), 480–493.

Djedjig, R., Belarbi, R., Bozonnet, E. (2017). Experimental study of green walls impacts on buildings in summer and winter under an oceanic climate. *Energy and Buildings*, **150**, 403–411.

Gattringer, H., Claret, A., Radtke, M., Kisser, J., Zraunig, A., Rodriguez-Roda, I., Buttiglieri, G. (2016). Novel vertical ecosystem for sustainable water treatment and reuse in tourist resorts. *International Journal of Sustainable Development and Planning*, **11**(3), 263–274.

US EPA (1999). Constructed Wetlands Treatment of Municipal Wastewaters.

Zraunig, A., Estelrich, M., Gattringer, H., Kisser, J., Langergraber, G., Radtke, M., Rodriguez-Roda I., Buttiglieri, G. (2019). Long term decentralized greywater treatment for water reuse purposes in a tourist facility by vertical ecosystem. *Ecological Engineering*, **138**, 138–147.

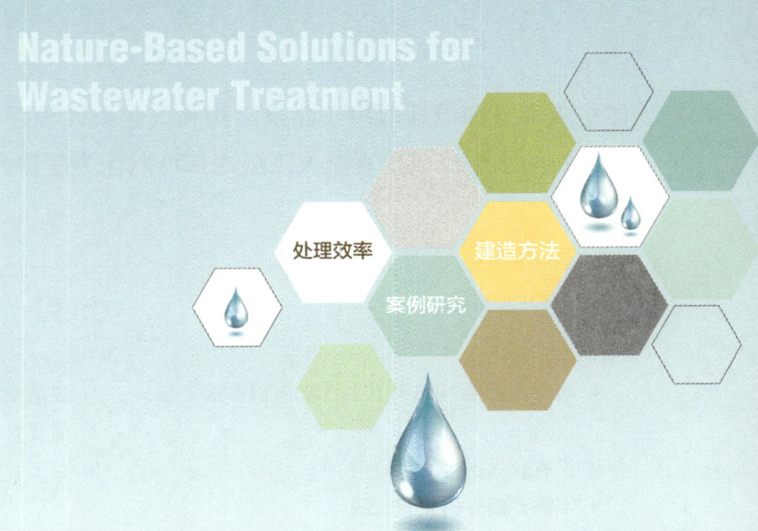

第 24 章 屋顶人工湿地

作　者　马里贝尔·萨帕特-佩雷拉（Maribel Zapater-Pereyra）
独立研究员
德国慕尼黑市戈特弗里德-凯勒大街25号
（Gottfried-Keller-Straße 25, 81245 Munich, Germany）
联系方式：maribel_zapater@hotmail.com

概　述

屋顶人工湿地又称为绿化屋顶（见图24-1），是一种将人工湿地和绿化屋顶的特点和优势结合起来的污水处理技术。第一个众所周知的案例是在荷兰，屋顶人工湿地利用建筑物屋顶上的设施处理生活污水并用于冲厕。该绿化屋顶的床体深度为9cm，由沙子、膨胀黏土轻骨料和聚乳酸珠粒组成，使用的是嵌入式加固板，顶部铺有草皮垫。其他床

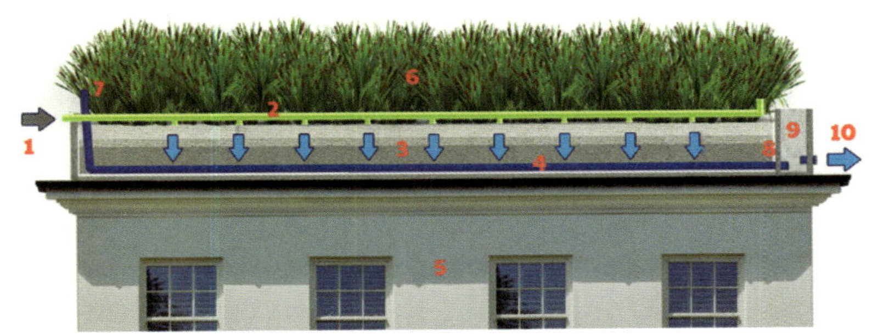

图24-1　屋顶人工湿地示意图

1—进水口；2—加水系统；3—多层大小不同的多孔介质层；4—排水系统；5—建筑体；6—植物；7—通风管；8—防水层；9—常规检查井；10—出水口

体组成部分和设计取决于建筑结构和气候条件等因素。一般情况下，填充选定粒度的轻质材料的水平流或垂直流人工湿地都可以作为屋顶人工湿地来使用。

优点	缺点
• 与许多其他 NBS 相比，土地面积需求较低（0m²/p.e.） • 没有蚊虫滋生的风险 • 不需要额外的表面区域 • 在微观层面（建筑物）具有再利用潜力（冲厕、灌溉等） • 建筑隔绝（减热降噪）	• 建造成本高 • 需要具有高承载力的建筑 • 对天气变化敏感

协同效益

高	生物多样性（植物）	温度调节	景观价值	授粉	水资源再利用
中	生物多样性（动物）	缓解暴雨峰值影响	碳汇		
低	生物质产出	娱乐	基质来源		

与其他NBS的兼容性

根据不同的水处理目标，屋顶人工湿地可以与各种不同的NBS技术结合使用。

案例研究

- 荷兰蒂尔堡的屋顶人工湿地。

运行和维护

定期维护

- 日常维护：自动化割草（例如，在屋顶放置一台电动割草机）
- 每年一次：检查技术设备及元件（配电板、泵、压力管道、阀门等）

特殊维护

- 如果使用的是化粪池，则应每隔几年排空一次（间隔时间根据初级处理规模和污水质量确定）

NBS 技术细节

进水类型

- 一级处理过的污水
- 灰水

处理效率

- COD ~80%
- BOD_5 ＞90%
- TN 70%~90%
- NH_4- N 86%
- TP 80%~97%
- TSS 85%~90%

要　求

- 屋顶密封
  - 选择可以承受屋顶人工湿地结构的坚固建筑
- 使用面积要求
  - 土地面积需求为 $0m^2$/p.e., 屋顶面积需求约为 $170m^2$/p.e.
- 电力需求：水泵和配电盘，当有足够的污水可以输送到屋顶人工湿地时，配电盘会自动启动水泵。电费也应该考虑在内

设计标准

有机物负荷率（$kg/hm^2/d$）：

- COD：12~60
- TN：5~39
- TP：0.6~2

常规配置

- 屋顶人工湿地＋生态墙

原著参考文献

Avery, L. M., Frazer-Williams, R. A. D., Winward, G., Pidou, M., Memon, F. A., Liu, S., Shirley-Smith, C., Jeff-erson, B. (2006). The role of constructed wetlands in urban grey water recycling. In: Proceedings of the 10th International Conference on Wetland Systems for Water Pollution Control, Lisbon, Portugal, 23–29 September 2006, Vol. I, pp. 423–434.

Frazer-Williams, R., Avery L., Winward, G., Shirley-Smith, C., Jeff erson, B. (2006). The Green Roof Water Recycling System - a novel constructed wetland for urban grey water recycling. In: Proceedings of the 10th International Conference on Wetland Systems for Water Pollution Control, Lisbon, Portugal, 23–29 September 2006, Vol. I, pp. 411–421.

Ramprasad, C., Smith, C. S., Memon, F. A., Philip, L. (2017). Removal of chemical and microbial contaminants from greywater using a novel constructed wetland: GROW. *Ecological Engineering*, **106**, 55–65.

Thon, A., Kircher, W., Thon, I. (2010). Constructed wetlands on roofs as a module of sanitary environmental engineering to improve urban climate and benefit of the on site thermal effects. *Miestų želdynų formavimas*, **1**, 191–196.

原著参考文献

Transfer, The Steinbeis Magazine. (2010). The magazine for Steinbeis Network employees and customers. Issue 2, p. 8.

Vo, T. D. H., Bui, X. T., Lin, C., Nguyen, V. T., Hoang, T. K. D., Nguyen, H. H., Nguyen, P. D., Ngo, H. H., Guo, W. (2019). A mini-review on shallow-bed constructed wetlands: a promising innovative green roof. *Current Opinion in Environmental Science & Health*, **12**, 38–47.

Vo, T. D. H., Bui, X. T., Nguyen, D. D., Nguyen, V. T., Ngo, H. H., Guo, W., Nguyen, P. D., Lin, C. (2018). Wastewater treatment and biomass growth of eight plants for shallow bed wetland roofs. *Bioresource Technology*, **247**, 992–998.

Vo, T. D. H., Do, T. B. N., Bui, X. T., Nguyen, V.T., Nguyen, D. D., Sthiannopkao, S., Lin, C. (2017).Improvement of septic tank effl uent and green coverage by shallow bed wetland roof system. *International Biodeterioration & Biodegradation*, **124**, 138–145.

Winward, G. P., Avery, L. M., Frazer-Williams, R.,Pidou, M., Jeff rey, P., Stephenson, T., Jeff erson, B. (2008). A study of the microbial quality of grey water and an evaluation of treatment technologies for reuse. *Ecological Engineering*, **32**, 187–197.

Zapater-Pereyra, M. (2015). Design and Development of Two Novel Constructed Wetlands: The Duplex- Constructed Wetland and the Constructed Wetroof. CRC Press/Balkema.

Zapater-Pereyra, M., van Dien, F., van Bruggen, J. J. A., Lens, P. N. L. (2013). Material selection for a constructed wetroof receiving pre-treated high strength domestic wastewater. *Water Science & Technology*, **68**(10), 2264–2270.

Zapater-Pereyra, M., Lavrnić, S., van Dien, F., van Bruggen, J. J. A., Lens, P. N. L. (2016). Constructed wetroofs: a novel approach for the treatment and reuse of domestic wastewater. *Ecological Engineering*, **94**, 545–554.

Zehnsdorf, A., Willebrand, K. C., Trabitzsch, R., Knechtel, S., Blumberg, M., Müller, R. A. (2019). Wetland roofs as an attractive option for decentralized water management and air conditioning enhancement in growing cities—a review. *Water*, **11**(9), 1845.

NBS 技术细节

气候条件

- 理想条件为温暖气候，而且有可能成为零排放系统
- 不建议在极端多雨气候区使用，因其会影响水力停留时间
- 目前还没有关于屋顶人工湿地在床温（小于2℃）较低时的表现的研究。基于现有知识，建议在低温时关闭该系统，并将污水转移至该地区其他污水处理系统或下水道系统

荷兰蒂尔堡的屋顶人工湿地

项目背景

城市中的绿地和自然卫生系统似乎总是与城市化和日益增长的城市密度相矛盾。城市正变得越来越“灰”（混凝土），这加剧了城市热岛效应，减少了绿地可以提供的生态系统服务，例如，水排入土壤起到的调节径流的作用，增加氧气水平，对居民生活质量产生积极影响，增加生物多样性等。

绿色屋顶和人工湿地的结合被称为屋顶人工湿地（CWR）。荷兰蒂尔堡的一座办公楼顶就建有这样的湿地，目的是对污水进行再利用，用于冲厕，这样可以在不占用地面空间的情况下提供一个可以处理当地生活污水的绿色空间。屋顶人工湿地侧视图与办公楼示意图见图24-2。

设计和施工

这个屋顶人工湿地（CWR）于2012年4月在荷兰蒂尔堡附近的一座办公楼的屋顶上建成，成

NBS 类型
- 屋顶人工湿地（CWR）

气候及地区
- 气候温和的荷兰蒂尔堡

处理类型
- 用屋顶人工湿地进行二级处理

成　本
- 建造：54 300 美元
- 屋顶密封：24 600 美元

运行日期
- 2012 年 5 月至今

面　积
- 屋顶人工湿地面积：306m^2
- 屋顶：170m^2/p.e
- 地面：0m^2/p.e

作者

马里贝尔·萨帕特-佩雷拉（Maribel Zapater-Pereyra）
独立研究员
德国慕尼黑市戈特弗里德-凯勒大街25号
（Gottfried-Keller-Straße 25, 81245 Munich, Germany）
联系方式：maribel_zapater@hotmail.com

图24-2　屋顶人工湿地侧视图与办公楼示意图

功运行至今。经过一些初步实验（Zapater-Pereyra et al.，2013）发现，屋顶人工湿地的最佳滤床层为两种沙子、膨胀黏土轻骨料和聚乳酸珠粒组成的混合物，并且嵌入加固板，顶部铺草皮垫。按该建筑的承重能力（100kg/m^2）计算，屋顶人工湿地的滤床深度只能为9cm。

屋顶人工湿地（见图24-3）的总面积为306m^2，分为4个床体（每个为76.5m^2），坡度为14.3°，长度为3m，滞留时间约为3.8d。

污水首先在化粪池中进行处理，然后通过配电盘泵送至屋顶人工湿地，之后配电盘根据污水产量的不同，在污水量足够时自动启动，4个床体一个接一个地接收污水。技术汇总表见表24-1。

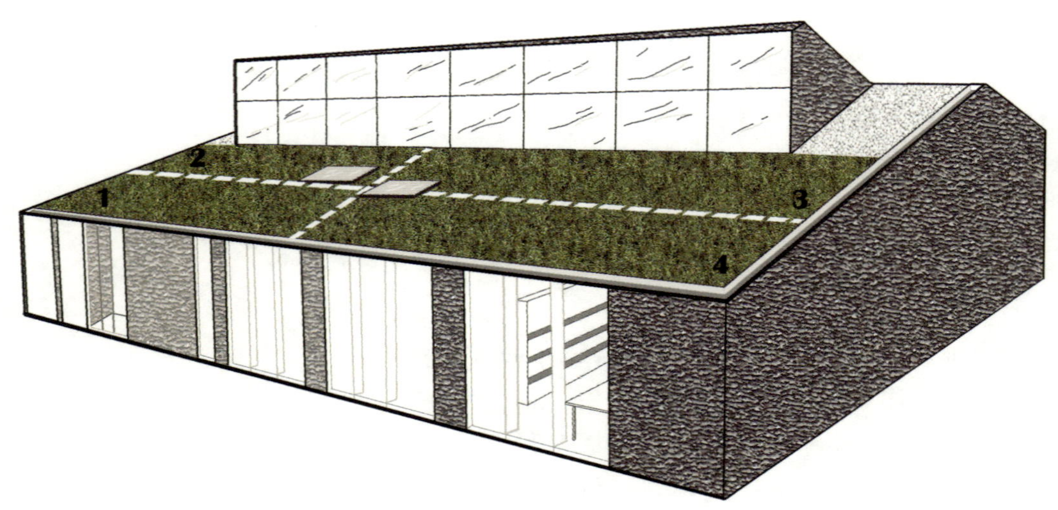

图24-3　建在办公楼顶的屋顶人工湿地示意图

表 24-1 技术汇总表

来水类型	
生活污水	
设计参数	
入流量 (m^3/d)	1.2
人口当量 (p.e.)	1.8
面积 (m^2)	306
人口当量面积 (m^2/p.e.)	170
进水参数	
BOD_5 (mg/L)	217
COD (mg/L)	754
TSS (mg/L)	190
出水参数	
BOD_5 (mg/L)	
COD (mg/L)	132
TSS (mg/L)	17
成本	
建造（地下＋屋顶安装）	54 300 美元
运行（年度）	750~1500 美元

进水或处理水类型

进水是办公楼的生活污水，包括来自浴室和厨房的污水（5个厕所、2个小便池、5个洗手池、1个厨房水槽和1个洗碗槽）。

处理效率

去除率：

BOD_5	96.6%
COD	82.5%
TSS	91.3%
TN	92.6%
TP	97.2%

运行和维护

运行和维护工作包括以下内容：

- 每年进行一次技术维护，包括检查泵的性能、配电盘的运行情况、压力管道、阀门、电动割草机和化粪池，并对泵水池进行局部清洗；
- 每4~6年将化粪池完全排空一次。

成本

设计和开发成本：15 000欧元。这是一次性费用，屋顶人工湿地是一种从未尝试过的新系统，需要全新设计并进行实验。

土地费用：不需要购买土地，因其建在现有建筑物的屋顶上。

屋顶密封费用：22 000欧元。

建造费用：48 500欧元。

运营和维护费用：每年750~1500美元。

协同效益

生态效益

屋顶人工湿地将一个惰性区域(屋顶)转变为生态系统，由此增加了生物多样性，并且成为一个适合动物活动的区域。

社会效益

屋顶人工湿地可平衡建筑物的温度，减少空调的使用，减弱周围的热岛效应。它还可促进水资源的再利用，有利于环境，减少与灌溉绿地相关的费用，并且有助于雨水缓慢释放到排水系统（取决于下雨的强度），从而在下雨期间减轻污水处理的负担。屋顶的绿色植物可提升建筑物和城市的美观度，提高市民的生活质量和幸福感。

权衡取舍

建筑物的承重能力使得屋顶人工湿地的植物滤床深度必须很浅（9cm），这就导致设计比较复杂，并影响到水力特性和整个系统的性能。然而，到目前为止，流出水质并没有恶化，建筑物内的污水量也没有过载。

经验教训

问题与解决方案

（1）设计方面的问题。

建筑物的承重能力是主要问题。该建筑物只能承载100kg/m^{2}的重量，这意味着污水处理设施的重量必须非常轻。传统的基础建筑材料，如沙子和砾石都很重，用其作为屋顶人工湿地滤床层时，其深度不合适。此外，屋顶有14.3°的坡度，如果基质孔径较大，那么污水在其中流动时速度过快。将轻质膨胀黏土骨料和聚乳酸珠粒（为了在几乎不增加重量的情况下大幅增加体积）与沙子混合，并在顶部铺上草皮垫（有机土壤加草）可以解决这些问题。

（2）运行期间的问题。

屋顶人工湿地每个滤床的长度为3m，深度为9cm。在炎热的天气，滤床的中间部分非常干燥（从植物干燥程度可直观看出），这会影响美观。作为预防措施，当夏季出现连续高温不降雨时，可用洒水器将滤床体润湿。污水随着屋顶人工湿地的长度蒸发，变为一个零排放人工湿地，处理效率不受影响（因为没有污水流出）。

在雨天，水流速度比平时快，会影响水力停留时间。然而，雨水具有稀释作用，屋顶人工湿地的污水处理效率并未受到影响。

用户反馈或评价

屋顶人工湿地系统已持续运行7年，无用户投诉，因为他们了解其环境益处，对这个系统很满意。

系统开始运行后，用户惊讶地发现冲厕水的颜色有时呈棕色。经过与他们沟通，向他们解释这可能是屋顶人工湿地处理后出水的颜色，之后再没有接到任何投诉。这一点在雨季更不是问题，因为水的颜色会被冲淡。

原著参考文献

Zapater-Pereyra M. (2015). Design and Development of Two Novel Constructed Wetlands: the Duplex-Constructed Wetland and the Constructed Wetroof. Doctoral dissertation, CRC Press/Balkema.

Zapater-Pereyra M., Dien van F., Bruggen van J.J.A., Lens P.N.L. (2013). Material selection for a constructed wetroof receiving pre-treated high strength domestic wastewater, *Water Science and Technology*, **68**(10), 2264–2270.

Zapater-Pereyra M., Lavrnić S., Dien van F., Bruggen van J. J. A., Lens P. N. L. (2016). Constructed wetroofs: a novel approach for the treatment and reuse of domestic wastewater, *Ecological Engineering*, **94**, 545–554.

第 25 章 水培系统

作　者　达尔亚·伊斯坦尼克（Darja Istenič）
斯洛文尼亚卢布尔雅那1000健康路5号卢布尔雅那大学健康科学院
（University of Ljubljana, Faculty of Health Sciences, Zdravstvena pot 5, 1000 Ljubljana, Slovenia）
联系方式：darja.istenic@zf.uni-lj.si

概　述

水培系统（见图25-1）培育植物时不需要土壤。灌溉用水通常含有植物生长所需的营养物质，其浓度可以根据植物在特定生长阶段的需要而调整。根据植物的物理支撑方式，水培法主要有3种类型：①植物生长在培养基层的基质上；②在营养液膜技术中，植物根系生长在有细流的宽管道中；③在深水培或浮筏系统中，植物漂浮在水箱的筏子里。水培法可使用相当少的水培育出与土壤种植等量的作物，因为它由表面蒸发造成的损失最小，不会有水渗漏到下层土，也不会产生径流和杂草。

图25-1　水培系统结构示意图

1—植物；2—照明灯；3—营养液；4—加热器；5—蓄水槽；6—曝气石

优点	缺点
● 无蚊虫滋生的风险 ● 是可持续的植物生产形式 ● 与传统的土壤耕作相比，可节约 90% 的用水量 ● 可控制有机病虫害 ● 可生产本地食物 ● 可减少碳足迹（生产的蔬菜具有零食物运输里程的特点，无须储存，新鲜度高）	● 设计时需要考虑特殊情况和专业知识 ● 需要使用精密技术组件，这在常规被动水处理系统（Passive Treatment Water System）中是不需要的（指利用自然过程，而非依赖机械的水处理系统） ● 如果生产目标是高质量的农产品，那么运营和维护成本很高 ● 需要大量知识和经验（技术、植物生产和病虫害综合治理） ● 需要掌握精确的营养液浓度，这样才能生产出优质的农产品 ● 维护需求高 ● 发生植物病虫害时，有遭受重大经济损失的风险

协同效益

高	基质来源	水资源再利用
中	碳汇	污泥产量
低	景观价值	

额外说明

其他类型的协同效益包括：

- 若利用水培系统收集雨水，则可以起到防洪减灾的作用；
- 创收；
- 营养物再利用；
- 若其运行和设计进行相应调整，则会带来多重社会效益。

与其他NBS的兼容性

水培系统可以利用水产养殖（鱼类生产）建立鱼菜共生系统。从各类人工湿地流出的水可以为水培系统供水，但是，若想达到最佳的植物生长状态则可能需要补充特定的营养物质，并且可能需要对流入的水进行杀菌消毒处理。

运行和维护

维护等级取决于作物类型、介质类型、水流类型和系统规模。

每日维护

- 检查植物
- 利用 7d × 24h 全天候监控系统监控现场（短信报警，随叫随到）
- 综合治理病虫害
- 连续监测水质

每周维护

- 技术检查
- 调整营养液
- 清理装置（泵和技术装置）

每月维护

- 清洗部件
- 更换植物

每年维护

- 清理系统（管道）

特殊维护：故障排除

- 检查水泵、曝气装置、氧气量、堵塞情况、水流等

NBS 技术细节

进水类型

通常，水培系统用水需要在饮用水的基础上添加营养物质，而其他水源可根据所种作物种类加以利用：

- 雨水
- 二级或三级处理后的污水
- （处理后）灰水
- 经过河流稀释的污水

处理效率

● COD	~50%
● TN	~66%
● NH_4- N	~50%
● TP	~30%
● TSS	~84%

要　求

- 净面积要求：
  - 根据设计，水培系统可以是用鱼缸自制的小型规模，也可以是用于生产的大型规模
- 电耗：可通过重力作用运行，否则需要使用水泵

设计标准

- 取决于需要产出多少植物，以及可利用的土地和资源

气候条件

- 温带气候：季节性运营或采用密闭温室；
- 热带气候：可实现全年运作；
- 任何气候：密闭温室内可提供植物照明的条件下（即植物工厂）

原著参考文献

Junge, R., Antenen, N., Villarroel, M., Griessler Bulc, T., Ovca, A., Milliken, S. (editors) (2020). Aquaponics Textbook for Higher Education. Zenodo.

Nature-Based Solutions for Wastewater Treatment

处理效率 建造方法 案例研究

第 26 章 鱼菜共生系统

作　者　兰卡·庄格（Ranka Junge）

瑞士瓦登斯维尔市格林塔尔街14号8820苏黎世应用科技大学（ZHAW）自然资源科学研究所

[Institute of Natural Resource Sciences, Zurich University of Applied Sciences (ZHAW), Grüentalstrasse 14, 8820 Wädenswil, Switzerland]

联系方式：jura@zhaw.ch

概　述

鱼菜共生系统是一种将水产养殖系统与水培系统（即植物无土栽培）结合的系统。养鱼过程中产生的营养丰富的污水可用来培育植物，为植物生长提供养分。营养物质主要以鱼饲料的形式进入鱼菜共生系统，被鱼类吸收和代谢。硝化后的水到达水培系统，植物将可利用的成分吸收，随后处理过的水再流回水产养殖系统。在此期间，可以根据具体的生产目标增加不同的处理阶段。鱼菜共生系统（见图26-1）展示了一个填料滤床复合养耕共生系统，植物生长在填充膨胀黏土的容器里。在这个系统中，生物过滤器是介质滤床，即膨胀黏土沙砾中含有的细菌可以将鱼排出的氨转化为植物可利用的硝酸盐。相比之下，营养液膜技术系统则需要在系统中安装一个生物过滤器。为使该人工生态系统正常运转，需要确定鱼和植物的健康状况，以及二者之间的比例。

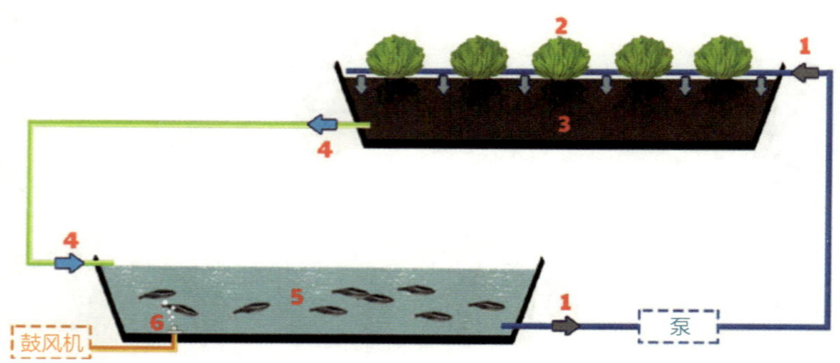

图26-1　鱼菜共生系统结构示意图

1—污水；2—食用或观赏植物；3—填充介质；4—净化水；5—水产养殖槽；6—氧气

优点	缺点
● 无蚊虫滋生的风险 ● 是最具可持续特点的食物生产形式 ● 是一种基于自然的近乎封闭的营养循环过程 ● 无添加剂和抗生素的具有环保作用的鱼类生产 ● 与传统的土壤耕作相比，可节约90%的用水量 ● 养鱼产生的污水（潜在富营养化）可循环利用 ● 防控病虫害 ● 可生产本地食物 ● 可减少碳足迹（生产的蔬菜具有零食物运输里程的特点，无须储存，新鲜度高）	● 设计时需要考虑特殊情况和专业知识 ● 需要使用精密技术组件，这在常规被动水处理系统中是不需要的 ● 如果生产目标是高质量的农产品，那么运营和维护成本很高 ● 需要大量知识和经验（技术、鱼类生产与健康、植物生产和病虫害综合治理） ● 需要补充特定的营养以实现高效生产，有效吸收污水中的营养物质 ● 维护需求高 ● 发生鱼类或植物病虫害时，有遭受重大经济损失的风险

协同效益

高	基质来源	水资源再利用
中	碳汇	污泥产量
低	景观价值	

不同的鱼菜共生系统

鱼菜共生系统可分为大型、小型系统，封闭、半封闭和开放系统，以及低技术和高技术系统。鱼菜共生系统可兼容不同设计的预处理方法和人工湿地，后者会产生适合用于作物施肥的水，尤其当可用面积充足时，可以对沼气设施产生的污水进行预处理，将其用于鱼塘施肥，然后再用于鱼菜共生系统。

额外说明

其他协同效益为：

- 若利用鱼菜共生系统收集雨水，则可以防洪减灾；
- 创收；
- 营养物再利用；
- 若其运行和设计进行相应调整，则会带来多重社会效益。

案例研究

其他：

- 瑞士巴塞尔城市农民鱼菜共生屋顶农场项目（Graber et al.，2014）；
- 英国萨默塞特郡水族生物项目。

运行和维护

每日维护

- 监测鱼类和植物
- 利用 7d × 24h 全天候监控系统监控现场（短信报警，随叫随到）
- 为鱼类喂食
- 综合治理病虫害
- 连续监测水质

每周维护

- 技术检查
- 清理装置（泵、沉淀物和技术装置）

每月维护

- 清洗部件
- 更换植物

每年维护

- 清理系统（管道）

特殊维护：故障排除

- 检查水泵、曝气装置、氧气量、堵塞情况、水流等
- 一旦出现故障，必须立即采取行动，以降低伤害鱼类的风险

NBS 技术细节

进水类型

除饮用水外，还可以利用其他水源

- 雨水
- 二级或三级处理后的污水
- （处理后）灰水
- 经过河流稀释的污水

处理效率

- COD > 73%
- TN 62%~90%
- NH_4-N ~34%
- TP 60%~90%
- TSS > 90%

要　求

- 净面积要求：根据设计，此系统可以是用鱼缸自制的小型规模（500L），也可以是用于生产的大型规模（100m³）
- 保养时间视生产作物和养殖鱼的种类而定；维护时间取决于介质类型、水流类型和系统规模
- 电耗：可通过重力作用运行，否则需要使用水泵

设计标准

- 取决于需要产出多少鱼类和植物，以及可利用的土地和资源

常规配置

- 有多种选择（Maucieri et al.，2018；Palm et al.，2018）

气候条件

- 温带气候：季节性运营或采用密闭温室
- 热带气候：可实现全年运作
- 任何气候：密闭温室内可提供植物照明的条件下（即植物工厂）

原著参考文献

Gartmann, F., Schmautz Z., Junge, R., Bulc, T.G., (2019). Aquaponics. Fact sheet.

Graber, A., Junge, R. (2009). Aquaponic systems: nutrient recycling from fish wastewater by vegetable production. *Desalination*, **246**, 147–156.

原著参考文献

Kloas, W. (2015). A new concept for aquaponic systems to improve sustainability, systems to improve sustainability, increase productivity, and reduce environmental impacts.

Maucieri, C., Forchino, A. A., Nicoletto, C., Junge, R., Pastres, R., Sambo, P., & Borin, M. (2018). Life cycle assessment of a micro aquaponic system for educational purposes built using recovered material. *Journal of Cleaner Production*, **172**, 3119–3127.

Palm, H. W., Knaus, U., Appelbaum, S., Goddek, S., Strauch, S. M., Vermeulen, T., Jijakli, M. H., Kotzen, B. (2018). Towards commercial aquaponics: a review of systems, designs, scales and nomenclature. *Aquaculture International*, **26**(3), 813–842.

Trang, N. T. D., Brix, H. (2014). Use of planted biofilters in integrated recirculating aquaculture-hydroponics systems in the Mekong Delta, Vietnam. *Aquaculture Research*, **45**(3), 460–469.

NBS 技术细节

其他信息

环境足迹等[①]（Kloas，2015）

- 碳排放约 1.3kg/kg 生物量
- 需水量 600~1500L/kg 生物量
- 饲料消耗：每千克鱼约 1kg 饲料

① 原著中，Footprint 是可持续发展领域的用词，指某些组织（个人）产品对环境的影响，包括碳排放、水消耗、能源使用量。

Nature-Based Solutions for Wastewater Treatment

处理效率 建造方法 案例研究

第 27 章 河流修复

作　者　凯瑟琳·克罗斯（Katharine Cross）
英国伦敦 E14 2BE 科洛弗斯新月 2 号出口建筑一层国际水协会
（International Water Association, Export Building, First Floor, 2 Clove Crescent, London, E14 2BE, UK）
联系方式：katharine.cross@iwahq.org

劳拉·卡斯塔纳雷斯（Laura Castañares）
西班牙赫罗纳市 17003 艾米利格拉希特街 101 号加泰罗尼亚水研究所 H_2O 大楼
（Institut Català de Recerca de l'Aigua (ICRA), Edifici H_2O, Carrer Emili Grahit, 101, 17003 Girona, Spain）
联系方式：lcastanares@icra.cat

概　述

河流修复（见图 27-1）一般指通过使河流两岸回归到更自然的状态，以及恢复河流随着时间推移而失去或受损的自然功能的方法。河流修复通常涉及多种不同的方法，例如，稳定河道和侵蚀岸，清除混凝土管道，填充深切河道以抬高河床，清除遗留沉积物，在河流沿线缓冲区种植乔木和灌木，重新接通河流的天然漫滩和河道。

由于养分失去的幅度和范围存在不确定因素，因此河流修复还应在流域管理策略的基础上进行补充，以减少河流中的氮源和磷源，例如，源头控制，改良农业方法，建设用于雨水管理的绿色基础设施。

图 27-1　河流修复示意图

1—进水口；2—未修复水体；3—修复后水体；4—出水口

优点	缺点
● 低能耗（通过重力作用供给） ● 可以稳定抵抗污染负荷的波动 ● 通过稳定河岸减少泥沙负荷 ● 通过增强水体的透光减少附着在沉淀物上的磷，并减少细菌 ● 重新连接断开的漫滩，并起到防洪作用 ● 通过利用河流结构和改变河流地貌重建裂谷池序列，从而提高水体溶氧量	● 该项技术还没有得到广泛应用，主要原因为能够设计和实施自然河流修复项目的专业公司不多 ● 河流修复的积极影响可能不会立即表现出来，通常数年才会出现可见的显著效果

协同效益

高	生物多样性（动物）	生物多样性（植物）	防洪	景观价值	娱乐
中	碳汇	基质来源			
低	生物质产出				

额外说明

河流修复的首要目的是稳定河岸，升级老化的基础设施，弥补财产损失。

河流修复增加的成本应与流域内外自然和人类社区的利益平衡。河流中沉淀物和其他污染物的减少将降低饮用水处理的成本。通过增加景观和娱乐价值，可使旅游业大力发展，并创造就业机会，使得旅游经济增长，进而提高整个地区的经济水平。污染的减少及经济效益的增长会延伸到流域以外，并产生长期影响。

与其他NBS的兼容性

人工湿地和池塘可同时与河流修复结合使用，也可在河岸地带修建沉淀池。

案例研究

- 美国马里兰州巴尔的摩的河流修复。

运行和维护

定期维护

- 在河岸地带种植树木和草

特殊维护

- 人为创造河湾

故障排除

- 人工清除沉积物

NBS 技术细节

进水类型

- 二级处理过的污水
- 合流制管道溢流污水
- 河流稀释的污水

处理效率

- TN 20%~27%
- NH_4-N 10%~26%
- TP 8%

要　求

- 河流修复表面积的大小、水文连通性和水力停留时间是影响包括城市地区在内的更广泛流域的养分留存的关键因素（Newcomer-Johnson et al.，2016）

设计标准

- 由于增加水力停留时间、提高与生物反应膜和沉积物相互作用的水量可改善水体养分留存情况（注意，氮和磷的去除方式非常灵活），因此设计时应考虑河流网络或城市流域连续体的横向、纵向、垂直向和时间向 4 个维度（Newcomer-Johnson et al.，2016）
- 鉴于建造成本，自然河流修复的成本较高
- 为了雨水管理而进行的河流修复措施将河流和河岸带连接起来，这样会提高河岸的原位脱氮速率，而且在河岸带与河流交界处大量去除硝态氮非常重要（Kaushal et al.，2008）

原著参考文献

Hunt, P. G., Stone, K. C., Humerik, F. J., Matheny, T. A., Johnson, M. H. (1999). Stream wetland mitigation of nitrogen contamination in a USA coastal plain stream. *Journal of Environmental Quality* **28**(1), 249–256.

Filoso, S, Palmer, M. A. (2011). Assessing stream restoration eff ectiveness at reducing nitrogen export to downstream waters. *Ecological Applications* **21**(6), 1989–2006.

Kaushal, S., Groff man, P. M., Mayer, P. M., Striz, E., Gold, A. (2008). Effects of stream restoration on denitrification in an urbanizing watershed. *Ecological Applications* **18**, 789–804.

原著参考文献

Newcomer-Johnson, T., Kaushal, S. S., Mayer, P. M., Smith, R., Sivirichi, G. (2016). Nutrient retention in restored streams and rivers: a global review and synthesis. *Water* **8**(4), 116.

Ren, L. J., Wen, T., Pan, W., Chen, Y. S., Xu, L. L., Yu, L. J., Yu, C. Y., Zhou, Y., An, S. Q. (2015). Nitrogen removal by ecological purifi cation and restoration engineering in a polluted river. *Clean-Soil Air Water* **43**(12), 1565–1573.

NBS 技术细节

- 在溪流和河流修复设计中加入大型植物可能有助于留存氮和磷，这是因为根系可以为土壤提供氧，帮助其进行耦合硝化 - 反硝化和磷固定（Newcomer-Johnson et al.，2016）。

常规配置

- 河流修复可以单独实施，也可以同时修建平行池和人工湿地，从而改进污染物去除情况
- 沉淀池可以在河流修复系统之前建好

气候条件

- 可适用于各种气候条件：热带、干旱、温带和大陆气候

美国马里兰州巴尔的摩的河流修复

项目背景

美国沿海地区，如马里兰州巴尔的摩的切萨皮克湾（Chesapeake Bay），从多个渠道接收了大量人类活动产生的氮，如肥料、下水管道渗漏、化石燃料燃烧造成的大气沉降。由于城市化、不透水地面造成的急流，以及上游开发导致的不受控制的雨水径流进入切萨皮克湾的城市溪流，因此其遭到生态系统退化、侵蚀和河道冲刷等威胁。这些城市溪流的沉积物和养分输入导致切萨皮克湾的氮污染严重，水质下降，从而出现缺氧区，并对渔业和娱乐业产生影响。

麦恩岸溪（MNBK）是位于马里兰州东部巴尔的摩甘庞德瀑布（Gunpowder Falls）流域的二级河流（见图27-2）。这条河始于巴尔的摩大都市区北部边缘的陶森市（Towson），流入甘庞德瀑布流域，最终汇入切萨皮克湾。麦恩岸溪流域面积为2135英亩（864ha），约占下甘庞德瀑布流域面积29 470英亩（11 926ha）的7%（Doheny et al.，2006，2007，2012；USEPA，2009）。2006年，下甘庞德瀑布流域的土地利用情况约为林地32%、农业30%、

NBS 类型

- 河流修复

位置

- 美国马里兰州巴尔的摩市麦恩岸溪（Minebank Run, MNBK）

处理类型

- 河流修复可减少侵蚀，增强反硝化作用

成　本

- 400 万美元

运行日期

- 于 1998 年开始修复并于 2005 年完成

区域或规模

- 下甘庞德瀑布流域面积为 11 926ha
- 溪流总长度约为 4.82km

作者

丽莎·安德鲁斯（Lisa Andrews）
荷兰海牙LMA水务咨询公司
（LMA Water Consulting+, The Hague, Netherlands）
联系电话：lmandrews.water@gmail.com

图27-2　麦恩岸溪位置示意图（39° 20′ 06″ N, 76° 31′, 46″ W）
（来源：谷歌地图）

郊区19%、城市18%和其他1%（Doheny et al., 2006）。该流域以前主要以农业为主，但现在某些区域被密集开发（USEPA, 2009）。

巴尔的摩环境保护和资源管理局（DEPRM）选定麦恩岸溪进行河流修复，主要目的是解决众多地貌（见图27-3）和水质问题。由于麦恩岸溪的城市发展早于该管辖区雨水管理条例的制定，因此不受控制的径流造成严重的水质问题。陡峭的斜坡和很高的暴雨水流峰值造成河岸过度侵蚀和河流泥沙过度沉积，加上修建混凝土结构建筑物，以及拆除河岸缓冲带为住宅和商业开发让路，导致暴雨径流加剧。总之，这些因素导致污水管道和泄水沟外露，以及公园道路和引桥损坏。此外，根据马里兰州生物溪流调查（Maryland Biological Stream Survey）数据，水生物种的数量和多样性低于正常水平，这表明麦恩岸溪处于不健康和退化的状态（USEPA, 2009）。

河流修复方案的实施正是为了解决这些问题。多项科学研究已在麦恩岸溪开展，主要目的是评估河流修复的影响，以及河流修复导致的地形地貌、河道形态及水文变化对氮吸收和氮去除的改善效果（Cooper et al., 2014; Doheny et al., 2006; Doheny et al., 2007; Doheny et al., 2012; Gift et al., 2010; Groffman et al., 2005; Harrison et al., 2011; Harrison et al., 2012a; Harrison et al., 2012b; Harrison et al., 2014; Kaushal et al., 2008; Klocker et al., 2009; Mayer et al., 2010; Pennino et al., 2016; Sivirichi et al., 2011; Striz and Mayer 2008）。

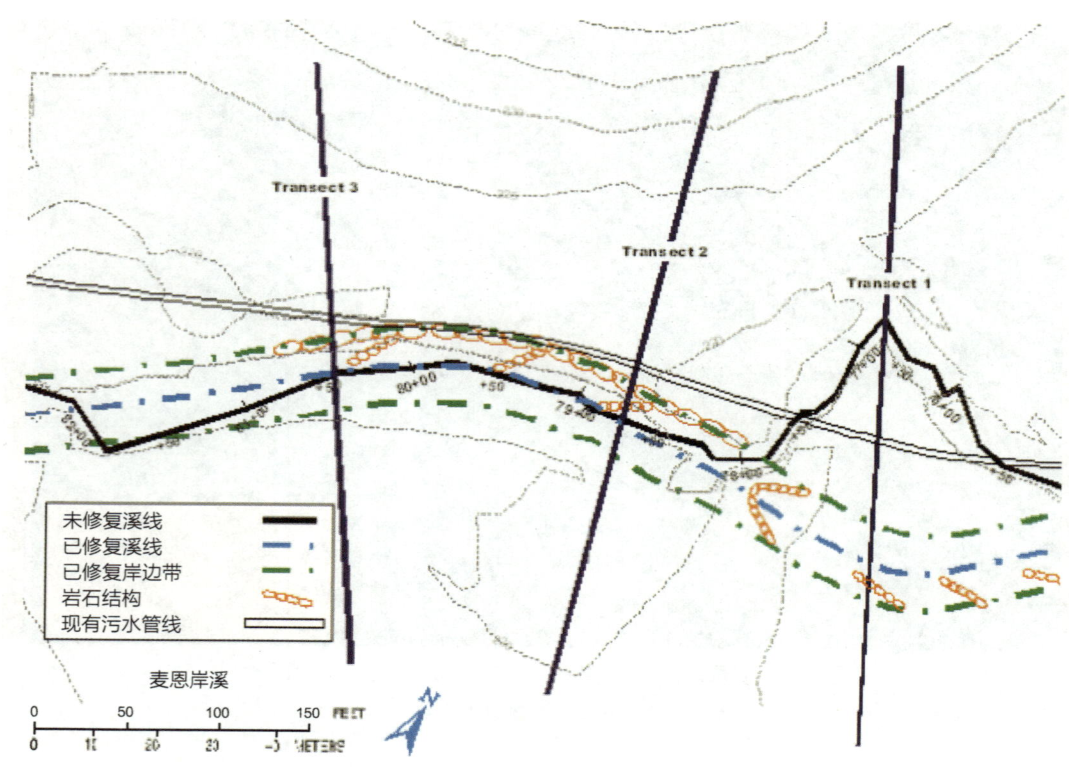

图27-3　带有地下水采样设计示意图（横断面）的麦恩岸溪河流修复设计图（根据巴尔的摩环境保护和资源管理局提供的平面图）

技术总结

汇总表

本案例没有其他案例研究的进水和出水参数的相关数据。下文的处理效率部分将讨论本案例监测到的数据，并指出采用NBS措施后发生的变化。

设计和施工

1999年，巴尔的摩环境保护和资源管理局对麦恩岸溪进行河流修复评估。2002年完成第一阶段的修复，重建从源头开始的2400m长的河流。第二阶段的修复从2004年6月持续到2005年2月，重建剩余的3290m河流，即从克伦威尔山谷公园（Cromwell Velley Park）到甘庞德瀑布流域的汇流处（Doheny et al.，2006；USEPA，2009）。

第一阶段的修复是根据河流地貌原理重建的，比如，自然水道设计（Rosgen 1996）、土壤生物工程措施和水生栖息地特征（Duerksen and Snyder 2005；Sortman 2002）。麦恩岸溪的河流修复设计旨在模拟自然山谷和漫滩形态，包括阶梯式水塘和水塘-溪流类型，以及稳定的蜿蜒模式和旨在得到通往相对平坦的漫滩入口的河流横截面，并且提高溪流与漫滩重新连通的能力（Biohabitats；DEPRM，unpublished；Kaushal et al.，2008；USEPA，2009）。

麦恩岸溪河流修复的主要目的是解决严重的河道侵蚀问题，但水文地貌的变化也有可能通过重新连通河流和漫滩而改善氮的吸收，从而减少城市河流中常见的水文干旱问题（Groffman et al.，2003）。为解决河岸冲刷问题而进行的重塑河岸工程也可能使富含碳的河岸土壤饱和且湿润，从而形成有利于营养物质转化的生化条件（Newcomer-Johnson et al.，2016）。修建在河道中用来减少侵蚀的装置也可能将有机物保留很长时间，从而形成可能发生反硝化作用的强化缺氧区（Groffman et al.，2005）。河道外的牛轭湿地是通过切断极其蜿蜒和过度冲刷的河道形成的（Harrison et al.，2011，2012，2014）。

第二阶段的修复工作范围更广，包括移除一条用来输送雨水的150m混凝土沟槽，增加河流的弯曲度，种植河岸植被，这样有助于耗费水流能量，减少侵蚀，调节水温，并创造一个河道的河岸栖息地（Duerksen and Snyder 2005；Rosgen 1996；Sortman 2002；USEPA，2009）。为了保护河岸，在靠近河道的地方，平行铺设污水管道，建造岩石结构，重新引导水流，使其远离可能被侵蚀的河岸，并减缓水流速度（见图27-4）。在其他地方，河岸也进行了相应改造，主要用来修复侵蚀造成的深切口。

图27-4　前景为克伦威尔山谷公园的麦恩岸溪修复部分，背景可见原始河道（Doheny et al.，2012）

进水或处理类型

雨水径流是麦恩岸溪的主要水源，其他水源为地下水（Mayer et al.，2010；Striz and Mayer，2008）。

处理效率

河流修复的主要目的是增加河流和漫滩之间的水文连通性，从而增加土壤中可获得的有机碳并改变水文流动路径，由此提高反硝化速率（Groffman et al.，2005，Kaushal et al.，2008；Mayer et al.，2010；Newcomer-Johnson et al.，2016）。这种方法通常会减缓水流，重新连接河道和漫滩以改善水文条件，从而增加地下水停留时间和地下水文活动。河流修复措施可能会使反硝化所需的有机碳更易获得（Mayer et al.，2010；Newcomer-Johnson et al.，2016；Sivirichi et al.，2011）。修复后的河流如果在河岸与河道之间能够进行水力连接，那么其反硝化速率高于未连接的修复后河流（Kaushal et al.，2008；Mayer et al.，2013）。

河流修复措施的评估结果表明，地表水和地下水的生物活性氮浓度呈显著降低状态，下降了25%~50%（1.5~0.8mg/L），同时测试井中的反硝化率提高了近两倍（Kaushal et al.，2008）。据估计，在修复的河段中，大约40%的日负荷硝态氮通过反硝化作用被去除（Klocker et al.，2009）。脱氮受到水文停留时间的强烈影响，表明实现重新连接河流河道和漫滩的河流修复可以提高反硝化速率（Kaushal et al.，2008；Klocker et al.，2009，Mayer et al.，2010）。此外，据估计，每年从河流中排放的5万磅（约25t）沉积物可因此而被清除，相关的磷减少量为每年100~200磅（USEPA，2009）。

运行和维护

两个河流修复项目完成后，多个项目合作伙伴在数年内对其进行了监测和地貌评估（USEPA，2009），美国环境保护局、美国地质调查局、马里兰大学和生态系统研究所还对河流修复减少氮污染的影响进行了研究（USEPA，2006）。

成本

巴尔的摩环境保护和资源管理局负责修复麦恩岸溪，费用为：

1999年第一阶段——7900ft（2408m），120万美元；

2005年第二阶段——9500ft（2895.6m），442万美元（包括163.5万美元的基础设施）。

协同效益

生态效益

河流修复可以改善水质，减少河道侵蚀，还可以帮助改善河流栖息地，保护和修复老化的基础设施，并促进河岸稳定。麦恩岸溪的河流修复重新连接河道和漫滩，增加可获得的有机碳，增强反硝化细菌活性，减缓河流冲刷，延长地下水停留时间，增加微生物量（Gift et al.，2010；Groffman et al.，2005；Kaushal et al.，2008；Mayer et al.，2010；Pennino et al,. 2016）。最终，水中的氮含量会通过自然微生物过程而降低。

社会效益

河流修复可以防止河岸和河道侵蚀，并为卫生污水管道、道路和桥梁提供长期保护作用（USEPA，2006）。麦恩岸溪的下水道基础设施原本已经暴露在外且有损坏的风险，但经过河流修复和河岸稳定，下水道基础设施得到保护。住宅附近的河岸修复也有助于防止河流附近的财产遭到破坏和损失。据说，河流修复使得该地区的房价上涨了不少。

权衡取舍

为了清理河流漫滩，便于重新规划河道，一些河段的成熟树木会被移走。有的河流修复措施会失败，因为并非所有河段都能得到修复，比如岩石堰，因河流中的高剪应力而被破坏（Doheney et al.，2012），导致一些河段的侵蚀仍在继续，大量泥沙流向下游。同样，并不是所有河段都可以有效脱氮，只有为改善河流与漫滩连接而重建的低河岸区域在修复后才会表现出更高的反硝化作用速率（Kaushal et al.，2008；Mayer et al.，2013）。道路用盐造成麦恩岸溪的地表水和地下水高盐浓度可能会影响水质和生物区系，这可能会抵消河流修复带来的益处（Cooper et al.，2014）。

经验教训

问题与解决方案

（1）向业主传授维护保养知识。

通常，最大的挑战是对业主进行宣传，让他们认识到维护河流沿线植物缓冲区的重要性（EPA，2006）。巴尔的摩环境保护和资源管理局与业主合作，种植维护标准最低并能提供景观价值的本土植物（USEPA，2006）。

（2）河流修复项目效益具有很高的不确定性。

每个河流修复项目各不相同，其效果或效益具有很大的可变性。在某些情况下，这些效益可能在项目完成后一段时间内都不会出现。量化效益评估需要深入研究和监测，而这可能需要较高的费用。

（3）氮磷去除具有一定的局限性。

河流修复对于氮或磷的去除有一定局限性，需要同时实施其他管理方法，如源头控制、雨水管理和下水道维修。

（4）成本。

河流修复费用非常高，并不是所有的城市地区都可以把投资河流修复项目作为流域管理计划的一部分。

用户反馈或评价

尽管河流修复方案在脱氮方面取得了积极的成果，但仍需要进行广泛的长期监控和评估，进而了解河流修复方案的真正益处。河流修复应与其他综合解决方案结合使用，以改善水质，减少侵蚀，加强反硝化作用，从而确定哪些河流修复措施可以最有效地脱氮（Kaushal et al.，2008）。

"麦恩岸溪是一个很好的起点，我们正在依托不同站点的工作总结来确定河流修复措

施的普适性益处。我们还有很多问题需要解决。例如，当沙堤变成植被时，反硝化作用会发生什么变化？修复多少条河流才能在一条主要支流中观察到氮含量的变化？恢复水源更重要还是恢复较大的河流更重要？”马里兰大学环境科学研究中心教授，主导麦恩岸溪和切萨皮克湾其他地区的广泛合作研究项目的苏加・科肖（Sujay Kaushal）说。

原著参考文献

Biohabitats. (N.D.) Minebank Run Stream Restoration. Biohabitats.

Cooper C. A., Mayer, P. M., Faulkner, B. R. (2014). Effects of road salts on groundwater and surface water dynamics of sodium and chloride in an urban restored stream. *Biogeochemistry*, **121**, 149–166

Doheny E. J., Dillow J. J. A., Mayer P. M., Striz E. A. (2012). Geomorphic responses to stream channel restoration at Minebank Run, Baltimore County, Maryland, 2002–08: U.S. Geological Survey Scientific Investigations Report 2012–5012.

Doheny E. J., Starsoneck R. J., Mayer P. M., Striz E. A. (2007). Pre-restoration geomorphic characteristics of Minebank Run, Baltimore County, Maryland, 2002-04. USGS Scientific Investigations Report 2007–5127.

Doheny E. J., Starsoneck R. J., Striz E. A., Mayer P. M. (2006). Watershed characteristics and pre-restoration surface-water hydrology of Minebank Run, Baltimore County, Maryland, water years 2002–04. USGS Scientific Investigations Report 2006–5179, 42.

Duerksen C., Snyder C. (2005). Nature-Friendly Communities: Habitat Protection and Land Use Planning. Washington, D.C.: Island Press.

Gift D. M., Groffman P. M., Kaushal S. S., Mayer P. M. (2010). Root biomass, organic matter and denitrification potential in degraded and restored urban riparian zones. *Restoration Ecology* **18**, 113–120.

Groffman P. M., Crawford M. K. (2003). Denitrification potential in urban riparian zones. *Journal of Environmental Quality*, **32**, 1144–1149.

Groffman P. M., Dorsey A. M., Mayer P. M. (2005). N processing within geomorphic structures in urban streams. *Journal of the North American Benthological Society*, **24**, 613–625.

Harrison M. D., Groffman P. M., Mayer P. M., Kaushal S. S. (2012a) Nitrate removal in two relict oxbow urban wetlands: a 15N mass-balance approach. *Biogeochemistry*, **111**(1-3), 647–660.

Harrison M. D., Groffman P. M., Mayer P. M., Kaushal S. S. (2012b). Microbial biomass and activity in geomorphic features in forested and urban restored and degraded streams. *Ecological Engineering*, **38**, 1–10.

Harrison M. D., Groffman P. M., Mayer P. M., Kaushal S. S., Newcomer, T. A. (2011). Denitrification in alluvial wetlands in an urban landscape. *Journal of Environmental Quality*, **40**, 634–646.

Harrison M. D., Miller A. J., Groffman P. M., Mayer P. M., Kaushal, S. S. (2014). Hydrologic controls on nitrogen and phosphorous dynamics in relict wetlands adjacent to an urban restored stream. *Journal of the American Water Resources Association*, **50**(6), 1365–1382.

Kaushal S. S., Groffman P. M., Mayer P. M., Striz E., Gold A. J. (2008). Effects of stream restoration on denitrification in an urbanization watershed. *Ecological Applications*, **18**, 789–804.

Klocker C. A., Kaushal S. S., Groffman P. M., Mayer P. M., Raymond P. M. (2009). Nitrogen uptake and denitrification in restored and unrestored streams in urban Maryland, USA. *Aquatic Sciences*, **71**(4), 411–424.

Mayer P. M., Groffman P. M., Striz E., Kaushal S. S. (2010). Nitrogen dynamics at the ground water-surface water interface of a degraded urban stream. *Journal of Environmental Quality*, **39**, 810–823.

Mayer P. M., Reynolds S. K., McCutchen M. D., Canfield T. J. (2007). Meta-analysis of nitrogen removal in riparian buffers. *Journal of Environmental Quality*, **36**, 1172–1180.

Mayer P. M., Schechter S. P., Kaushal S. S., Groffman P. M. (2013). Effects of stream restoration on nitrogen removal and transformation in urban watersheds: lessons from Minebank Run, Baltimore, Maryland. Watershed Science Bulletin (Spring) Vol. 4, Issue 1.

Newcomer-Johnson T., Kaushal S. S., Mayer P. M., Smith R., Sivirichi G. (2016). Nutrient retention in restored streams and rivers: a global review and synthesis. *Water*, **8**(4), 116.

Pennino M. J., Kaushal S. S., Mayer P. M., Utz R. M., Cooper C. A. (2016). Stream restoration and sewers impact sources and fluxes of water, carbon, and nutrients in urban watersheds. *Hydrology and Earth System Sciences*, **20**, 3419–3439.

Rosgen D. (1996). Applied River Morphology. Wildland Hydrology, Pagosa Springs, CO.Sortman VL. 2002. Complications with Urban Stream Restorations Mine Bank Run: A Case Study. ACSE.

Sivirichi G. M., Kaushal S. S., Mayer P. M., Welty C., Belt K., Newcomer T. A., Newcomb K. D., Grese M. M. (2011). Longitudinal variability in streamwater chemistry and carbon and nitrogen fluxes in restored and degraded urban stream networks. *Journal of Environmental Monitoring*, **13**, 288–303.

Sortman, V. (2002). Complications with urban streamrestorations Mine Bank Run: a case study. In: Protectionand Restoration of Urban and Rural Streams, June 23–25,2003, eds M. Clar, D. Carpenter, J. Gracie, L. Slate, pp.431–436. American Society Civil Engineers.

Striz E. A. and Mayer P. M. (2008). Assessment of Near-Stream Groundwater-Surface Water Interaction (GSI) of a Degraded Stream Before Restoration. EPA/600/R-07/058.

U.S. Environmental Protection Agency (USEPA). (2006).Baltimore County Stream Restoration Improves Quality of Life.

U.S. Environmental Protection Agency (USEPA). (2011). Nonpoint source program success story. Section 319, Office of Water, Washington DC, USA.

U.S. Environmental Protection Agency (USEPA). (2009). DC. EPA 841-F-09-001KK.

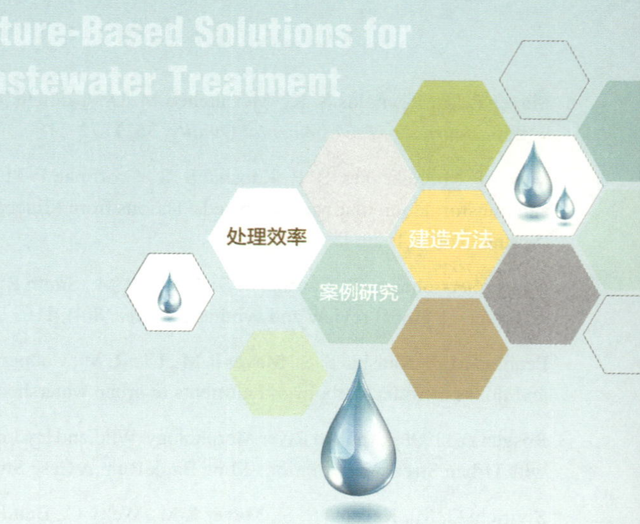

第 28 章
经验教训

本书介绍了各种污水处理方案，包括各种NBS的组合应用，有的是已有100多年历史的传统方法，如土壤渗滤和人工湿地，有的是后来使用的新方法，如浮动人工湿地和柳树系统。在过去三十年中，重要的科学理论得到了实践经验的补充，也制定了更可靠的NBS设计标准，提高了各种污染物的处理效率（von Sperling，2007；Kadlec and Wallace，2009；Resh，2013；Thorarinsdottir，2015；Dotro et al.，2017；Verbyla，2017；Langergraber et al.，2020；Junge et al.，2020）。这些进展引出了一个更加连贯的命名法（Fonder and Headley，2013），该命名法在科学和实践方面建立了良好的证据基础，证明了NBS的有效性和高效率（Stefanakis，2018；Langergraber et al.，2020）。

根据这一证据基础，本书将污水处理的各种技术整合在一起，对包括协同效益在内的各方面进行比较，从概况和案例研究中总结关键的经验教训，目的是提醒用户NBS系统可以带来什么，以及在评估不同NBS系统的污水处理方案时需要考虑什么，从成本效益到与灰色基础设施的整合，再到权衡取舍都有。

1. NBS可以为污水处理提供具有长期成本效益的选择

在设计污水处理系统时，需要考虑项目的全生命周期，从而确定特定种类系统的使用时间和效益。就使用时间而言，灰色处理系统，如传统活性污泥处理的设计寿命最短是30年。然而，NBS在生命周期内的运行和维护要求通常更低。例如，活性污泥处理厂需要每日检查，NBS如法式垂直流人工湿地只需要每周检查即可，而且其改造和升级的频率比活性污泥处理厂低。此外，由于NBS如慢速土壤渗滤系统和人工湿地只需要更少的能源即可达到碳汇效益（Machado et al.,2007），且运行和维护系统具有成本效益（Rizzo et al.，2018），因此NBS通常在能源、环境影响、持久性和维护方面比传统污水处理方法更经济（Risch et al.，2021）。

2. 不同类型的NBS可以与污水处理结合

不同类型的NBS可以在一个给定的系统内组合使用，各种组合情况已在前文详细说明（请参阅“与其他NBS的兼容性”内容）。例如，河湖修复可以与人工湿地或塘组合使用，以改善污染物的去除情况。不同类型的人工湿地可以组合使用，如克罗地亚的混合人工湿地中有水平流和垂直流人工湿地，以及污泥处理芦苇床。每种NBS不一定是一个独立运用的技术，但可以是污水处理系统的一部分，无论是否与其他NBS或灰色基础设施组合使用。NBS如何组合取决于进水特性和处理标准，以及可用的土地、人工、能源和其他制约因素。

3. NBS与灰色基础设施结合使用可以节约成本

NBS与灰色基础设施结合使用可以节约成本，也可为社区提供多种效益（Brower et al.，2019）。本书介绍的许多NBS可用于灰色基础设施或其他类型的NBS。例如，一些NBS可以处理经过初级处理的污水。绿色基础设施和灰色基础设施常见结合情况是，将人工湿地用于处理合流制管道溢流，从而提高集水区污水处理的整体性能。其他案例有：自由水面人工湿地，如瑞典用于污水三级后处理的两个自由水面人工湿地；湿地的进水是经过污水处理厂深度处理的（物理、生物、化学、过滤）城市污水，自由水面人工湿地提供三级处理。意大利杰西三级处理自由水面系统的情况也是如此，污水处理厂的污水先进入沉淀池，然后进入水平流人工湿地，最后进入自由水面人工湿地。

4. NBS可作为部分集中或分散污水处理系统使用

尽管NBS的大部分研究和技术在历史上与农村地区的分散处理有关（Oral et al.，2020），但是NBS污水处理也可以作为城市景观的集中系统来应用。其中一个案例是德国肯顿的合流制管道溢流人工湿地，其通过提供额外的蓄水量和快速处理管道溢流的方法来支持当地的污水处理厂。另一个案例是摩尔多瓦奥尔黑（Orhei）的法式垂直流人工湿地，其取代了整个城市的老旧污水处理厂系统。

此外，NBS可用于城市地区的分散污水处理。在人口密集的城市，通过垂直设计和屋顶安装，可以满足表面积高的需求。例如，生态墙（绿化墙）和屋顶湿地（绿屋顶）可以利用建筑物的外表面来处理灰水并为城市提供更多的绿地（Boano et al.，2020）。荷兰蒂尔堡的屋顶人工湿地不仅可以提供一片绿地，还可以在不占用地面空间的情况下处理生活污水。

5. 简单维护不意味着不维护

了解生态系统的承载能力阈值，以确保污染物和有毒物质的负荷不会导致不可逆转的损害（WWAP，2018）。维护用于污水处理的NBS，可确保处理效率不受影响并防止其对生态系统造成负面影响。每项技术都需要运行、维护和监控。如果设计、建造和运行得当，NBS可以达到与技术解决方案相同或更好的处理水平（Danube Water Program，2021）。事实上，合适的运行和维护方式是成功的关键因素。特别是在农村地区，应优先采用简单、稳健、运行和维护要求低及成本较低的技术。例如，意大利戈尔戈纳监狱的水平潜流人工湿地通过运行和维护合同进行监控，每年检查其适用性。这样做的成本很低，因为工人可轻易接受监测和定期检查的培训，从而确保人工湿地长期运行，不需要用翻新的方式保持运行。本书的概况部分概述了每种类型NBS的运行和维护需求，并为决策者提供适当的解决方案。案例研究则说明实际的运行和维护需求。

6. 应用NBS可能需要权衡取舍

在考虑将NBS应用于污水处理时，可能需要在制约因素、当地背景和目标之间权衡取舍。规划者和从业人员应在项目开发初始阶段仔细评估此类问题，利用不同利益相关者的观点来引出这些考虑因素。案例研究对不同类型的权衡取舍进行了说明。例如，摩尔多瓦奥尔黑法式垂直流人工湿地需要的投资成本较高，但可满足当地法规的要求，而且需要将污水处理厂设置在更靠近污水可再利用的地方。在考虑不同NBS和其他方案之间的协同效益时，也可能存在权衡取舍。在关于瑞典两个用于污水三级处理后的自由水面人工湿地的案例研究中，有人指出可以用于其他目的，如农业或林业，从而获得更直接的经济回报。

7. NBS类型必须根据当地条件选择

NBS的应用根据具体情况确定，设计和实施应以满足当地条件和需求为主，同时应仔细考虑权衡因素。有的因素会决定NBS的污水处理效率，比如，土地、建设和运行所需的劳动力和电力等因素和成本。其他考虑因素有进水类型、处理要求、气候和监管激励或障碍等。案例研究说明了NBS如何适用于不同的情况，其中一个案例是陶皮尼埃人工湿地，表明处理生活污水的非饱和或饱和法式系统人工湿地如何适应马提尼克岛等热带气候。

8. 成本收益分析需要考虑NBS的协同效益

尽管传统的具有成本效益的方法不一定考虑NBS（McCartney，2020）产生的各种协同效益，但越来越多的工具可以对NBS在水（和污水）管理方面的整体价值进行评估，包括协同效益指导的投资决策（例如，Mander et al.，2017；CRC for Water Sensitive Cities，2020；Watkin et al.，2019；Rizzo et al.，2021）。NBS除了具有污水处理的主要功能，还会在协同效益方面产生更大的整体社会效益（WWAP，2018）。本书介绍的NBS概况和案例研究突出了潜在的社会和生态协同效益，而且这些信息具有前沿性，因为它们提供的价值是决策者决定投资这些方案的决定性因素（Droste et al.，2017）。

9. 向循环经济转型是推动NBS发展的契机

循环经济中的水管理可以通过多种方法和技术实现（Masi et al.，2018）。NBS可以支持循环经济，因其通常能够实现资源回收，例如，水资源再利用、生物质产出和生物固体的收集。在意大利杰西用于三级处理的自由水面系统的案例中，该系统的设计符合循环经济方法，污泥被用作土壤改良剂，水被用作冷却剂重新用于工业（糖业公司）。该案例可以提高地方当局、水务公司和公众对NBS如何用于循环经济的认识。

10. 多学科整合的方法可以将NBS潜力最大化

NBS的实施需要不同利益相关者参与，这样才可确保协同效益和实施成功。事实上，设计阶段就应该考虑各学科因素。例如，在开发人工湿地的情况下，湿地河道系统中的植被、水文或水力学和基质之间存在动态相互关系，这时需要进行湿地管理，并且运用生物、工程和沉积地质等学科进行分析（Zeff, 2011）。在意大利戈尔拉马焦雷水上公园的案例研究中，自由水面人工湿地旨在提供防洪、生物多样性和娱乐等协同效益，生物学家和生态学家负责监测生物多样性方面的信息，志愿者协会负责维护公园，这样便可表明各利益相关者之间联系和协调的重要性。

附录 A 缩写列表

缩写	英文全称	中文全称
AET	Aerated treatment wetland	曝气人工湿地
AP	Anaerobic pond	厌氧塘
AWTF	Arcata wastewater treatment facility	阿克塔污水处理厂
BOD_5	Biological oxygen demand over 5 days	五日生化需氧量
CFU	Colony-forming unit	菌落形成单位
CAS	Conventional activated sludge	传统活性污泥
COD	Chemical oxygen demand	化学需氧量
CSO	Combined sewer overflow	合流制管道溢流
CSO-TW	Treatment wetland for combined sewer overflow	合流制管道溢流人工湿地
CWR	Constructed wetroof	屋顶人工湿地
DS	Dry solid	干固体
E. coli	*Escherichia coli*	大肠杆菌
EKW	East Kolkata Wetland	东加尔各答湿地
EW	Enhancement wetlands	强化人工湿地
FP	Facultative pond	兼性塘
FRB	French reed bed	法式芦苇床
French VFTW	French vertical flow treatment wetland	法式垂直流人工湿地
FWS	Free water surface	自由水面
FWS-TW	Free water surface treatment wetland	自由水面人工湿地
HF	Horizontal-flow	水平流
HFTW	Horizontal-flow treatment wetland	水平流人工湿地
HLR	Hydraulic loading rate	水力负荷率
HRAP	High-rate anaerobic pond	高负荷厌氧塘
HRT	Hydraulic retention time	水力停留时间

（续表）

缩写	英文全称	中文全称
IWA	International Water Association	国际水协会
LAS	Land application system	土地利用系统
LW	Living walls	生态墙
MCA	Multi-criteria analysis	多准则分析
MGD	Million gallons per day	每天百万加仑
MLD	Million litres per day	每天百万升
MNBK	Minebank Run	麦恩岸溪
MP	Maturation pond	熟化塘
NBS	Nature-based solution	基于自然的解决方案
NCEAS	National Center for Ecological Analysis and Synthesis	美国国家生态分析与综合研究中心
NH_4-N	Ammonia-nitrogen	氨氮
NO_2-N	Nitrite-nitrogen	亚硝态氮
NO_3-N	Nitrate-nitrogen	硝态氮
NTU	Turbidity	浊度
O&M	Operation and maintenance	运行和维护
OLR	Organic loading rate	有机负荷率
OPEX	Operating expense	运行费用
p.e.	Population equivalent	人口当量
PPCPs	Pharmaceuticals and personal care products	药品和个人护理用品
RI	Rapid infiltration	快速渗滤
SAP	Surface aerated pond	表面曝气塘
SDG	Sustainable Development Goal	可持续发展目标
SNAPP	Science for Nature and People Partnership	自然与人类科学合作伙伴关系
STP	Sewage treatment plant	污水处理厂
STRB	Sludge treatment reed bed	污泥处理芦苇床
TF	Trickling filter	滴滤池
TG	Task group	工作组
TKN	Total Kjeldahl nitrogen	总凯氏氮

（续表）

缩写	英文全称	中文全称
TN	Total nitrogen	总氮
TNC	The Nature Conservancy	大自然保护协会
TP	Total phosphorus	总磷
TSS	Total suspended solids	总悬浮固体
TW	Treatment Wetland	人工湿地
UAF	Upflow anaerobic filter	上流式厌氧过滤器
UASB	Upflow anaerobic sludge blanket digestion	上流式厌氧污泥床
USEPA	US Environmental Protection Agency	美国环境保护局
VF	Vertical-flow	垂直流
VFTW	Vertical-flow treatment wetland	垂直流人工湿地
VOL	Volumetric organic loading	容积有机负荷
WCS	Wildlife Conservation Society	野生动物保护协会
WoS	Web of Science	科学网数据库
WPT	Wastewater pond technology	氧化塘净化技术
WSP	Wastewater stabilisation pond	污水稳定塘
WTP	Wastewater treatment pond	污水处理塘
WWTP	Wastewater treatment plant	污水处理厂

附录 B
编者与作者

原著编者

Katharine Cross, *International Water Association, Bangkok, Thailand*

Katharina Tondera, *INRAE, Villeurbanne, France*

Anacleto Rizzo, *IRIDRA, Florence, Italy*

Lisa Andrews, *LMA Water Consulting+, The Hague, The Netherlands*

Bernhard Pucher, *BOKU University, Vienna, Austria*

Darja Istenič, *University of Ljubljana, Ljubljana, Slovenia*

Nathan Karres, *The Nature Conservancy, Seattle, Washington, USA*

Robert McDonald, *The Nature Conservancy, Arlington, Virginia, USA*

原著作者（按照原书顺序排列）

Carlos A. Arias, *Aarhus University, Aarhus, Denmark*

Lobna Amin, *IHE Delft Institute for Water Education, Delft, The Netherlands*

Ragasamyutha Ananthatmula, *CDD Society, Bangalore, India*

Lisa Andrews, *LMA Water Consulting+, The Hague, The Netherlands*

Horst Baxpehler, *Erftverband, Bergheim, Germany*

Leslie L. Behrends, *Tidal-flow Reciprocating Wetlands LLC, Florence, Alabama, USA*

Ricardo Bresciani, *IRIDRA, Florence, Italy*

Urša Brodnik, *LIMNOS, Ljubljana, Slovenia*

Gianluigi Buttiglier, *Institut Català de Recerca de l'Aigua (ICRA), Girona, Spain*

Norra Byvägen, *Tormestorp, Sweden*

Laura Castañares, *Institut Català de Recerca de l'Aigua (ICRA), Girona, Spain*

Florent Chazarenc, *INRAE, Villeurbanne, France*

Joaquim Comas, *Institut Català de Recerca de l'Aigua (ICRA), Girona, Spain*

Katharine Cross, *International Water Association, Bangkok, Thailand*

Tea Erjavec, *LIMNOS, Ljubljana, Slovenia*

Miquel Esterlich, *Blue Carex, Phytotechnologies, Purkersdorf, Austria*

Clifford B. Fedler, *Texas Tech University, Lubbock, Texas, USA*

Ganapathy Ganeshan, *CDD Society, Bangalore, India*

Heinz Gattringer, *Blue Carex, Phytotechnologies, Purkersdorf, Austria*

Robert Gearheart, *Humboldt State University, Arcata, California, USA*

Irene Groot, *Uppsala University, Uppsala, Sweden*

Samuela Guida, *International Water Association, London, UK*

Gu Huang, *CSCEC AECOM Consultants Co., Ltd., Shenzhen, China*

Darja Istenič, *University of Ljubljana, Ljubljana, Slovenia*

Andrews Jacob, *CDD Society, Bangalore, India*

Ranka Junge, *Zurich University of Applied Sciences (ZHAW), Wädenswil, Switzerland*

Rose Kaggwa, *National Water & Sewerage Corporation, Kampala, Uganda*

Rajiv Kangabam, *BRTC, KIIT University, Bhubaneswar, India*

Günter Langergraber, *BOKU University, Vienna, Austria*

Markus Lechner, *EcoSan Club, Weitra, Austria*

Wenbo Liu, *Chongqing University, Chongqing, China*

Rémi Lombard-Latune, *INRAE, Villeurbanne, France*

Fabio Masi, *IRIDRA, Florence, Italy*

Esther Mendoza, *Institut Català de Recerca de l'Aigua (ICRA), Girona, Spain*

Pascal Molle, *INRAE, Villeurbanne, France*

Ania Morvannou, *INRAE, Villeurbanne, France*

Susan Namaalwa, *National Water and Sewerage Corporation, Kampala, Uganda*

Steen Nielsen, *Orbicon, Taastrup, Denmark*

Per-Åke Nilsson, *Halmstad University, Halmstad, Sweden*

Miguel R. Peña-Varón, *Universidad del Valle, Instituto Cinara, Cali, Colombia*

Anja Potokar, *LIMNOS, Ljubljana, Slovenia*

Rohini Pradeep, *CDD Society, Bangalore, India*

Stéphanie Prost-Boucle, *INRAE, Villeurbanne, France*

Bernhard Pucher, *BOKU University, Vienna, Austria*

Anacleto Rizzo, *IRIDRA, Florence, Italy*

C. F. Rojas, *Sanitary Engineer and Freelance Consultant, Colombia*

Peder Sandfeld Gregersen, *Center for Recirkulering, Ølgod, Denmark*

Katharina Tondera, *INRAE, Villeurbanne, France*

Anne A. van Dam, *IHE Delft Institute for Water Education, Delft, The Netherlands*

Matthew E. Verbyla, *San Diego State University, California*

Martin Vrhovšek, *LIMNOS, Ljubljana, Slovenia*

Jan Vymazal, *Czech University of Life Sciences Prague, Czech Republic*

Scott Wallace, *Naturally Wallace Consulting, Stillwater, Minnesota, USA*

Sylvia Waara, *Halmstad University, Halmstad, Sweden*

Alenka Mubi Zalaznik, *LIMNOS, Ljubljana, Slovenia*

Maribel Zapater-Pereyra, *Independent Researcher, Munich, Germany*

Jun Zhai, *Chongqing University, Chongqing, China*

附录 C 致 谢

本书的编写得到自然与人类科学合作伙伴关系组织（SNAPP）的支持，其成员由大自然保护协会、野生动物保护协会（WCS）和加州大学圣巴巴拉分校的美国国家生态分析与综合研究中心（NCEAS）的人员组成，他们为了保护人类福祉，召集不同学科的专家团队围绕特定的全球问题举行会议。

自然卫生工作组也得到了桥梁协作组织（Bridge Collaborative）的支持，该组织希望关注健康、发展和环境的社群共同解决当今复杂且相互关联的问题。

感谢案例研究和技术概况的作者，是他们为本书提供了关键内容。

感谢以下案例研究和技术概况的评论者为本书提供的宝贵意见，他们是Andrews Jacob, CDD India; Clifford Fedler, Texas Tech University; Fabio Masi, IRIDRA; Ganapathy Ganeshan, CDD India; Günther Langergraber, BOKU University; Magdalena Gajewska, Gdansk University, Faculty of Civil and Environmental Engineering; Mathieu Gautier, Univ Lyon, INSA Lyon; Marcos von Sperling, Federal University of Minas Gerais; Martin Regelsberger, Technisches Büro für Kulturtechnik; Matthew Verbyla, San Diego State University; Miguel R. Peña-Varón, Universidad del Valle; Robert K. Bastian; Robert Gearheart, Humboldt State University; Rohini Pradeep, CDD India; Rose Kaggwa, National Water and Sewerage Corporation; Samuela Guida, International Water Association; Susan Namaalwa, National Water and Sewerage Corporation。

感谢克里斯・珀登（Chris Purdon）的文案编辑，以及维维安・拉马克（Vivian Langmaack）为本书提供高质量的视觉效果。感谢易迪拉公司（IRIDRA）的阿莱西娅・梅嫩（Alessia Menin）绘制技术概况中的草图。

对所有未提及但通过各种方式为本书作出贡献的人致以诚挚的感谢。

附录 D
参考文献

Baker, F., Smith, G.R., Marsden, S.J., and Cavan, G. (2021). Mapping regulating ecosystem service deprivation in urban areas: a transferable high-spatial resolution uncertainty aware approach. *Ecological Indicators*, **121**, 107058.

Brears, R. (2018). Blue and Green Cities. London: Palgrave Macmillan.

Brix, H. (1995). Treatment Wetlands: An Overview. In: Conference on constructed wetlands for wastewater treatment, Technical University of Gdansk, Poland, pp.167-176.

Boano, F., Caruso, A., Costamagna, E., Ridolfi, L., Fiore, S., Demichelis, F., Galvão, A., Pisoeiro, J., Rizzo, A. and Masi, F. (2020). A review of nature-based solutions for greywater treatment: Applications, hydraulic design, and environmental benefits. *Science of the Total Environment*, **711,** 134731.

Browder, G. Ozment, S. Rehberger Bescos, I., Gartner, T. and Lange, G-M. (2019). Integrating Green and Gray: Creating Next Generation Infrastructure. Washington, DC: World Bank and World Resources Institute.

Chen J., Liu Y. S., Deng W. J. and Ying G. G. (2019). Removal of steroid hormones and biocides from rural wastewater by an integrated constructed wetland. *Science of the Total Environment*, 660, **358**—365.

Cohen-Shacham, E., Walters, G., Janzen, C. and Maginnis, S. (eds.). (2016). Nature-Based Solutions to Address Global Societal Challenges. International Union for Conservation of Nature and Natural Resources (IUCN). Gland, Switzerland.

CRC for Water Sensitive Cities (2020). Investment Framework for Economics of Water Sensitive Cities. Cooperative Research Centre for Water Sensitive Cities. Melbourne, Australia:

Danube water program, (2021). Beyond utility reach? How to close the rural access gap to wastewater treatment and sanitation services. Rural wastewater treatment workshop, January 19-20, 2021. World Bank, IAWD and ICPDR.

Droste, N., Schröter-Schlaack, C., Hansjürgen, B., and Zimmermann, H. (2017) Implementing Nature-Based Solutions in Urban Areas: Financing and Governance Aspects. In: Nature-Based Solutions to Climate Change Adaptation in Urban Areas—Linkages Between Science, Policy and Practice. eds. Kabisch, N., Korn, H., Stadler., J & Bonn, A. Springer, Switzerland, pp. 307—321.

Dotro, G., Langergraber, G., Molle, P., Nivala, J., Puigagut, J., Stein, O. and von Sperling, M. (2017). Treatment Wetlands. IWA Publishing, London.

Elzein Z., Abdou A. and Abdelgawad I. (2016). Constructed Wetlands as a Sustainable Wastewater Treatment Method in Communities. *Procedia Environmental Sciences*, **34,** 605—617.

European Investment Bank. (2020). Investing in nature: financing conservation and nature based solutions. Luxembourg, Luxembourg.

Fonder, N., and Headley, T. (2013). The Taxonomy of Treatment Wetlands: a Proposed Classification and Nomenclature System. *Ecological Engineering*, **51**, 203—211.

Gómez Martín, E., Giordano, R., Pagano, A., van der Keur, P., & Máñez Costa, M. (2020). Using a system thinking approach to assess the contribution of nature based solutions to sustainable development goals. *Science of the Total Environment*, **738**, 139693

Haines-Young, R. and. Potschin, M.B (2018). Common International Classification of Ecosystem Services (CICES) V5.1 and Guidance on the Application of the Revised Structure.

Huang, Y., Tian, Z., Qian, K., Junguo, L., Irannezhad, M., Dongli, F., Meifang, H., and Laixiang, S. (2020). Naturebased solutions for urban pluvial flood risk management.*Wiley Interdisciplinary Reviews*: *Water*, **7** (3), e1421.

Ilyas, H., Masih, I. and van Hullebusch, E.D. (2020). Pharmaceuticals' removal by constructed wetlands: a critical evaluation and meta-analysis on performance, risk reduction, and role of physicochemical properties on removal mechanisms. *Journal of Water and Health*, **18**(3), 253—291.

International Organization for Standardization (2018). ISO 2670 Water reuse — Vocabulary.

Junge, R., Antenen, N., Villarroel, M., Griessler Bulc, T., Ovca, A., and Milliken, S. (Eds.) (2020). Aquaponics Textbook for Higher Education (Version 1). Zenodo

Kadlec R.H., Wallace S.D. (2009). Treatment Wetlands, 2nd edn, CRC Press, Boca Raton, Florida, USA

Kim, S-Y. and Geary, P.M. (2001). The impact of biomass harvesting on phosphorus uptake by wetland plants. *Water Science and Technology*, **44** (11—12), 61–67.

Langergraber, G., Dotro, G. Nivala, J., Rizzo, A. and Stein, O.R. (eds) (2020). Wetland Technology: Practical Information on the Design and Application of Treatment Wetlands. IWA Publishing, London, UK.

Machado, A.P., Urbano, L., Brito, A., Janknecht, P., Salas, J. and Nogueira, R. (2007). Life cycle assessment of wastewater treatment options for small and decentralized communities. *Water Science and Technology*, **56**(3), 15–22.

Mander, M., Jewitt, G., Dini, J., Glenday, J., Blignaut, J., Hughes, C., Marais, C., Maze, K., Van der Waal, B. and Mills, A. (2017). Modelling potential hydrological returns from investing in ecological infrastructure: Case studies from the Baviaanskloof-Tsitsikamma and uMngeni catchments, South Africa. *Ecosystem Services*, **27** (Part B), pp. 261–271.

Mara, D. D. (2003). Domestic Wastewater Treatment in Developing Countries. Earthscan, London.

Masi, F., Rizzo, A. and Regelsberger, M., (2018). The role of constructed wetlands in a new circular economy, resource oriented, and ecosystem services paradigm. *Journal of Environmental Management*, **216**, 275—284.

McCartney, M. (2020). Is Green the New Grey? If Not, Why Not? WaterSciencePolicy.

Millennium Ecosystem Assessment (MEA). (2005). Ecosystems and Human Well-being: Synthesis. Island Press, Washington, DC.

Nika, C.E., Gusmaroli, L., Ghafourian, M., Atanasova, N., Buttiglieri, G. and Katsou, E., (2020). Nature-based solutions as enablers of circularity in water systems: A review on assessment methodologies, tools and indicators. *Water Research*, **115**, 115988.

Oral H.V., Carvalho P., Gajewska M., Ursino N., Masi F., Hullebusch E.D., Kazak J.K., Exposito A., Cipolletta G., Andersen T.R., Finger D.C., Simperler L., Regelsberger M., Rous V., Radinja M., Buttiglieri G., Krzeminski P., Rizzo A., Dehghanian K., Nikolova M. and Zimmermann M. (2020). State of the art of implementing nature based solutions for urban water utilization towards resourceful circular cities. *Blue-Green Systems*, **2**(1), 112–136.

Pradhan S., Al-Ghamdi S. G. and Mackey H. R. (2019). Greywater recycling in buildings using living walls and green roofs: a review of the applicability and challenges. *Science of the Total Environment*, **652**, 330—344.

Resh, H.M. (2013). Hydroponic Food Production: A Definitive Guidebook for the Advanced Home Gardener and the Commercial Hydroponic Grower (7th edition). CRC Press, Boca Raton, Florida, USA.

Risch E., Boutin C. and Roux P. (2021). Applying life cycle assessment to assess the environmental performance of decentralised versus centralised wastewater systems. Water Research, **196**, 116991.

Rizzo, A., Bresciani, R., Martinuzzi, N. and Masi, F., (2018). French reed bed as a solution to minimize the operational and maintenance costs of wastewater treatment from a small settlement: an Italian example. *Water*, **10**(2), 156.

Rizzo, A.; Conte, G.; Masi, F. (2021). Adjusted unit value transfer as a tool for raising awareness on ecosystem services provided by constructed wetlands for water pollution control: an Italian case study. *International Journal of Environmental Research and Public Health*, **18**, 1531.

Seifollahi-Aghmiuni, S., Nockrach, M. and Kalantari, Z. (2019). The potential of wetlands in achieving the sustainable development goals of the 2030 Agenda. *Water*, **11**(3), 609.

Stefanakis, A.I. ed., (2018). Constructed wetlands for industrial wastewater treatment. John Wiley & Sons, Inc., Hoboken, New Jersey, USA.

TEEB (2010), The Economics of Ecosystems and Biodiversity Ecological and Economic Foundations. Edited by P. Kumar. Earthscan, London and Washington.

Thorarinsdottir, R.I. (ed.) (2015). Aquaponics Guidelines. EU Lifelong Learning Programme, Reykjavik.

United Nations Convention on Biological Diversity (1992).

United Nations (2016). Report of the Secretary-General, Progress towards the Sustainable Development Goals, E/2016/75. United Nations, New York, USA.

United Nations Framework Convention on Climate Change (UNFCCC). (2021). Glossary of climate change acronyms and terms.

US Environmental Protection Agency (2021s). Basic Information about Biosolids.

US Environmental Protection Agency (2021b). Basic Information about Water Reuse.

Verbyla, M.E. (2017). Ponds, Lagoons, and Wetlands for Wastewater Management. (F. J. Hopcroft, editor). Momentum Press, New York, NY, USA.

Von Sperling, M. (2007). Waste Stabilisation Ponds. Volume 3: Biological Wastewater Treatment Series. IWA Publishing, London, UK.

Vymazal, J. and Březinová, T. (2015). The use of constructed wetlands for removal of pesticides from agricultural runoff and drainage: a review. *Environment International*, **75**, 11—20.

Vymazal J. (2010). Constructed wetlands for wastewater treatment. *Water*, **2**(3), 530—549.

Watkin, L.J., Ruangpan, L., Vojinovic, Z., Weesakul, S. and Sanchez Torres, A. (2019). A Framework for Assessing Benefits of Implemented Nature-Based Solutions. *Sustainability*, **11**, 6788.

WWAP (United Nations World Water Assessment Programme). (2018). The United Nations World Water Development Report 2018: Nature-Based Solutions for Water. Paris, UNESCO.

Zeff M.L. (2011) The Necessity for Multidisciplinary Approaches to Wetland Design and Adaptive Management: The Case of Wetland Channels. In: LePage B. (eds) Wetlands. Springer, Dordrecht.